Heinz Schulz

Wärme aus Sonne und Erde

Energiesparende Heizungssysteme mit
Erdwärmespeicher, Solarabsorber und Wärmepumpe.

mit einem Beitrag von
Dorota Chwieduk

ökobuch
Staufen bei Freiburg

Anschrift des Autors:

Dr. Heinz Schulz
Deula Freising
Wippenhauser Str. 65
85345 Freising-Weihenstephan

Die Deutsche Bibliothek - CIP-Einheitsaufnahme

Wärme aus Sonne und Erde : Energiesparende Heizungssysteme mit Erdwärmespeicher, Solarabsorber und Wärmepumpe / Heinz Schulz. Mit einem Beitr. von Dorota Chwieduk. - 3., überarb. und erw. Aufl. - Staufen bei Freiburg : ökobuch, 1995
ISBN 3-922964-18-4
NE: Schulz, Heinz; Chwieduk, Dorota

ISBN 3-922964-18-4

1. Auflage 1987
4. überarbeitete und erweiterte Auflage 1995
5. Auflage 1998

Druck: Graphische Werkstatt GmbH, Kassel
Layout: Uwe Stohrer, Norsingen

Inhaltsverzeichnis

Vorwort

Als im Jahr 1987 die erste Auflage dieses Buches erschien, war die Notwendigkeit zur Einsparung fossiler Energieträger und zur verstärkten Nutzung regenerativer Energiequellen noch keineswegs so klar erkannt wie heute. In den letzten Jahren wurde zunehmend deutlich, daß die negativen Veränderungen des Weltklimas vor allem auf die Anhäufung der „Treibhausgase" CO_2, CH_4, FCKW, O_3 und N_2O zurückzuführen sind. Extreme Wettersituationen häufen sich und im Februar 1990 traten zum ersten Mal in Mitteleuropa echte Orkane, bekanntgeworden unter den Namen „Vivian" und „Wiebke" auf, die verheerende Schäden an Wald und Bauwerken anrichteten.

Aber nicht nur die Klimaprobleme, sondern auch die schwindenden Vorräte an Erdöl, Kohle, Erdgas und Uran zwingen uns zum Umdenken und Handeln. Die wichtigsten Wege hierzu sind bekannt: rationeller, intelligenter Energieeinsatz und verstärkte Nutzung umweltfreundlicher Energiequellen. Die in dieser Schrift vorgeschlagenen und inzwischen hinreichend erprobten Lösungen zur Sonnenenergienutzung können einen wichtigen Beitrag hierzu leisten, gelingt es doch mit ihnen, durch Speicherung von Sonnenwärme vom Sommer bis in den Winter sowie durch sinnvollen Wärmepumpeneinsatz den Verbrauch von fossiler Energie auf wenigstens die Hälfte zu senken, und zwar ohne Komfortverzicht.

Verlag und Autor waren sich einig darüber, daß die 3. Auflage dieses Buches mehr Grundlagen zur Langzeitspeicherung von Wärme, einen Überblick über die verschiedenen Anlagentypen und internationalen Entwicklungen, sowie ausführliche Hinweise für die Planung von Erdspeichern haben sollte. Ich bin deshalb meiner Kollegin, Frau Dr. Dorota Chwieduk, vom Institut für technologische Grundlagenforschung der polnischen Akademie der Wissenschaften Warschau sehr dankbar, daß sie diese Themen in den Kapiteln 2 und 3 behandelt hat. Sie ist eine international anerkannte Spezialistin für Wärmepumpen in Verbindung mit Erdwärmespeichern.

Weihenstephan, im Februar 1995 Heinz Schulz

1. Einleitung

Seit der ersten Ölkrise 1973 sind weltweit recht beachtliche Fortschritte bei der Nutzung regenerativer und umweltschonender Energiequellen erzielt worden.
Auch ich konnte sowohl im Rahmen meiner beruflichen Arbeiten an der Landtechnik Weihenstephan und als Nebenerwerbsbiobauer in Kleinviecht als auch in publizistischer Form zur Entwicklung, Erprobung und Praxiseinführung energiesparender Techniken beitragen. Einfache, aber leistungsfähige Sonnenkollektoren für den Selbstbau von Brauchwasseranlagen und Schwimmbadheizungen, die solare Trocknung von Heu und von anderen landwirtschaftlichen Produkten, die dezentrale Stromerzeugung mit Solarzellen und mittels Windkraftanlagen, Stalluftpumpen, Kraft-Wärme-Kopplungsanlagen, Energiespeicher, Stirling- und Pflanzenölmotoren sowie neuerdings organische Wärmedämmstoffe begeistern und beschäftigen mich.
Hier fühle ich mich herausgefordert und kann erfinden, basteln, forschen, reden, schreiben, beraten, organisieren und missionieren. Ist es da ein Wunder, daß ich die Atomenergienutzung nicht fördern kann? Es ist dies doch eine Technik, wo wir „kleinen Leute" nichts bewegen, sondern nur verbrauchen können.
Neue Impulse erhielt mein Denken und Handeln durch die Befreiung Osteuropas vom Bolschewismus und durch den damit verbundenen Zusammenbruch der zentralistischen Energieversorgung. Westliche Hilfe ist hier dringend nötig und - auch im Hinblick auf neue Märkte - erfolgversprechend. Und so habe ich schwierige, aber dankbare Aufgaben gefunden, mit Littauen, Lettland, Estland, Polen und der Ukraine wissenschaftliche, technische und wirtschaftliche Verbindungen auf dem Energie- und Rohstoffsektor aufzubauen.
Je stärker man sich mit regenerativen Energien beschäftigt, umso mehr wird man mit den Problemen der Energiespeicherung, insbesondere auch über längere Zeiträume hinweg, konfrontiert. Energie aus Sonne und Wind haben wir eigentlich im Überfluß und können sie ja auch schon recht gut ernten. Aber Vorräte für knappe Zeiten anzulegen, das beherrschen wir noch zu wenig. Bekanntlich gelingt es uns zwar, Heizwärme zu tragbaren Kosten in gut isolierten Wassertanks über mehrere Tage zu speichern, aber um im Winter mit Wärme aus dem letzten Sommer zu heizen, sind Wasserspeicher zu aufwendig.
Seit 1978 verfolge ich daher die Entwicklungen bei Erdwärmespeichern. Damals wurden vor allem Anlagen mit Wärmepumpe und waagerechtem Erdkollektor gebaut. Heute steht eine ganze Reihe unterschiedlicher Systeme zur Verfügung, die in den Kapiteln 2 und 3 systematisch behandelt werden.

Wärmespeicherung in der Erde

Für viele Leute ist der Gedanke, im Erdboden Wärme vom Sommer bis in den Winter zu speichern, schwer verständlich. Sie glauben, in der langen Zwischenzeit würde die gesamte Wärme wegfließen oder sich „verflüchtigen". Erst das Beispiel eines guten Kellers, der tief genug im Boden liegt und das Speichervermögen des Erdbodens nutzt, wirkt überzeugend!
Steigt man im Sommer bei einer lang anhaltenden Hitzeperiode mit bis zu 35°C Außentemperatur in den Keller, so ist es dort mit etwa 15°C angenehm kühl, weil das umgebende Erdreich Wärme aufnimmt und speichert. Umgekehrt ist es im Winter bei klirrendem Frost und -20°C Außentemperatur im Keller mit +8°C relativ warm, weil der Boden die vom Sommer gespeicherte Wärme langsam wieder abgibt.
Die Idee bei der Wärmespeicherung im Erdboden liegt nun darin, die natürlichen Vorgänge der Speicherung durch technische Hilfsmittel soweit zu verbessern, daß genügend Wärme mit ausreichender Temperatur z.B. zur Heizung von Häusern zur Verfügung steht. Um die Wärmeverluste des Erdspeichers klein zu halten, sind niedrige Speichertemperaturen und große Speichervolumina sinnvoll. In vielen Fällen müssen die niedrigen Speichertemperaturen dann durch eine Wärmepumpe auf ein nutzbares Temperaturniveau angehoben werden.
Eine künstliche Wärmedämmung des Speichers gegenüber dem umgebenden Erdreich ist in der Regel zu aufwendig, nur in besonderen Fällen werden Dämmaßnahmen an der der Erdoberfläche zugewandten Seite des Speichers vorgenommen.
Neuerdings laufen Untersuchungen an Hochtemperatur-Erdspei-

chern, die bis 80°C aufgeladen werden sollen, um Wohnsiedlungen auch ohne Unterstützung durch eine Wärmepumpe mit Nahwärme zu versorgen.

Feuchter Erdboden hat eine gute Speicherkapazität, die bis zu 70% derjenigen von Wasser betragen kann. Je tonhaltiger und nasser der Boden ist, umso größer ist seine Speicherfähigkeit. Andererseits ist der Erdboden ein schlechter Wärmeleiter, da in ihm kaum Konvektion stattfindet, im Gegensatz zu einem Warmwasserspeicher, wo Wärme nicht nur durch Leitung, sondern auch durch Strömung (Konvektion) fließen kann. Man braucht daher beim Erdwärmespeicher große und gut verteilte Wärmetauscherflächen, um die Wärme an den Boden zu übertragen und sie später wieder herauszuziehen. Bedenken, daß die im Sommer zugeführte Wärme bis zum Winter weggeflossen ist, sind glücklicherweise unberechtigt, wenn der Speicher richtig gebaut und betrieben wird.

Natürlich treten wie bei jedem Wärmespeicher Verluste auf, sie lassen sich aber - wie wir noch sehen werden - auf recht einfache Weise in tragbaren Grenzen halten.

Das Volumen eines Erdwärmespeichers zur Hausheizung muß ungefähr so groß sein wie das Volumen des zu beheizenden Hauses. Aufgrund der Größe solcher Speicher ergibt sich ein günstiges Verhältnis zwischen dem Speicherinhalt (Volumen) und der für die Wärmeverluste maßgeblichen Oberfläche. So beträgt beispielsweise die Oberfläche eines kubischen Speichers mit 1 m³ Inhalt 6 m²; ein 1000 m³ großer Speicher mit den Abmessungen 10 x 10 x 10 m hat hingegen bei 600 m² Oberfläche nur eine spezifische Oberfläche von 0,6 m² je m³ Speichervolumen, also 10 mal weniger als der 1 m³-Speicher. Außerdem werden die Wärmeverluste des Erdspeichers durch sein relativ niedriges Temperaturniveau von weniger als 30°C beschränkt.

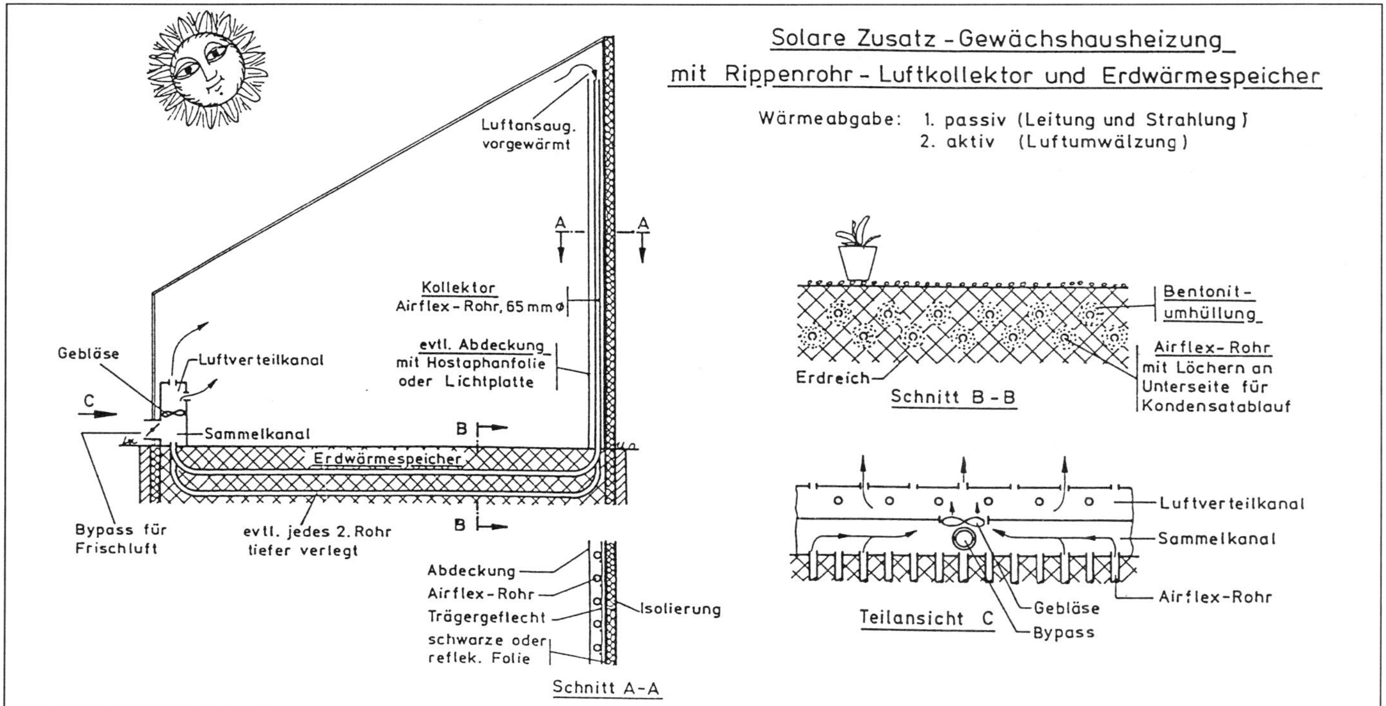

Abb. 1.1: Gewächshaus mit flachem Erdwärmespeicher, der durch einen Rippenrohr-Luftkollektor an der Innenwand des Gewächshauses aufgeheizt wird.

Anwendungen für Erdwärmespeicher
Die Anwendungsgebiete für Erdspeicher sind sehr vielseitig, einige typische sollen hier kurz vorgestellt werden:

- Bei *Bodenheizungen von Gewächshäusern* wird der Erdboden über Schlangen aus Kunststoffrohr, die in 20 bis 50 cm Tiefe eingegraben sind, mit Warmwasser oder Warmluft aus Sonnenkollektoren oder aus der Abluft aufgeheizt (Abb. 1.1). Die gespeicherte Wärme wird durch natürliche Wärmeströmung und -leitung, d.h. passiv und ohne Wärmepumpe, wieder abgegeben und kann die vorhandene Gewächshausheizung unterstützen. Dieses System ist vor allem für die Heizung in Übergangszeiten interessant. Um jedoch Wärme aus dem Sommer bis in den Winter zu speichern, reicht die Kapazität eines so flachen Erdspeichers nicht aus. Für die saisonale Speicherung müssen tiefere Erdschichten erschlossen werden.
- Zur *Klimatisierung von Ställen* in der Landwirtschaft wird die benötigte Frischluft ständig durch ein in ca. 2 m Tiefe im Erdboden vergrabenes, horizontales Röhrensystem gezogen, bevor sie in den Stall gelangt. An heißen Sommertagen wird die Luft dadurch gekühlt, wobei der Boden Wärme aufnimmt und speichert. Auf demselben Weg wird die Frischluft im Winter angewärmt, wobvei sie dem Boden Wärme entzieht. Im Ergebnis kann durch das Lüftungs-Röhrensystem in der Erde ein sehr ausgeglichenes Stallklima geschaffen werden (Abb. 1.2).
- Große Bedeutung könnten Erdspeicher zur *Klimatisierung von Gebäuden* in Gebieten mit extremen Temperaturschwankungen bekommen, um die dort üblichen elektrisch betriebenen Klimageräte zu ersetzen. So wurde in Loma Plata /Paraguay eine nach dem eben beschriebenen Prinzip arbeitende „Klimaanlage" (in der Erde verlegte Zuluft-Kanäle) für ein Krankenhaus gebaut. Während früher in Hitzeperioden Raumtemperaturen über 40°C üblich waren, steigen sie jetzt nicht über 25°C. Und in den Wintermonaten braucht nicht geheizt zu werden.
- Beim *Einsatz der Kraft-Wärme-Koppelung* zur dezentralen Stromerzeugung besteht das Problem der *Abwärmenutzung* im Sommer. Hochtemperatur-Erdspeicher können hier helfen, um die Motorabwärme bis in die nächste Heizperiode hinein zu speichern. Eine erste Anlage dieser Art wird bei einem KFZ-Recyclingwerk in Suhl/Thüringen gebaut (siehe Kap. 7).
- Am häufigsten wurden und werden *Erdwärmespeicher* bisher *für die Gebäudeheizung* in Verbindung mit Wärmepumpen eingesetzt (Abb. 1.3). Deshalb ist diese Variante das Schwerpunktthema dieser Schrift.

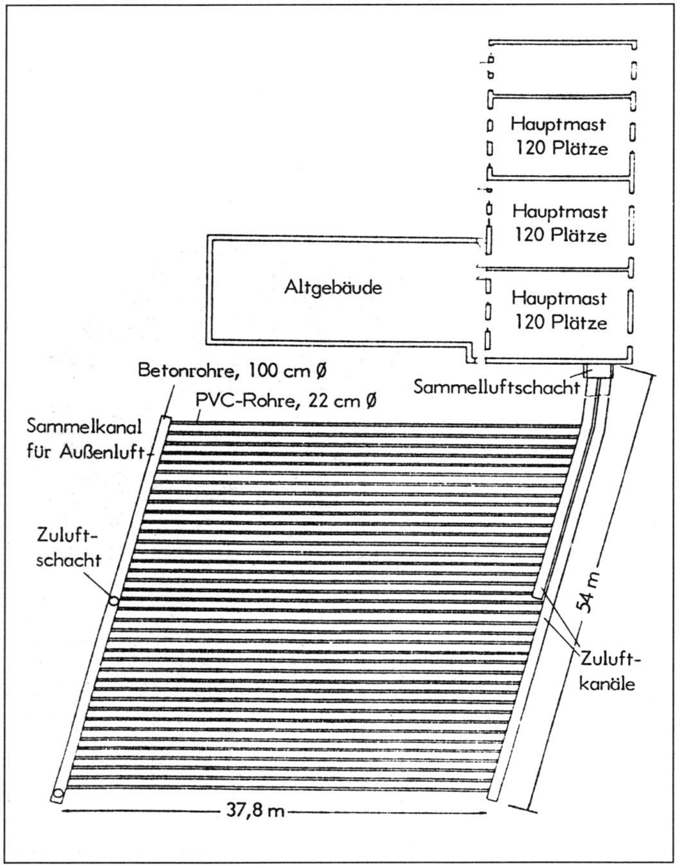

Abb. 1.2: Erdspeicheranlage zur Temperierung der Zuluft für Schweinemastställe.

Erdwärmespeicher mit Wärmepumpe für die Gebäudeheizung
Das Konzept eines Erdwärmespeichers mit vertikalen Rippenrohrsonden in Bohrlöchern, kombiniert mit Rippenrohrabsorber und Wärmepumpe, wie ich es bei meiner Pilotanlage realisiert und in

Kapitel 4 und 5 beschrieben habe, hat sich in der Praxis bei zahlreichen weiteren Anlagen gut bewährt. Folgende Voraussetzungen müssen für einen kostengünstigen Bau und erfolgreichen Betrieb jedoch erfüllt sein:

1. Zur Anlage des Erdspeichers muß der Boden auf Bohrtiefe frei von fließendem Grundwasser, größeren Steinen oder gar Felsen sein, es sei denn, es kommen hartmetallbestückte Spezialbohrer zum Einsatz.
   Falls das Wohnhaus neu errichtet wird, könnte der Speicher unter dem Haus angelegt werden; er kann jedoch ebenso gut bis zu 200 m entfernt liegen, wenn viel Platz vorhanden ist und die in Kap. 4 beschriebene Wärmetransportleitung verlegt wird.
2. Auf dem Dach des Hauses, einer Garage, eines Stalles, notfalls aber auch zu ebener Erde muß eine sonnenbeschienene Fläche mit einer Neigung zwischen 10° und 50° zur Anbringung des Solarabsorbers vorhanden sein, die etwa halb so groß ist, wie die zu beheizende Wohnfläche.
3. Es muß ein Heizsystem vorhanden sein oder gebaut werden, das mit möglichst niedrigen Vorlauftemperaturen auskommt, um Antriebsenergie für die Wärmepumpe zu sparen und diese mit einer „guten“ Arbeitszahl zu betreiben. Bei guter Wärmedämmung der zu beheizenden Räume und großzügig dimensionierten Fußboden-, Wand- und Warmluftheizungen, aber auch mit großflächigen Plattenheizkörpern sind in unserem Klima maximale Vorlauftemperaturen von 30°C im Winter durchaus ausreichend.
4. Falls die Brauchwasserversorgung ebenfalls mittels Wärmepumpe erfolgen soll, muß sie von der Heizung abgekoppelt werden. Das heißt, daß die Wärmepumpe nur gelegentlich einen separaten Kreis bis auf die für den Brauchwasser-Boiler notwendigen 50°C aufheizt, während das Wasser im Heizungskreis kühler bleibt.
5. Es muß ein geeigneter Raum zur Unterbringung der Wärmepumpe und eines Pufferspeichers vorhanden sein.
6. Wird eine Verbrennungsmotor-Wärmepumpe eingesetzt, sind außerdem besondere Maßnahmen gegen die Übertragung von Schall und Vibrationen auf die Wohnräume zu treffen.
7. Wird kein industriegefertigtes Wärmepumpen-Aggregat einschließlich Wartungsvertrag eingekauft, sondern eine handwerklich gefertigte Anlage oder eine Selbstbau-Lösung wie in Kapitel 5 beschrieben gewählt, so muß der Betreiber obendrein bereit sein, am Motor gewisse Kontroll- und Wartungsarbeiten vorzunehmen, wie z.B. Ölwechsel, Kontrolle von Ölstand und Keilriemenspannung, Luftfilterreinigung und ähnliches. Seltener erforderliche Arbeiten wie Ventilspieleinstellung, Säuberung des Einspritzventils oder gar Überholungsarbeiten am Motor (Ventileinschleifen, Lager erneuern, Aufziehen neuer Kolbenringe usw.) kann ein erfahrener Praktiker bei den in Frage kommenden robusten Motoren relativ leicht selbst machen, aber auch ebenso gut vom KFZ-Handwerker ausführen lassen.

Abb. 1.3: Wärmepumpenheizung für ein Haus mit Erdreich als Umwelt-Wärmequelle. Quelle: Fa. Alko-Polar

2. Erdwärmespeicher -

Allgemeine Grundlagen, Eigenschaften und praktische Anwendungen

Die Nutzung der Sonnenenergie unterliegt durch die Schwankungen der Sonneneinstrahlung im Tages- und Jahresrhythmus gewissen Beschränkungen. Für die meisten Anwendungen fällt der höchste Wärmebedarf in die Zeit mit dem geringsten Strahlungsangebot und umgekehrt. Das gilt besonders für die solare Heizung in nördlichen bzw. südlichen Ländern höherer Breitengrade, wo die Winterzeit durch niedrige Einstrahlungshöhe und kurze Einstrahlungsdauer der Sonne einerseits und durch kaltes Klima und hohen Wärmebedarf andererseits gekennzeichnet ist. In diesen Regionen wird für die Gebäudeheizung ein sehr großer Anteil des nationalen Energieverbrauchs aufgewendet. In einigen Ländern beträgt dieser Anteil bis zu 50% des Gesamtenergieverbrauches, in Deutschland liegt er immerhin bei 40%. Im Anbetracht des hohen Heizenergiebedarfes und des geringen Strahlungsangebotes in diesen Klimazonen stoßen konventionelle Solarheizungen auf gewisse prinzipielle Schwierigigkeiten. Diese grundsätzlichen Probleme können aber durch saisonale Wärmespeicher, auch Langzeit-Energiespeicher genannt, gelöst werden. In Verbindung mit saisonalen Energiespeichern kann die Sonnenenergie zu einer wichtigen Heizenergiequelle werden. Solche Systeme sind bei kleineren Anlagen bekannt als:

- *Solarunterstützte Wärmepumpe mit Erdwärmespeicher* oder
- *Erdwärmetauscher mit Wärmepumpe.*

Größere Anlagen werden als

- *Solare Nahwärmesysteme mit saisonalem Speicher* bezeichnet.

Saisonale Wärmespeicher eignen sich gut für einen Verbund mit herkömmlichen unverglasten oder einfachverglasten Flachkollektoren, die nicht sehr teuer sind und die Sonnenstrahlung in den Sommermonaten sehr effizient nutzen. Wegen des hohen Ener-

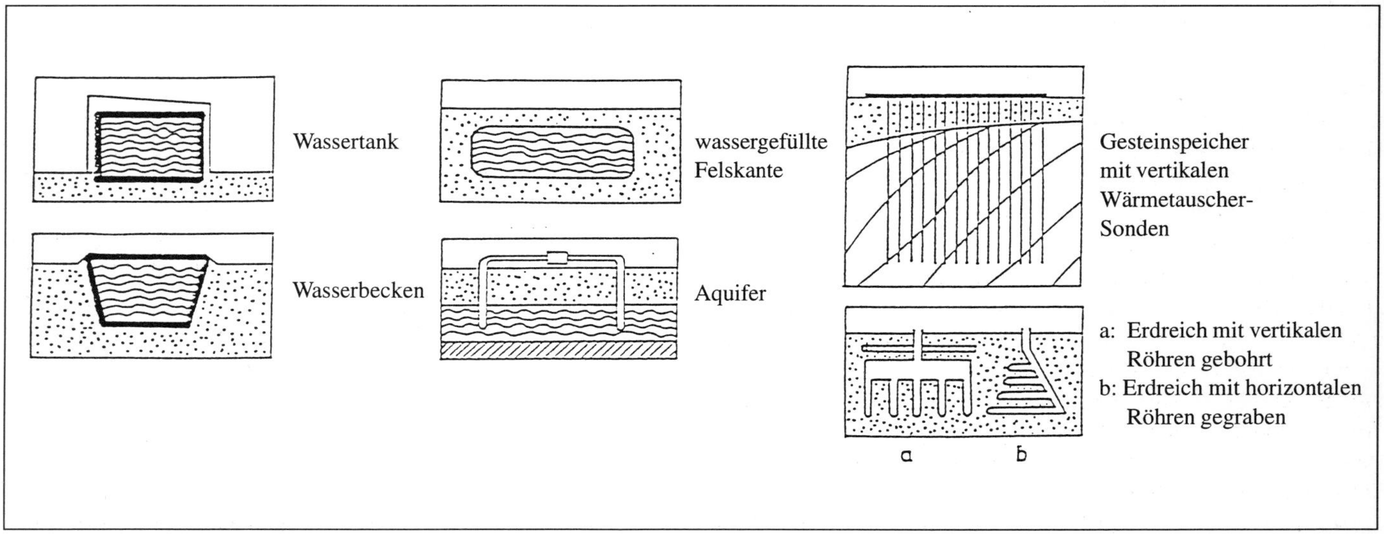

Abb. 2.1: Übliche Formen von saisonalen Wärmespeichern. (nach Hornberger 1990)

giebedarfs in der Heizperiode muß die Kapazität des Speichers entsprechend groß sein. Als Speichermedium für saisonale Speicher bietet sich die Erde an, da im Erdreich große Speichervolumina bei relativ geringen Kosten erschlossen werden können.
In der Praxis gibt es eine ganze Reihe von Möglichkeiten, große Speicherkapazitäten für saisonale Wärmespeicher zu realisieren. Die Wärme kann in der Erde (z.B. in lehmigen bzw. tonhaltigen Böden oder in Sand), in gewachsenem Fels oder in Wasser gespeichert werden. In der Literatur werden folgende vier Grundformen unterschieden:

- wassergefüllte Speichertanks oder -becken sowie Solarteiche,
- Gesteinsspeicher (Bohrlöcher im Gestein, Kavernen),
- Erdspeicher (Bohrlöcher, Röhren und Spiralen in der Erde),
- Aquifer-Speicher.

Die wichtigsten Speichertypen sind in Abb. 2.1 schematisch dargestellt. Der Schwerpunkt dieses Kapitels - ebenso wie der des Buches - liegt bei den Erdspeichern. Die anderen drei Arten werden nur kurz beschrieben, da sie hierzulande von geringerer Bedeutung sind.

2.1 Wassertank und Solarteich

Im *Wassertank*, einem gut wärmegedämmtem Behälter, wird das von einem Sonnenkollektor erwärmte Wasser über- oder unterirdisch gespeichert. Wassertanks sind für Speichervolumina bis zu 5000 m^3 geeignet. Abb. 2.2 zeigt das Schema eines solaren Heizungssystems mit unterirdischem Wasserspeicher. Wasserbecken im Erdreich sind auf Grund der Grabungskosten teuer, erfordern aber nur eine leichte Konstruktion, da der Wasserdruck vom Erdboden aufgefangen wird. Um die Grabungskosten gering zu halten, kommen sinnvollerweise nur weiche Böden als Standort infrage.
Der *Solarteich* - ein Wasserbecken besonderer Art - ist nicht nur Wärmespeicher, sondern wirkt gleichzeitig auch noch als Sonnenkollektor. Ein Solarteich ist in der Regel ungefähr 1,5 m tief und mit Salzwasser gefüllt, wobei die Salzkonzentration mit zunehmender Tiefe steigt und am Boden ein Maximum erreicht. Die Sonneneinstrahlung wird zum Teil bereits in der Wassersäule und zum restlichen, überwiegenden Teil am Boden des Teiches absorbiert. Ein Dichtegradient im Salzwasser (steigende Salzkonzentration mit zunehmender Tiefe) sorgt dafür, daß die Konvektion infolge der Temperaturunterschiede zwischen den unteren und oberen Schichten unterdrückt wird. Beim aufgeladenen Solarteich steigt die Wassertemperatur analog zum Dichtegradienten des Salzwassers mit zunehmender Tiefe. Die in der unteren Schicht gespeicherte Wärme kann für Heizzwecke verwendet und über Wärmetauscher entnommen werden.

Beim Wärmeentzug entsteht unten im Speicher eine Konvektionszone, ebenso wie in der Schicht unterhalb der Wasseroberfläche infolge von Wind. Dazwischen bleibt jedoch eine etwa 1 m dicke, nicht-konvektive Schicht, die als Wärmeisolierung fungiert. Abbildung 2.3 zeigt das Schema eines Solarteichs, wie er vor allem in südlichen Ländern mit hochstehender Sonne zum Einsatz kommt.

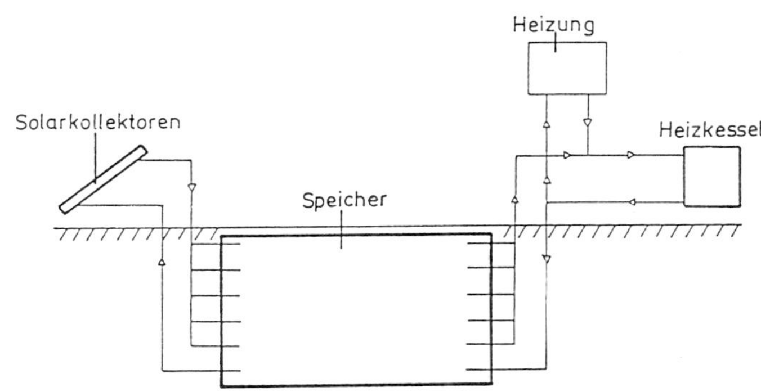

Abb. 2.2: Schema eines solaren Heizungssystems mit Wasserspeicher (nach Dalenbäck 1990)

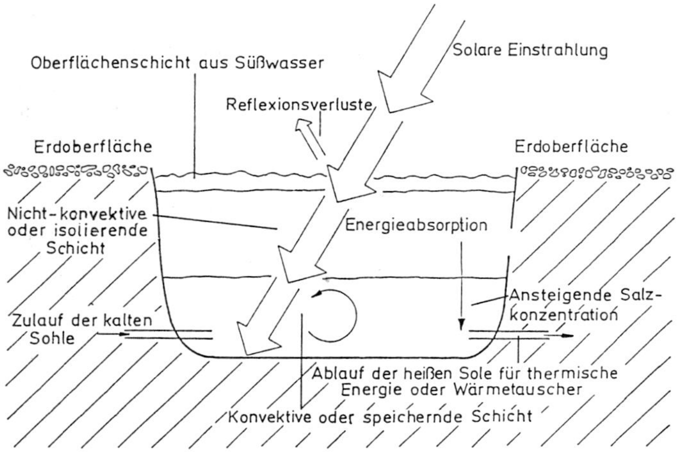

Abb. 2.3: Schema eines Salzgradient-Solarteiches.

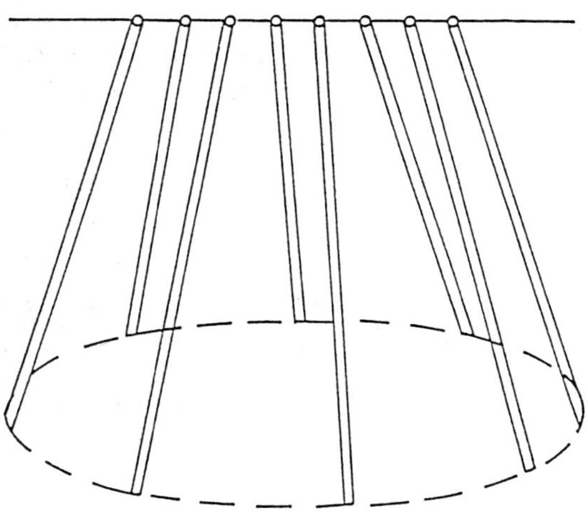

Abb. 2.4: Durch schräg nach außen gerichtete Bohrlöcher kann ein relativ großes Erdspeichervolumen erschlossen werden, obwohl die Bohrlöcher an der Erdoberfläche auf einer Linie liegen. (nach Dalenbäck 1990)

2.2 Gesteinsspeicher

Gestein kann durch Grabung von Höhlen oder Grotten (Kavernen), die mit Wasser gefüllt werden, als Speichermedium verwendet werden. In der Praxis sind außerdem Bohrungen im Gestein sehr gebräuchlich, wobei eine größere Anzahl von über das Speichervolumen verteilten Bohrlöchern mit Kunststoffrohren ausgekleidet sind, in denen Wasser fließt. Gestein ist ein sehr gutes Speichermedium, da es eine hohe Wärmeleitfähigkeit und eine gute thermische Speicherfähigkeit aufweist. Die übliche Tiefe solcher Bohrlöcher liegt zwischen 40 und 150 m, ihr Durchmesser zwischen 7,5 und 11 cm mit Abständen von ungefähr 4 m von Bohrung zu Bohrung. Wenn die zur Verfügung stehende Bodenoberfläche begrenzt ist, kann durch eine schräg nach außen verlaufende Anordnung der Bohrlöcher (d.h. steigender Röhrenabstand bei zunehmender Tiefe) trotzdem ein großes Bodenvolumen erschlossen werden.
Der Wärmetauscher kann aus einem einzigen Kunststoffrohr in einem Bohrloch oder aus einer Anordnung von vielen mit Kunststoffrohren versehenen Bohrlöchern bestehen. In einem System mit vielen Wärmetauschersonden, wie in Abb. 2.4 schematisch zeigt, können die Bohrlöcher schräg nach außen von einander weg gerichtet sein, um die thermische Interaktion möglichst gering zu halten.
Im einfachsten Fall fließt der Wärmeträger in einem Kunststoffrohr in das Bohrloch hinab, im Raum zwischen Rohr und Bohrlochwand wieder nach oben und wird von dort zum Wärmeverteilungssystem geführt. Anlagen, bei denen die Bohrlöcher mit einem konzentrischen, unten offenen, inneren Rohr ausgerüstet sind, werden als offenes System bezeichnet. Der Hauptvorteil dieses Systems liegt darin, daß die Transportflüssigkeit direkten Kontakt mit dem umgebenden Gestein hat, was gute Voraussetzungen für eine optimale Wärmeübertragung bietet. Leider sind die geohydrologischen und geochemischen Verhältnisse für offene Systeme oft nicht geeignet. Deshalb ist der gängigste Anlagentyp das geschlossene System, bei dem die Bohrungen mit Wärmetauschern ausgerüstet sind. Der Wärmetauscher ist dabei nichts weiter als eine U-förmige Rohrschlaufe, die in das Bohrloch gesteckt wird. Der Zwischenraum zwischen Kunststoffrohr und Bohrlochwand wird zur Verbesserung des Wärmeübergangs mit Wasser oder einem festen Füllmaterial wie z.B. Sand gefüllt. Die Bedin-

gungen für die Wärmeübertragung sind dadurch bei geschlossenen Systemen nicht so günstig wie bei offenen.
Im Sommer kann die Wärme einer Solaranlage mittels Wärmeträgerflüssigkeit über die Röhren des Wärmetauschers in den Gesteinsspeicher geladen werden, um den Boden bzw. das Gestein aufzuheizen. Während der Heizperiode kann ein großer Teil dieser Wärme auf umgekehrtem Wege wieder entnommen werden. Die Wärmeträgerflüssigkeit transportiert in diesem Fall die Speicherwärme zur Primärseite einer Wärmepumpe (d.h. zum Verdampfer). Wird die Wärmeträgerflüssigkeit wegen des hohen Energiebedarfs im Winter auf Temperaturen unter 0°C abgekühlt, muß der Kreislaufflüssigkeit ein Frostschutzmittel zugesetzt werden.

Alle oben erwähnten Systeme arbeiten indirekt und mit einer Wärmepumpe. Indirekt bedeutet hier, daß die Wärme aus dem Boden bzw. Gestein über eine im Wärmetauscher (d.h. in den Rohren im Gestein) zirkulierende Flüssigkeit zum Verdampfer der Wärmepumpe transportiert wird. Die direkte Verdampfung des Kältemittels der Wärmepumpe im Wärmetasucher wurde bereits untersucht. Dabei befand sich das Kältemittel in Kupferrohren, die in den Bohrlöchern steckten. Im praktischen Betrieb traten jedoch diverse Probleme auf, wie z.B. eine ungleichmäßige Verteilung des Kältemittels auf die einzelnen Rohre oder ein Abscheiden von Kälteöl am Boden der Rohrschleifen.

2.3 Aquifer-Speicher

Aquifere sind offene Wasserspeicher in porösem Erdreich. Wärme kann hier durch Erwärmen des Aquiferwassers gespeichert werden. Dazu wird heißes Wasser über einen Brunnen zugeführt und kaltes Aquiferwasser über einen anderen Brunnen entnommen. Das Schema eines solargestützten Wärmepumpensystems mit Aquiferspeicher zeigt Abb. 2.5.
Der Aquifer ist an besondere hydrogeologische Formationen gebunden, so daß die praktische Anwendung auf relativ wenige Standorte begrenzt ist. Er wird in der Regel definiert als ein wassergesättigtes geologisches Gebiet, in dem unter vertretbaren hydraulischen Bedingungen Wasser von einem Ort zum anderen bewegt werden kann. Dabei kann es sich um ein Sediment oder auch um Gesteinsformationen mit zusammenhängendem Grundwasserreservoir handeln. Es gibt zwei Arten von Aquiferen, begrenzte und unbegrenzte. Wenn die wasserführende Schicht von Schichten mit niedriger Wasserdurchlässigkeit (z.B. lehmige oder tonhaltige Schichten) umgeben ist, so ist die wasserführende Schicht räumlich abgeschlossen, entsprechend handelt es sich in diesem Fall um einen begrenzten Aquifer. Abb. 2.6 zeigt einerseits die Gegebenheiten beim begrenzten (unten) und unbegrenzten (oben im Bild) Aquifer und andererseits das Doppelbrunnensystem zum Be- und Entladen des begrenzten Aquifers.

Während des Sommers bzw. in der Zeit, in der kein oder nur ein geringer Wärmebedarf besteht, wird Wärme z.B. aus einer Sonnenkollektoranlage in den Aquifer eingeleitet. Wenn die Wärme für Heizzwecke gebraucht wird, kann sie dem Speicher in Form von erwärmtem Wasser wieder entnommen werden (sofern die Wärme nicht durch Grudwasserströme abgeflossen ist). Neben Son-

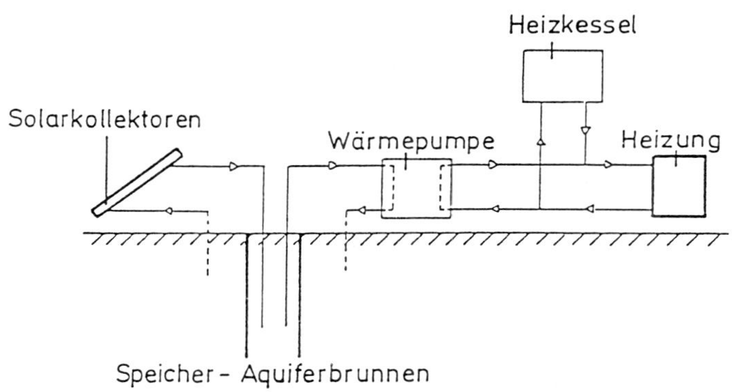

Abb. 2.5: Schema eines solargestützten Wärmepumpensystems mit Aquifer-Speicher. (nach Dalenbäck 1990)

nenenergie kann natürlich auch Abwärme aus Industrieanlagen oder Kraftwerken genutzt werden. Bei der Aufladung des Aquifers wird Wasser aus dem Versorgungsbrunnen entnommen, durch Sonnenenergie oder Abwärme erhitzt und die heiße Flüssigkeit in den Einspritzbrunnen wieder eingeleitet (vgl. Abb. 2.6). Umgekehrt wird beim Entladen warmes oder heißes Wasser dem Aquifer entnommen und dem Verdampfer der Wärmepumpe zugeführt. Das abgekühlte Wasser fließt in den Versorgungsbrunnen und von dort in den Aquifer zurück.
Neben den begrenzten Aquifern gibt es wie gesagt auch unbegrenzte Aquifere. Da das Wasservolumen in diesem Fall nicht abgeschlossen ist, würde eingespeiste Wärme in diesem Fall durch Grundwasserströmungen fortgetragen. Daher arbeiten unbegrenzte Aquifere ohne Aufladung durch Sonnenkollektoren oder Abwärme, sondern nutzen „nur" die natürliche Erdwärme. Die Technik des unbegrenzten Aquifers wird weltweit bereits in großem Maßstab genutzt.
Aquifere können je nach Temperaturniveau, das im geladenen Zustand erreicht wird, mit und ohne Wärmepumpe betrieben werden. Zu beachten ist, daß durch die im Wasser gelösten Salze Korrosion und Ablagerungen vor allem an den Wärmetauscherflächen auftreten können. Ein künstlicher Aquifer mit Folienabdichtung wird am Institut für Thermodynamik und Wärmetechnik (ITW) der Universität Stuttgart betrieben (vgl. Kapitel 2.4.3).

2.4 Erdspeicher

Die saisonale Speicherung von thermischer Energie in der Erde eröffnet viele neue Möglichkeiten der Anwendung von erneuerbarer Energie und Abwärme.

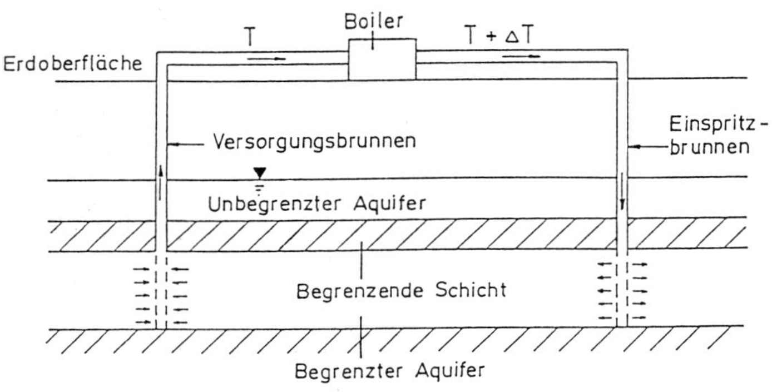

Abb. 2.6:
Konzept eines begrenzten Aquifers, der durch zwei undurchlässige Schichten eingeschlossen wird. Oberhalb der 2. begrenzenden Schicht kann noch ein unbegrenzter Aquifer bestehen, wenn der Boden dort wassergesättigt ist.

Analog zum Steinspeicher nutzt der Erdspeicher die Erde als Speichermedium. Mittels Wärmetauschersonden kann dem Boden Wärme entzogen und auch wieder eingeleitet werden, wobei der Wärmetauscher aus vertikal oder horizontal in der Erde liegenden Rohren bzw. Bändern besteht .
In der Literatur (Duffie, Beckmann 1991) werden folgende allgemeine Anforderungen und Bemessungshinweise zur Wärmespeicherung gegeben, die natürlich auch für den Erdwärmespeicher im besonderen gelten:

- Der Speicher sollte die maximal bereitgestellte Energiemenge ohne übermäßige Temperaturunterschiede aufnehmen und abgeben können.
- Die Speicherung sollte mit möglichst geringen Verluste verbunden sein, insbesondere mit geringen Wärmeverlusten. Störungen der natürlichen Wärmeschichtung innerhalb des Speichers sind unerwünscht.
- Die Errichtung des Speichers sollte preiswert sein.

Im Anbetracht dieser Empfehlungen sind die geringen Baukosten von Erdwärmespeichern und die vergleichsweise niedrigen Wärmeverluste an die Umgebung wichtige Argumente für dieses Speichermedium.

Der Wärmeverlust hängt wie bei allen Wärmespeichern ab von

- der Größe und Form des Speichers,
- der durchschnittlichen Speichertemperatur im Kreislauf und von
- den thermischen und physikalischen Eigenschaften des Bodens.

Der Wärmeverlust des Speichers wächst mit steigender Temperatur und hohem Grundwasserfluß und sinkt bei größerem Volumen.
Heute (1994) ist der Erdspeicher mit vertikalen Wärmetauschersonden unter den Erdspeicher-Systemen der am weitesten verbreitete Typ. Der größte Vorteil dieses Systems liegt darin, daß so gut wie keine Grabungsarbeiten anfallen und die Baukosten dadurch sehr gering sind. Das Schema eines Solarheizungssystems mit Erdspeicher und senkrechten Wärmetauschersonden ist in Abb. 2.7 dargestellt. Natürlich müssen vor der Planung und Bemessung der Wärmetauschersonden die geologischen Gegebenheiten des Standortes hinreichend erkundet werden und bestimmte Voraussetzungen erfüllt sein. Anderenfalls können beim Bau unerwartete Störungen auftreten.
Das Speichervolumen wird als Volumen des mit den Wärmetauschersonden durchsetzten Erdreichs definiert. Der Wärmetransport im Boden erfolgt hauptsächlich durch Wärmeleitung. Der Energietransfer hängt dabei von dessen physikalischen (Wärmeleitfähigkeit, Speicherkapazität) und thermischen (Temperaturgradient, etc.) Eigenschaften ab. Wie bereits erwähnt, sinkt der Wärmeverlust von Erdspeichern mit zunehmender Größe des Speichers. Die Form des Speichers ist ein ebenso wichtiger Faktor, denn der Wärmeverlust ist nahezu proportional zur Speicheroberfläche. In der Regel hat ein Erdspeicher die Form eines Zylinders mit vertikaler Achse.
Wenn der Speicher nur wenig unter der Erdoberfläche liegt, besteht bei geladenem Speicher ein relativ großer Temperaturunterschied zwischen der Erdoberfläche und den oberen Bereichen des Speichers, was entsprechend hohe Wärmeverluste durch die obere Begrenzungsfläche des Speichers zur Folge hat. Um diese zu beschränken, wird häufig zwischen der obersten Speicherschicht, wo die Wärmetauscher aktiv werden, und der Erdoberfläche eine Wärmedämmschicht eingegraben. Denselben Zweck erfüllt eine über dem Speicher angeschüttete Bodenschicht mit geringer Wärmeleitfähigkeit.
Als Wärmetauscher werden - möglichst gleichmäßig über das Speichervolumen verteilt - Rohre oder Kanäle in das Erdreich eingebracht, in denen eine Wärmetransportflüssigkeit fließt. Ähnlich wie beim Gesteinsspeicher wird das Röhrensystem für den Wärmeaustausch auch beim Erdspeicher (d.h. in bindigen Böden, in Sandboden und in Torfablagerungen) in der Regel durch Bohren von senkrechten Löchern hergestellt, in die dann U-förmige Schlaufen aus dünnen Kunststoffrohren eingebracht werden.
Der Abstand zwischen den Rohren liegt bei Erdwärmespeichern üblicherweise bei 2 m. Dieser Abstand ist wegen der geringeren Wärmeleitfähigkeit des Erdreiches kleiner als in Gestein. Ist - z.B. wegen anstehenden Grundwassers - nur eine flache Bodenschicht nutzbar, kann das Röhrenssystem auch horizontal in den Boden eingebracht werden, was allerdings größere Erdarbeiten erfordert.
Die thermischen Prozesse im Erdspeicher werden durch einen relativ schnellen Wärmefluß in der näheren Umgebung des Rohres und durch einen relativ langsamen Wärmefluß im weiter außen liegenden Erdreich charakterisiert. Für die Analyse der thermischen Prozesse im Boden hat es sich als sinnvoll erwiesen, zwei Betrachtungsebenen zu unterscheiden. Auf der ersten Ebene wer-

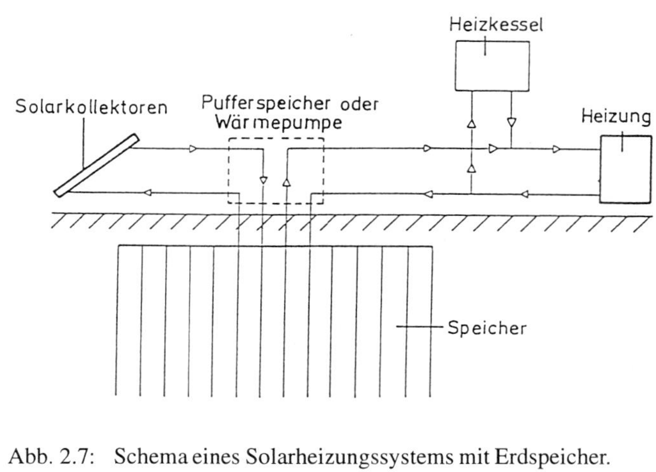

Abb. 2.7: Schema eines Solarheizungssystems mit Erdspeicher. (nach Dalenbäck 1990)

den die lokalen thermischen Prozesse um jeden Wärmetauscher (im Mikrobereich) betrachtet, während die Betrachtung auf der zweiten, übergeordneten Ebene der Beschreibung der thermischen Vorgänge im Speicher als Ganzem und im umliegenden Erdreich (im Makrobereich) gilt.
Um die Vorgänge beim Wärmetransfer (Laden und Entladen) auch quantitativ beschreiben zu können, muß das Temperaturfeld im gesamten Bodenkörper bestimmt werden, d.h. sowohl in der nahen Umgebung der Wärmetauschersonden als auch im ganzen Speichervolumen und darüber hinaus auch in dessen Umgebung. Das reale Temperaturfeld kann dabei beschrieben werden als eine Superposition (Überlagerung) der globalen Temperaturverteilungsfunktion (langsame Variation in einer Zeiteinheit) und der Funktion des lokalen Temperaturfeldes (schnellere Änderungen mit steilen Gradienten in der Nähe eines Rohres). Eine ausführliche Abhandlung zur Theorie der thermischen Prozesse und zur Analyse des Erdspeichers mit Wärmetauschersonden findet sich in dem Werk „Ground Heat Storage" von G. Hellström und B. Noubel (1990).

2.4.1 Temperatureinteilung bei Erdspeicheranlagen

Erdspeicher können auf verschiedene Weise klassifiziert werden. Wichtigstes Unterscheidungskriterium ist der Temperaturbereich, in dem der Erdspeicher betrieben wird. Folgende Bezeichnungen sind gebräuchlich:

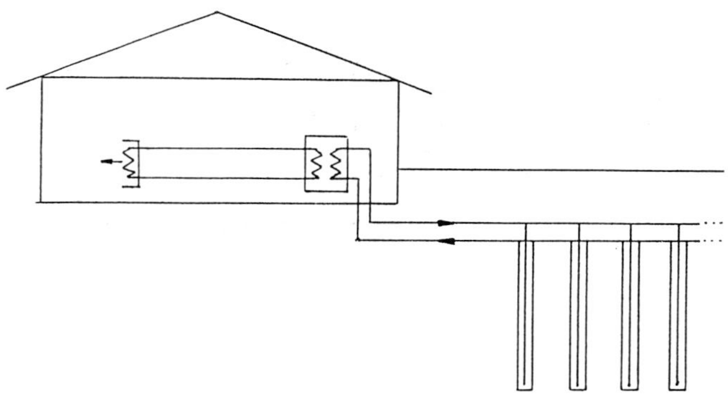

Abb. 2.8: Schema einer Wärmepumpen-Heizung mit Tieftemperatur-Speicher.

- TT-Speicher: Tieftemperatur-Speicher < 10°C
- NT-Speicher: Niedrigtemperatur-Speicher 10 - 30°C
- MT-Speicher: Mitteltemperatur-Speicher 30 - 50°C
- HT-Speicher: Hochtemperatur-Speicher > 50°C

Tieftemperatur-Speicher
Tieftemperatur-Speicher kommen in Heizungsanlagen zum Einsatz, wenn der zu deckende Wärmebedarf nicht sehr hoch ist, z.B. bei Einfamilienhäusern und kleinen landwirtschaftlichen Gebäuden. Ein TT-Speicher kann mit vertikalen oder mit horizontalen Wärmetauschern ausgeführt werden, die den Boden als Speichermedium für fühlbare und latente Wärme erschließen. Tieftemperatur-Speicher, auch Kaltspeicher genannt, werden ohne externe Wärmezufuhr betrieben. Sie können im Winter bis unter den Gefrierpunkt abgekühlt werden und nutzen zur Aufheizung die Erdwärme und die Witterungseinwirkungen im Sommerhalbjahr als natürliche Energiequellen. Bei der Planung verdient die vollständige Regenerierung der Speichertemperatur im Sommer, d.h. die hinreichende Aufheizung des Erdreiches, besonderes Augenmerk.
Um den Wärmebedarf des zu beheizenden Hauses zu decken und die nötigen Vorlauftemperaturen zu erreichen, wird der Erd-Wärmetauscher mit dem Verdampfer einer Wärmepumpe verbunden. Die Temperatur des Bodens und die Temperatur der Transportflüssigkeit zwischen Wärmetauscher und Wärmepumpenverdampfer kann je nach Belastung und Ladezustand des Speichers auch unter 0°C fallen, deshalb sollte als Wärmeträgerflüssigkeit eine Frostschutzmischung (Ethylenglykol-Wasser) verwendet werden. Heizungsanlagen mit TT-Speichern können so ausgelegt werden, daß sie monovalent arbeiten, d.h. ein Energieerzeuger, in diesem Fall die Wärmepumpe in Verbindung mit dem Erd-Wärmespeicher, kann den gesamten Wärmebedarf des Gebäudes dekken. Um auf zusätzliche herkömmliche Energieerzeuger (Heizkessel) verzichten zu können und den monovalenten Betrieb zu ermöglichen, muß der TT-Speicher natürlich ausreichend groß dimensioniert sein und über genügend Reserven auch für extreme Winter verfügen.

Niedrigtemperatur-Speicher
Bei NT-Systemen wird dem Boden im Gegensatz zu den TT-Systemen zusätzlich Wärme zugeführt. Aufgrund der niedrigen Ar-

beits- und Speichertemperaturen (10 bis 30°C) können als Wärmequelle Absorber oder einfache Solar-Flachkollektoren eingesetzt werden, die möglichst schon in der Bauphase in das oder die Gebäude integriert werden. Herkömmliche verglaste Flachkollektoren arbeiten im Temperaturbereich zwischen 20 und 60°C mit gutem Wirkungsgrad. Sehr oft werden jedoch auch nicht abgedeckte Sonnenkollektoren, sogenannte Solarabsorber, eingesetzt, deren Arbeitstemperatur im Bereich zwischen 10 und 30°C liegt. Bei NT-Speichern wird das Speichervolumen in den meisten Fällen durch vertikale Wärmetauschersonden erschlossen. Der Abstand der einzelnen Sonden voneinander hängt hauptsächlich von der Bodenart ab, während die Tiefe der Wärmetauschersonden durch die Größe des Objekts (den Wärmebedarf des Hauses) bestimmt wird. Allerdings wird die Sondentiefe in der Praxis häufig durch geologische bzw. technische Restriktionen begrenzt.
Auch die NT-Speicher sind auf eine Koppelung mit einer Wärmepumpe angewiesen, um das für die Heizung notwendige Temperaturniveau bereitstellen zu können. Wie bei TT-Speichern ist es auch hier sinnvoll, die Heizungsanlage als Niedertemperatursystem auszulegen, um die Temperaturdifferenz zwischen Verdampfer und Kondensator in der Wärmepumpe zu beschränken und um günstige Arbeitszahlen der Wärmepumpe zu erzielen. Um ausreichende Heizflächen für den Wärmeübergang vom Heizungswasser an die Raumluft zu erhalten, werden vorwiegend Fußbodenheizungen oder andere Flächenheizkörper eingesetzt. Beim Einsatz konventioneller Radiatoren in Niedertemperatursystemen muß die Heizfläche doppelt so groß gewählt werden wie bei konventionellen Heizungsanlagen.
NT-Speicher können für die Beheizung von kleinen und größeren Einfamilienhäusern, Doppelhäusern und Mehrfamilienhäusern eingesetzt werden, wobei Kollektorfläche, Speichervolumen und Wärmepumpenleistung dem Heizwärmebedarf des Objektes anzupassen sind.
Das Schema eines typischen Erdwärmespeichers mit vertikalen Wärmetauschersonden ist in Abb. 2.9 dargestellt. In der Praxis gewährleisten NT-Speicher eine durchschnittliche solare Deckungsrate von 50%. Natürlich können solche Anlagen auch so geplant werden, daß sie monovalent arbeiten.

Mitteltemperatur-Speicher

In MT-Anlagen wird dem Erdspeicher in der Ladeperiode Sonnenenergie oder Abwärme zugeführt und der Boden auf Tempera-

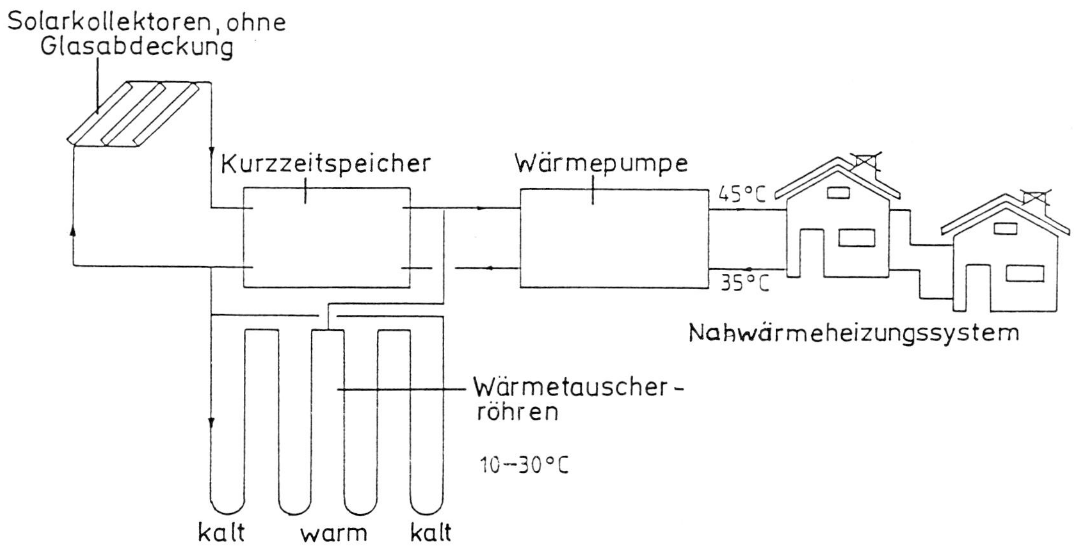

Abb. 2.9 Niedertemperatur-Erdspeicher mit Wärmetauscherröhren und Anbindung an ein Nahwärmesystem mit Solarenergienutzung. (nach Hornberger 1990)

turen von bis zu 50°C aufgeheizt. Bei der Entladung des Speichers kann die Wärme direkt zur Heizungsanlage im Haus transportiert werden, solange die Temperatur der Transportflüssigkeit für die direkte Raumbeheizung noch hoch genug ist. Ist die Temperatur im Speicher durch Entladen abgesunken und die Temperatur der Transportflüssigkeit entsprechend niedrig, wird eine Wärmepumpe zwischengeschaltet.

Zum Aufladen von MT-Speichern eignen sich z.B. Standard-Flachkollektoren, die mit 50 bis 60°C eine ausreichend hohe Arbeitstemperatur bei akzeptablem Wirkungsgrad erreichen. Häufig werden aber auch Vakuum-Röhrenkollektoren verwendet, deren Arbeitstemperatur zwischen 40 und 200°C liegt und die auch bei niedrigen Umgebungstemperaturen noch mit gutem Wirkungsgrad arbeiten. Die Heizflächen im Haus sollten natürlich - wie bei den TT- und NT-Anlagen - für den Niedertemperatur-Betrieb ausgelegt sein, um den direkt, d.h. ohne Wärmepumpe, nutzbaren Speichertemperaturbereich so weit wie möglich nach unten auszudehnen.

Bei einigen MT-Projekten (z.B. Kulavik, Schweden, vgl. Kap. 2.4.3) besteht der Wärmespeicher aus zwei Bereichen. Der primäre Bereich, die Mitte des Speichers, ist für die Speicherung von höheren Temperaturen konstruiert. Dieser Bereich wird von einem zweiten Bereich umgeben, in dem Wärme mit geringerer Temperatur gespeichert wird. Die Wärme aus dem Zentralbereich kann direkt für die Raumheizung verwendet werden, während die Wärme des Außenbereichs nur mittels Wärmepumpe nutzbar ist. Der große Vorteil dieser Anlage liegt darin, daß radiale Wärmeverluste aus dem Zentralbereich im Außenbereich aufgefangen werden und dadurch nicht verloren gehen. Der Abstand der Wärmetauscherröhren im Zentralbereich ist wesentlich geringer (z.B. 0,5 m) als ihr Abstand im Außenbereich (z.B. 1,5 - 2,0 m). Zentral- und Außenbereich sollten in deutlichem Abstand von einander installiert sein (z.B. ca. 5 m). Außerdem sollten die Wärmetauscherröhren im Außenbereich tiefer als im Zentralbereich eingegraben sein, um die Wärmeverluste des Zentralbereichs zu vermindern. Zur Aufladung des Außenbereiches können dachintegrierte Flachkollektoren verwendet werden, während für den Zentralbereich die erheblich teureren Vakuumkollektoren wegen der höheren Arbeitstemperaturen vorteilhaft sind. Diese Kombination führt zu einer hohen Leistungsfähigkeit bei günstigen Kosten für die Gesamtanlage. Um die Vorteile eines günstigen Oberflächen-Volumen-Verhältnisses (= geringere Wärmeverluste) zu nutzen, ist es sinnvoll, große MT-Speicher zu bauen und sie für größere Gruppen von Einfamilienhäusern oder Appartementgebäuden und für kommerzielle Gebäude, z.B. Bürogebäude, Schulen, Verwaltungsgebäude und Werkstätten einzusetzen.

Hochtemperatur-Speicher

HT-Speicher sind noch in der Entwicklung. Die Speicherung von Wärme bei hohen Temperaturen könnte sehr interessant sein, um Abwärme zu nutzen, und - was noch wichtiger ist - um die gespeicherte Energie direkt und ohne Wärmepumpe zur Wärmeversorgung in Nahwärmesystemen einzusetzen. Falls nötig, kann zusätzlich ein konventioneller Heizkessel eingesetzt werden, um winterliche Bedarfsspitzen zu decken. Als Sonnenkollektoren kommen in HT-Anlagen sowohl Hochleistungs-Flachkollektoren (die Arbeitstemperatur eines gut isolierten Flachkollektor-Moduls liegt bei 40 bis 80°C), als auch Vakuum-Röhrenkollektoren und konzentrierende Parabol-Kollektoren (Arbeitstemperaturbereich 40 - 400°C) infrage. Die Praxis hat gezeigt, daß mit Flachkollektoren immerhin Speichertemperaturen von bis zu 80°C erreicht werden können. Ein Frostschutzmittel im Kreislauf wird bei dieser Art von Speicher nicht benötigt; vielmehr kann reines Wasser als Wärmeträger benutzt werden, so daß eine Gefahr der Grundwasserverschmutzung grundsätzlich nicht besteht.

Die bisherigen Untersuchungsergebnisse an HT-Speichern zeigen, daß sie als Baustein zur Sonnenenergienutzung sehr vielversprechend sind und daß sie die im Vergleich zu anderen Speicherkonzepten sehr niedrige Energiekosten aufweisen können. In Nahwärmesystemen dürfte sich nahezu 70% des jährlichen Wärmebedarfs einer Wohnsiedlung durch Sonnenenergie decken lassen, der Rest wird von herkömmlichen Heizkesseln bereitgestellt. Das vereinfachte Schema eines Hochtemperatur-Speichersystems zeigt Abb. 2.10.

Bei HT-Speichern sind allerdings je nach geologischen Gegebenheiten spezielle Wärmetauscher-Technologien erforderlich. So muß insbesondere ein guter thermischer Kontakt zwischen Transportflüssigkeit und Erde gewährleistet sein, außerdem eine gute Wärmeleitfähigkeit im Erdreich und besonders in der direkten Umgebung der Röhren, und nicht zuletzt ein geringer Wärmeverlust vor allem zur Erdoberfläche hin. In der Praxis sind als Hauptprobleme zum einen Grundwasserströme und die daraus resultie-

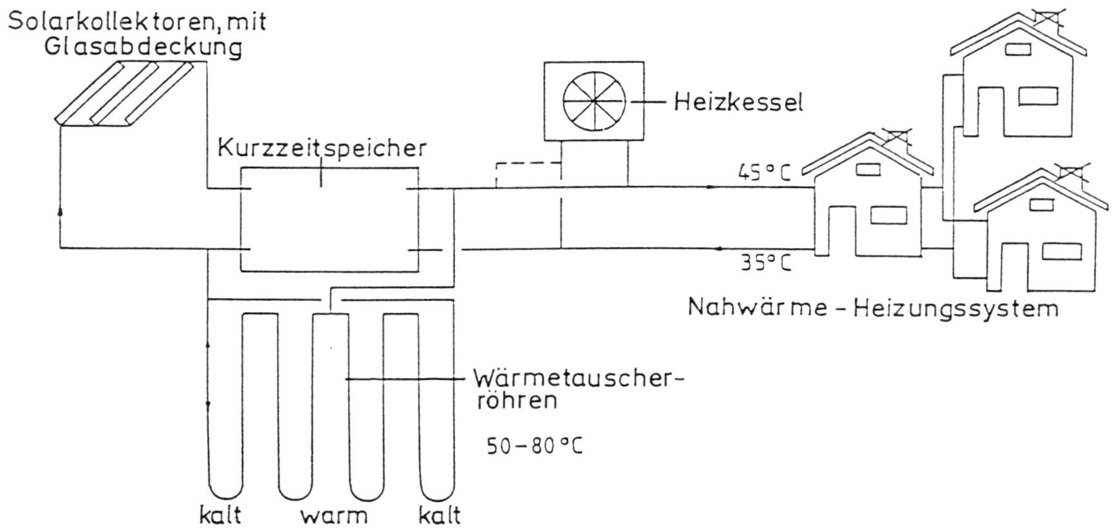

Abb. 2.10: Hochtemperatur-Erdspeicher mit vertikalen Wärmetauscher-Sonden und Anbindung an ein Nahwärmesystem mit Solarenergienutzung. (nach Hornberger 1990)

renden Wärmeverluste zu nennen und zum anderen eine thermisch bedingte Feuchtigkeitswanderung mit einem Trocknungseffekt im Erdreich.
HT-Speicher können in Kleinanlagen nicht eingesetzt werden, da der Wärmeverlust wegen des ungünstigen Volumen-Oberflächen-Verhältnisses bei kleinen Speichervolumina dabei extrem groß wäre. Deshalb kommen HT-Speicher-Projekte fast ausschließlich für Großobjekte zur Anwendung, z.B. zur Wärmeversorgung von vielen Wohneinheiten oder für große kommerzielle Gebäude.

2.4.2 Kleine und mittlere saisonale Erdwärmespeicher mit Wärmepumpe

Für die Beheizung von Einfamilienhäusern, Gehöften, Gewächshäusern und von anderen Objekten mit geringem Wärmebedarf bietet sich als System ein Erdwärmespeicher in Verbindung mit einer Wärmepumpe an. Bei geringem Wärmebedarf reicht ein TT- oder NT-Speicher aus, bei größerem Wärmebedarf und für besondere Anwendungsfälle kommen auch MT-Speicher infrage.

Es gibt zwei Grundkonfigurationen von Erd-Wärmetauschern, horizontale und vertikale. Abb. 2.11 und Abb. 2.12 zeigen typische Rohrkonfigurationen. In Abb. 2.11 sind Aufsicht und Schnitt durch ein horizontales Rohrsystem zu sehen, während Abb. 2.12 eine Anlage mit vertikalen Röhren in der Aufsicht und im Querschnitt darstellt.
Die ersten mit Wärmepumpen gekoppelten Speichersysteme wurden bereits zwischen 1940 und 1950 mit horizontal im Erdreich verlegten Eisen- oder Kupferrohren gebaut, wobei die Rohre etwa 0,5 bis 1,0 m tief im Boden vergraben wurden. Seither sind in Schweden mehr als 10000 horizontale Erd-Wärmetauscher installiert worden und etwa ebenso viele in Deutschland, und zwar fast ausschließlich für Heizzwecke. In den USA wurden die mit Wärmepumpen gekoppelten Erdspeicher sowohl für die Heizung als auch zur Kühlung (Aircondition) verwendet.
Der Großteil der Anlagen, die in Europa bis zum Ende der 80er Jahre gebaut wurden, waren wie gesagt mit horizontalen Rohrschleifen ausgestattet (vgl. Abb. 2.13). Heute setzen sich in der Praxis die Erdspeicher mit vertikalen Wärmetauscher-Sonden mehr und mehr durch, was im wesentlichen auf bessere und kostengün-

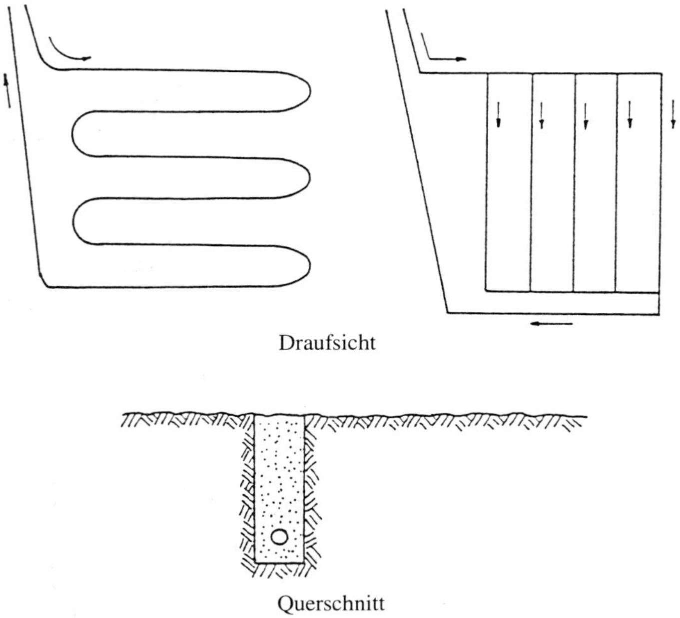

Abb. 2.11: Horizontale Wärmetauscher-Rohre im Boden.
(nach Ball, Fischer, Hodgett 1983)

stigere Bohrmethoden und auf den Übergang von Metallrohren zu Kunststoffrohren zurückzuführen ist. Die neuen Erdbohrgeräte arbeiten mit relativ hoher Leistung und nahezu ohne Schädigung der Bodenoberfläche. Und die Kunststoffrohre sind - bei hoher Reißfestigkeit und hoher mechanischer Stabilität - flexibel. Neue Rohrverbindungsmethoden machen Metallteile im Boden unnötig und vermeiden damit Korrosionsprobleme und mögliche Leckstellen. Die Lebenserwartung solcher Kunststoffrohrsysteme liegt bei 50 Jahren. Um die Installationskosten für den Erd-Wärmetauscher gering zu halten, werden Rohre mit relativ kleinem Durchmesser verwendet (U-förmige Rohre mit bis zu 120 mm Schenkelabstand werden in Bohrlöcher mit maximal 140 mm Durchmesser eingeführt). Im Detail hängt die Ausführung der Installation für vertikale Rohre ab von der Rohrlänge, d.h. von der Bohrtiefe, sowie von den geologischen Voraussetzungen, d.h. vom Bodentyp.

Die vertikale Anordnung hat gegenüber horizontalen Rohrschleifen mehrere Vorteile. Erstens kommt ein vertikaler Wärmetauscher mit einer kleineren Bodenoberfläche aus und kann mit geringerer Rohrlänge (annähernd 50% im Vergleich zu horizontalen Speichern) die gleiche Wärmemenge übertragen. Durch Entwicklung neuer Bohrtechniken sind Bohrungen im Erdreich verglichen mit dem Erdaushub (wie er für horizontale Wärmetauscher notwendig ist) die kostengünstigere und einfachere Methode. Der zweite wichtige Vorteil betrifft den Wärmeübergang zwischen Boden und Wärmetauscher. In den meisten Gegenden ist der Boden unter der Erdoberfläche mit Feuchtigkeit gesättigt und besitzt daher ein gutes Wärmeleitvermögen im Bereich des Wärmetauschers; bei flachen horizontalen Wärmetauschern wird durch die oberflächennahe Beheizung ein Teil dieser Feuchtigkeit ausgetrieben, was den Wärmeübergang in der Umgebung des Wäremtauschers verschlechtert. Diese Art der Feuchtigkeitswanderung wurde bei vertikalen Wärmetauschern in dem Ausmaß nicht beobachtet. Drittens hat das in tieferen Bodenschichten erreichbare höhere Temperaturniveau einen positiven Effekt auf die Arbeitszahl der Wärmepumpe und damit auf die erreichbare Energieeinsparung. Vertikale Erd-Wärmetauscher sind deshalb zur Nutzung des Erdreiches als Wärmequelle für die Wärmepumpe günstiger.

Bei der Ausführung von horizontalen ebenso wie von vertikalen Erd-Wärmetauschern sind eine Reihe von Varianten möglich:

- Als *Rohrmaterialien* kommen vornehmlich Kunststoffrohre (PVC, Polyethylen, Polybutylen), aber auch Metallrohre (Stahl, Kupfer) zum Einsatz.
- Durch Einsatz von *speziellen Bohrlochfüllmaterialien* (nur bei vertikalen Systemen mit aktiver Wärmezufuhr) kann u.U. der Wärmeübergang zum Erdreich verbessert werden.
- Bezüglich der *Geometrie der Wärmetauscherröhren* sind folgende Lösungen gebräuchlich:
  - bei horizontalen Anlagen parallele Rohrregister oder Verlegung in Serpentinen (Rohrschlange),
  - bei vertikalen Anlagen Anordnung der Bohrungen im Kreis, im Sechseck oder im Rechteck.
- Bei der *Verbindung der einzelnen Rohrstränge* miteinander gibt es wiederum verschiedene Möglichkeiten: die Parallelschaltung, die Serienschaltung oder die gemischte Serien-Parallel-Schaltung.

- Als *Rohrtyp für den Wärmetauscher* werden
  - bei horizontalen Anlagen glatte Rohre,
  - bei vertikalen Anlagen konzentrische Rohr-in-Rohr-Anordnungen oder U-förmige-Rohrschleifen eingesetzt.
- Als *Wärmeträger* sind Wasser, Wasser-Frostschutzmittel-Mischungen und unter Umständen auch Luft gebräuchlich.

Horizontale Wärmetauscher, wie in Abb. 2.13 dargestellt, werden üblicherweise in einer Tiefe von 0,5 - 2,5 m, also relativ nahe an der Erdoberfläche, installiert. Bei dieser Lage regeneriert sich der Boden thermisch durch den natürlichen Wärmeeintrag aus Sonne, Regen, Luft und durch von unten aufsteigende Wärme quasi von selbst. Eine typische horizontale Rohranordnung wird in Abb. 2.10 dargestellt. Der Durchmesser des Rohres hängt vom Material ab, für Kunststoffrohre sind Durchmesser von 20-50 mm, für Metallrohre bis über 50 mm gebräuchlich. Die Rohrabstände liegen üblicherweise zwischen 0,6 und 2,5 m. Bei frühen horizontalen Anlagen wurden Metallrohre in Form eines parallelen Rohrregisters verlegt, wie es in Abb. 2.11 rechts gezeigt ist. Solche Konstruktionen werden auch heute noch verwendet, doch setzt sich die serpentinenförmige Verlegung durch den vermehrten Einsatz von Kunststoffrohren zunehmend durch.
Die Serpentinenform (vgl. Abb. 2.11, linke Seite) hat einige Vorteile: Man kommt mit einem Minimum an Verbindungsstücken aus, wodurch das Leckageproblem wesentlich reduziert wird. Außerdem lassen sich Kunststoffrohre aufgrund ihrer Flexibilität leichter verlegen, was bei den Erdarbeiten zu Kosteneinsparungen führt. Andererseits hat auch die Anordnung als Rohrregister zwei Vorteile: Zum einen ist die thermische Leistung durch geringere thermische Kurzschlüsse zwischen Ein- und Ausgang der Rohrschleife etwas besser, und zum andern ist der Druckverlust bei gleicher Gesamtlänge der Wärmetauscherrohre auf Grund der parallel geführten Ströme deutlich geringer.
Eine verbesserte thermische Erschließung des Erdreiches kann bei horizontalen Anlagen durch Anordnung der Wärmetauscherröhren in zwei übereinanderliegenden Schichten erreicht werden. Der Hauptvorteil dieser Anordnung liegt in der Reduzierung der Grabungskosten und der benötigten Bodenfläche.

Bei *Speichern mit vertikalen Wärmetauschersonden* werden die Bohrungen in einer Art Netz oder Gitter angelegt. Die vertikalen

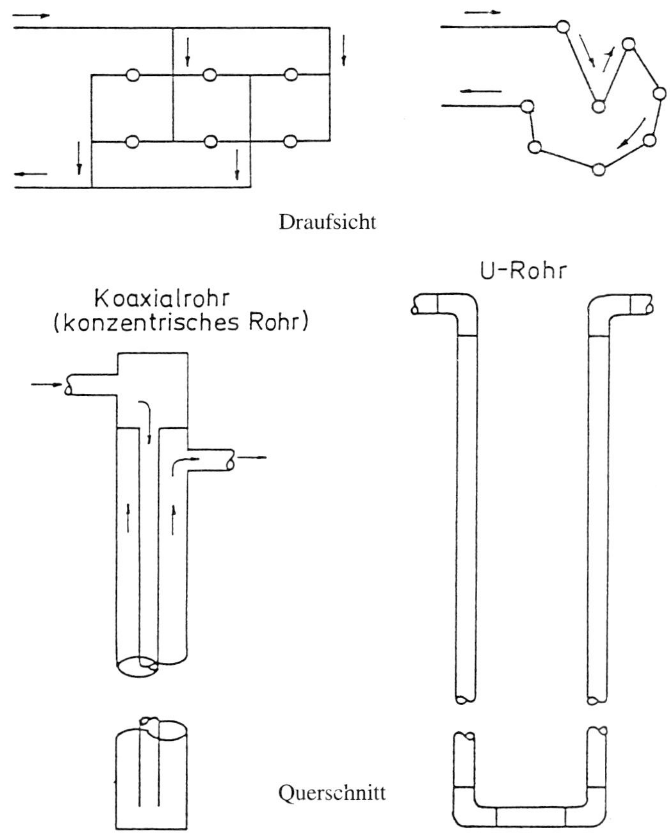

Abb. 2.12: Ausführungmöglichkeiten von vertikalen Wärmetauscher-Rohren im Boden. (nach Ball, Fischer, Hodgett 1983)

Wärmetauscherrohre sind über horizontal verlegte Sammelleitungen untereinander und mit der Wärmepumpe verbunden und in der Regel parallelgeschaltet. Ein typischer vertikaler Erdwärmespeicher, mit U-förmigen Wärmetauschersonden ausgestattet und mit einer Wämepumpe kombiniert, ist in Abb. 2.14 dargestellt.
Die horizontalen Verbindungsleitungen werden in der Regel ungefähr 1 m tief im Boden vergraben und sollten wärmegedämmt sein (jedenfalls bei den meisten Anwendungen), da während des größten Teils der Heizperiode die Temperatur des Erdreiches in

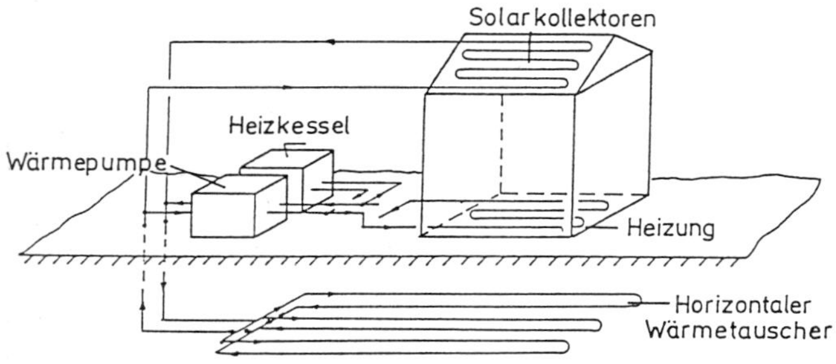

Abb. 2.13: Erdwärmespeicher mit horizontalem Wärmetauscher. (nach Mazzarella 1990)

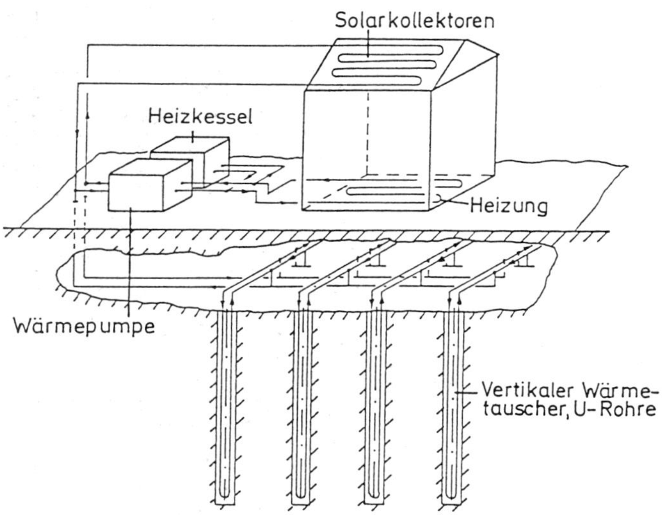

Abb. 2.14: Erdwärmespeicher mit vertikalen Wärmetauschersonden. (nach Mazzarella 1990)

der Umgebung der Sammelleitungen geringer ist als die des zirkulierenden Wärmeträgers. Als Wärmeträger wird häufig ein Frostschutzmittel verwendet, z.B. Wasser mit Ethylenglykol oder Propylenglykol bzw. Wasser mit Kalziumchlorid oder Methanol.
Die Tiefe der Vertikalröhren-Wärmetauscher wird etwa folgendermaßen klassifiziert:

- flach: 8 - 10 m Tiefe,
- mittel: 10 - 50 m Tiefe,
- tief: 50 - 100 m Tiefe,
- sehr tief: über 100 m Tiefe.

Flache Wärmetauscher sind in Europa weiter verbreitet als in den USA. Sie werden meistens aus flexiblen, koaxialen Kunststoffrohren hergestellt. Die Bohrungen können im Grundriß kreisförmig oder hexagonal oder im Rechteck angeordnet sein. Für Anlagen mit zusätzlicher Aufladung und entsprechend höherer Bodentemperatur ist die Kreis- oder Hexagonform die beste Lösung. Diese Anordnung besitzt eine minimale Oberfläche und damit von der Geometrie her die geringstmöglichen Wärmeverluste. In den nördlichen Ländern treten in Tiefen von 10 bis 12 m auch im Jahresverlauf keinerlei Temperaturschwankungen mehr auf, in dieser Tiefe ist die Temperatur des ungestörten Bodens gleich der durchschnittlichen jährlichen Oberflächentemperatur, die ungefähr der mittleren jährlichen Lufttemperatur entspricht. Bei flachen vertikalen Wärmetauschern und einem geringen Wärmebedarf des zu beheizenden Hauses ist die natürliche Aufheizung des Bodens im Frühling und Sommer ausreichend, um eine thermische Regenerierung solcher Speicher zu gewährleisten. Bei größeren Tiefen und einem höheren Wärmebedarf reicht die natürliche Energiezufuhr aber nicht mehr aus, so daß eine Erhöhung der Bodentemperatur durch künstliche Energiezufuhr notwendig ist.
Bei Erdspeichern, deren Wärmetauscherröhren bis in mittlere Tiefen reichen, muß berücksichtigt werden, daß der natürliche Wärmeeintrag von der Oberfläche mit zunehmender Tiefe immer geringer wird. Deshalb ist der Ausgleich zwischen der im Winter für Heizzwecke entnommenen Wärme und der dem Boden im Frühling und Sommer zugeführten Wärme aufwendiger. In Europa wird meist der sommerliche Energieüberschuß von Sonnenkollektoren genutzt und im Boden gespeichert. In den USA ist es dagegen

Land	WT-Anord-nung	Rohr-durchm. mm	Sonden-tiefe m	Boden-fläche m^2	Wärmeentzug kWh/m bzw. *(W/m)	Rohr-anzahl	Bemerkungen
BRD	horiz.	20	1,40	450	16,5		
BRD	horiz.	32	1,80	500	37,3		
BRD	horiz.	-	1,65	250	25,5		
Holland	horiz.	20	1,50	436	6,6		
Holland	horiz.	20	1,50	260	76,0		
Dänemark	horiz.	38	1,50	1000	29,0		
Schweden	horiz.	40	0,95	-	36,6		
Belgien	horiz.	32	0,60	600	19,6		2-schicht. Wärmetauscher, 2. Schicht in 1,2 m Tiefe
Holland	vertikal	40	1,0-11	750	66,7	3 · 11	U-förmige Wärmetauscher-Sonden
Holland	vertikal	38	0,5 - 20	415	43,4	14	konzentri. Rohre, durchschnittlich 23 m Rohrlänge
Holland	vertikal	90	40; 60; 75; 100	>100	120,0	4	konzentrische PVC-Rohre, 5m Abstand; GWF[1]; Wärmelast >21 kW, 13,5 kW Wärmepumpe
BRD	vertikal	60,3	1,0 - 49	100	208,0	4	konzentrische Rohre aus PE bzw. Stahl, 5m Abstand; GWF[1]; 16,5 kW Wärmepumpe
BRD	vertikal	28	1,0 - 11	60	73,9	30	Edelstahl-Wärmerohr (Heat Pipe), 1m Abstand; GWF[1]
BRD	vertikal	40	1,5 - 6,5	50	-	20	konzentr. PVC-Rohre, 1m Abstand; 14,5 kW Wärmelast; über GW[1]
Schweden	vertikal	50	0,7-10,7	150	29,0	37	konzentrische PVC-Rohre, 2m Abstand; 10 kW Wärmelast; 10 kW WP; Wärmespeicher-Betrieb
Kanada	vertikal	25	2,0 - 10	100	115	4	Thermosyphon, Kupferrohre, 5,2 m Abstand
Dänemark	vertikal	15,9	12,0- 20	175	-	20	Konzentr. Kupferrohre, 2 m Abstand; 9,6 kW Wärmeb.
Schweden	vertikal	16	- 35,0	2500	-	408	u-förmige HdPE-Rohre, HPE, 2 m Abst., 760 kW Wärmebed.; Wärmespeicherbetrieb; $2500 m^2$ Sonnenkoll.
Holland	vertikal	38	0,5-20,0	415	30 - 34*	14	konzentr. Rohre, Stahl/PE, variabler Abstand, 10 kW Wärmebedarf incl.WW-Bereitung, 13,5 kW Wärmep.
Holland	vertikal	50	1,5-21,5	1500	-	120	konzentrische PVC-Rohre, 4 m Abstand; 240 kW Wärmebedarf (36 Häuser); 6 Wärmep. à15,5 kW
Holland	vertikal	50	0,1-10,0	1900	-	140	konzentrische PVC-Rohre, 2 - 3,5 m Abstand; 220 kW Wärmebedarf (35 Häuser); 2 Wärmep. à 82 kW
Holland	vertikal	20	- 20,0	1135	-	360	U-förmige Polybutylen-Rohre; 850kW Wärmebedarf Solarwärmespeicher ohne Wärmepumpe
England	vertikal	12,5	- 8,0	20,0	32 - 35*	2	konzentrische Kupferrohre, 0,9 m Abstand;
England	vertikal	9,5	- 8,0	20,0	40 - 50*	2	U-förmige Kupferrohre, 0,9 m Abstand

[1] GWF / GW = Grundwasserfluß bzw. Grundwasser, * mittlere Wärmeentnahme in Watt/m

Tabelle 2.1: Daten von kleinen und mittleren mit Wärmepumpen gekoppelten Erdspeichern.

üblich, die Wärmebilanz durch die Umkehrung der Wärmepumpenfunktion auszugleichen, indem sie im Sommer als Klimaanlage (d.h. zur Kühlung) arbeitet.
Mittlere und tiefe vertikale Wärmetauscher werden in Deutschland, Schweden und den USA eingesetzt. Eine deutsche Entwicklung besteht darin, das Grundwasser zu erreichen, wodurch die Wärmegewinnung je Einheit Rohrlänge beträchtlich gesteigert wird. Bei mittleren und tiefen vertikalen Wärmetauschern hat sich das U-förmige Rohr durchgesetzt (vgl. Abb. 2.14). Art, Länge und Einbautiefe der Rohre bestimmen die Installationsstechnik und natürlich auch die Kosten.
Sehr tiefreichende Wärmetauschersonden wurden bisher vorwiegend in Schweden installiert, vor allem in größeren Anlagen. Bei den meisten dieser Systeme, die durch hohen Grundwasserspiegel charakterisiert sind, ist die thermische Regeneration des Speichervolumens wegen des Energieaustausches durch Grundwasserströme kaum nötig. Sehr tiefreichende Wärmetauschersonden sind dann interessant, wenn die verfügbare Bodenoberfläche nicht ausreichend ist und wenn ein guter Wärmeleitwert im Erdreich erreicht werden muß. Die hohen Baukosten je Einheit Rohrlänge (4 bis 6 mal höher als bei horizontalen Rohrschleifen) müssen allerdings berücksichtigt werden.
Wichtige Daten von mit Wärmepumpen gekoppelten Erdspeichern sind in Tabelle 2.1 aufgeführt. Sie wurden dem Schlußbericht EUR 9817 EN der EG-Kommission von J.W. Bouma, A.D. Koppenol und J.F. van der Horst entnommen wurde. Diese Tabelle gibt einen guten Überblick über alle Arten von kleinen und mittleren mit Wärmepumpen gekoppelten Erdspeichersystemen.
Die Zahlen in der Tabelle machen deutlich, daß bei relativ geringem Wärmebedarf (z.B. für Einfamilienhäuser) einfache Anlagen verwendet werden, meistens Tieftemperatur-Systeme ohne aktive Wärmezufuhr in den Boden. Diese Anlagen werden sowohl mit horizontalen Wärmetauscherrohren als auch mit vertikalen Wärmetauschersonden gebaut. Letztere wiederum sind hauptsächlich als flache Speicher mit konzentrischen Wärmetauschersonden ausgeführt.
Bei größerem Wärmebedarf, z.B. für eine größere Gruppe von zu beheizenden Häusern, kommen andere Erdspeichersysteme bevorzugt zum Einsatz. Dann werden gewöhnlich vertikale Wärmetauscher mit zahlreichen Rohren in U-Form gewählt, die in größere Tiefen reichen, so daß der Boden im Sommer durch aktive Wärmezufuhr aufgeladen werden muß. Detaillierte Ergebnisse, Vorschläge und Empfehlungen zu Planung, Anwendung und Konstruktion solcher Anlagen folgen im nächsten Kapitel.

2.4.3 Zentrale Solar-Heizanlagen mit großen saisonalen Erdspeichern

Systeme dieser Art bestehen aus einem sehr großen Speicher (mögliche Speichermedien: Erde, Stein, Wasser), aus einer zentralen oder mehreren dezentral auf den Gebäuden angeordneten Sonnenkollektoranlagen und einem Nahwärmeverteilungsnetz. Ingesamt handelt es sich bei Systemen dieser Art um wirklich große Anlagen, die nur für Wärmemengen von mehr als 500 MWh/a sinnvoll sind. Deshalb lohnen sich diese Anlagen auch nicht für Einfamilienhäuser und andere kleine Objekte, sondern nur für große Wohngebiete, Schulen, Krankenhäuser oder öffentliche bzw. kommerzielle Einrichtungen.
Die Länder Nordeuropas und Skandinaviens sind führend in der Erprobung und Anwendung von großen saisonalen Speicheranlagen. Die meisten Anlagen dieser Art werden bisher in Schweden betrieben. Das erste derartige System, geplant für den Wärmebedarf eines Bürogebäudes, wurde 1978 im Studsvik Institut gebaut. 1979 rief die Internationale Energie-Agentur für Solarheizungs- und -kühlprojekte einen Arbeitskreis „Task VII“ (wörtlich: Aufgabe 7) mit dem Thema „Zentrale Solar-Heizsysteme mit saisonaler Speicherung“ ins Leben.
Ziel dieses Arbeitskreises war es, die Durchführbarkeit und Kosteneffektivität solcher Anlagen zu untersuchen, die Technologie zu fördern und den Teilnehmern bei ihrer Einführung zu helfen. Folgende Länder (in alphabetischer Reihenfolge) waren an dem Projekt beteiligt: Dänemark, Deutschland, Finnland, Großbritannien, Italien, Niederlande, Österreich, Schweden, Schweiz, Spanien und die USA. 1990 wurde „Task VII“ abgeschlossen. Um die Arbeit von Task VII fortzusetzen und den Erfahrungsaustausch weiterzuführen, haben die interessierten Länder eine Arbeitsgruppe mit dem Thema "Zentrale Solar-Heizanlagen mit saisonaler Speicherung geschaffen; damit soll die Entwicklung von zentralen Solar-Heizanlagen mit saisonalem Erdspreicher in bebauter Umgebung vorangetrieben werden.

Im Rahmen von Task VII wurden in den 80er Jahren eine ganze Reihe von zentralen Solar-Heizanlagen mit saisonalem Erdspeicher gebaut und getestet, und zwar hauptsächlich in europäischen Ländern. Einige wichtige Projekte mit saisonalem Speicher, die in der Praxis erprobt und heute noch in Betrieb sind, werden im folgenden kurz beschrieben.

Kerava, Finnland
Das Kerava-Sonnen-Dorf ist seit 1983 in Betrieb. Die Anlage liefert Wärme für 44 Reihenhäuser (insgesamt 3756 m² beheizte Fläche mit einem Wärmebedarf von 550 MWh/a). Die Energie aus 1100 m² Sonnenkollektoren wird in einer Wasserkaverne (1500 m³ Volumen mit Temperaturschichtung) gespeichert, die im Grundgestein angelegt wurde. Außerdem wurde über 54 Bohrlöcher im Gestein ein zusätzliches Speichervolumen von 11000 m³ erschlossen, das sich jedoch als weniger wirksam erwiesen hat. Das Wärmeverteilungssystem wird über eine Wärmepumpe aus dem Speicher versorgt. Im praktischen Betrieb erwies sich die Speicherkapazität als zu klein, um die geplante solare Deckungsrate von 75% zu erreichen.

Scarborough, Kanada
Ziel dieses Projektes war es, die Leistungsfähigkeit und die Wirtschaftlichkeit von Aquifer-Speichern zur saisonalen Speicherung zu untersuchen. Die Anlage, die 1985 in Betrieb genommen wurde, liefert Kälte und Wärme für gut 30000 m² Bürofläche im Scarborough-Canada-Center, dem Hauptgebäude der Bundesregierung im östlichen Teil von Toronto. Im Scarborough-Center ist der Kühlbedarf im Sommer größer als der winterliche Heizenergiebedarf, deshalb dient der Aquifer sowohl als Wärmespeicher für die Heizung im Winter als auch zur Speicherung von kaltem Wasser für die sommerliche Kühlung. Die Vakuumröhren-Kollektoranlage (700 m² Fläche) wird hauptsächlich zur Deckung des Warmwasserbedarfes im Gebäude genutzt.

Groningen, Niederlande
Die niederländische Anlage ist seit 1984 in Betrieb. Sie wurde geplant zum Beheizen von 96 Häusern in 9 Blöcken (Heizwärmebedarf 1200 MWh), die um den saisonalen Erdspeicher mit vertikalen Wärmetauschersonden angeordnet sind. Wärmelieferant ist eine Vakuumröhren-Kollektoranlage mit 2400 m² Kollektorfläche. Die Speicheranlage ist aufgeteilt in einen Kurzzeit- (d.h. Tages-) und einen Langzeitspeicher. Als Kurzzeitspeicher dient ein Wassertank (1000 m³ Volumen), der im Zentrum des saisonalen Erdpeichers (23000 m³ Kapazität in lehmigem Boden) eingegraben ist. Der Erdspeicher wird über 360 U-förmige, vertikale Polybutylen-Wärmetauscherrohre erschlossen, die 20 m tief in den Boden hineinreichen. Die Meßergebnisse zeigen, daß der Anteil

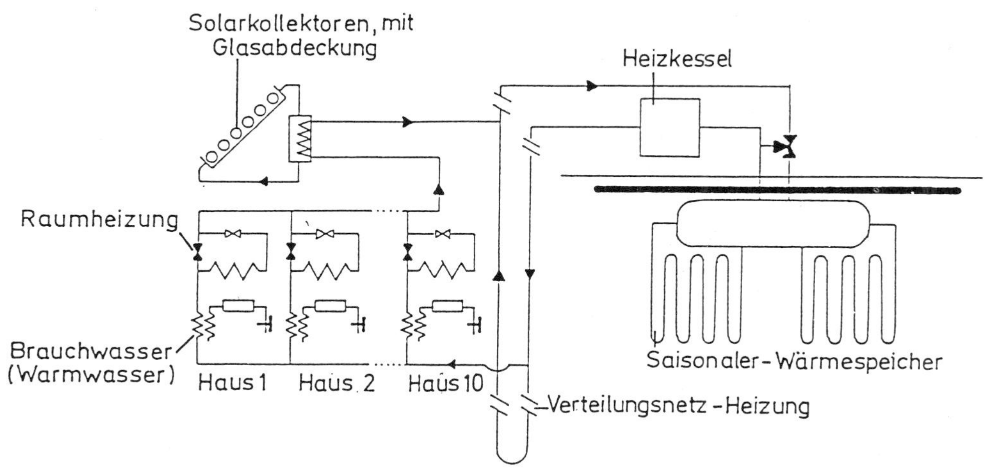

Abb. 2.15:
Schema des solaren Nahwärmesystems Erdspeichers in Groningen, Niederlande.
(nach Dalenbäck 1990)

der nutzbaren Sonnenenergie (628 MWh oder 52% des Wärmebedarfes) in der Praxis um 15% niedriger liegt als angenommen. Dabei sind eine Reihe von Ursachen für die geringere solare Deckungsrate verantwortlich: ein schlechterer Sonnenkollektor-Wirkungsgrad als prognostiziert, ein erhöhter Wärmeverlust durch die obere Isolierschicht des Speichers, eine geringfügig höhere Untergrenze der noch nutzbaren Speichertemperatur und örtliche Grundwasserbewegungen, die größer waren als erwartet. Eine schematische Ansicht der Anlage zeigt Abb. 2.15.

Treviglio, Italien

Diese Anlage, die den Wärmebedarf (960 MWh/a) von 5 Appartementgebäuden (35062 m³ beheiztes Gebäudevolumen) decken soll, ist seit 1982 in Betrieb. Als Wärmequelle werden Flachkollektoren (2727 m² Kollektorfläche) eingesetzt, deren Wärme über 55 horizontal verlegte U-Rohre und 414 vertikale Bohrlöcher in den Boden geleitet wird. Das Volumen des Erdspeichers beträgt insgesamt 43400 m³, eine Wärmepumpe hebt das Temperaturniveau des Speichers auf in den Gebäuden nutzbare Werte an. Die Ergebnisse zeigen, daß die geplante solare Deckungsrate recht gut mit den gemessenen Werten übereinstimmt (erwarteter Wert 76%, gemessener 72%).

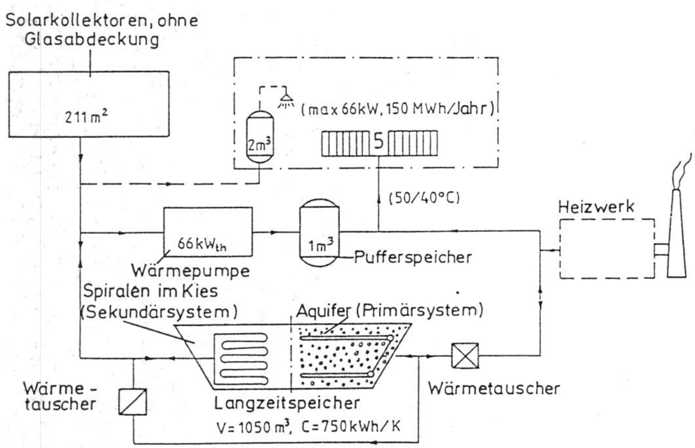

Abb. 2.16: Schema der solarunterstützten Wärmepumpe mit künstlichem Aquifer-Speicher an der Universität Stuttgart. Quelle: Fisch, N.; Giebe, R.; Hanhne, E.: National Report 1985 of Stuttgart University Project for Task VII IEA

Sunklay, Schweden

Die Sunklay-Anlage dient der Wärmeversorgung einer Schule mit Niedertemperaturheizung (1650 MWh/a Wärmebedarf), sie ist bereits seit 1980 in Betrieb. Eingesetzt werden nicht abgedeckte, ins Dach integrierte Solarabsorber (1500 m² Absorberfläche) und vertikale Speichersonden in lehmigem Boden, die ein Speichervolumen von 87000 m³ erschließen. Die Heizung wird über eine Dieselmotor-Wärmepumpe aus dem Speicher versorgt.

Lambohov, Schweden

Die seit 1980 arbeitende Anlage in Lambohov ist mit Flachkollektoren (2900 m² Fläche) und einem isolierten Kavernen-Wasserspeicher (10000 m³ Volumen) im Grundgestein ausgestattet und liefert Wärme für 50 kleine Häuser (7000 m² Gesamtfläche). Der jährliche Energiebedarf liegt bei 940 MWh.

Lyckebo, Schweden

Dies ist die größte und bekannteste Anlage in Schweden. Die Anlage ist seit 1983 in Betrieb und besteht aus einem Wasserspeicher in einer Felshöhle (105000 m³ Volumen) und 28800 m² Hochleistungs-Flachkollektoren. Allerdings sind nur 15% der Kollektorfläche tatsächlich installiert, die restlichen 85% der genannten Kollektorfläche werden ertragsmäßig von einer elektrischen Heizung simuliert.

Die solare Deckungsrate wird hier aus der Summe der dem Heizsystem gelieferten (der tatsächlichen und simulierten) Sonnenwärme sowie aus den Speicherverlusten berechnet. Die Felshöhle ist nicht isoliert. Der Wärmeverlust des Kavernenspeichers entspricht in der Praxis nicht dem berechneten Wert, und zwar im wesentlichen aufgrund von Konvektionsverlusten in einem während der Bauphase angelegten Eingangstunnel. Der Speicher ist groß genug, um den Heizbedarf von 550 Häusern (8500 MWh/a) bei einer Vorlauftemperatur von 70°C zu 100% zu decken.

Universität Stuttgart, Deutschland

Das solarunterstützte Wärmepumpensystem mit einem künstlichen Aquifer als Speicher wurde 1985 gebaut. Es war damals das erste größere Projekt in Deutschland mit einem saisonalen Wärmespeicher. Der künstliche Aquifer ist eine mit Kies und Wasser gefülltes Becken (1050 m³ Volumen); er wird durch 211 m² unver-

glaste Absorber aufgeladen und ist heizungsseitig mit einer elektrischen Wärmepumpe (Leistung 66 kW) gekoppelt. Die Anlage wurde so ausgelegt, daß sie den Wärmebedarf des Bürogebäudes eines Universitätsinstituts (Grundfläche 1375 m^2) decken kann. Der Wärmebedarf liegt bei 150 MWh/a, für die Warmwasserbereitung werden weitere 25 MWh pro Jahr benötigt. Die Wärmeverteilung erfolgt über ein Niedertemperatur-Heizungssystem (40 bis 50°C Vorlauftemperatur). Abb. 2.16 zeigt die wesentlichen Komponenten dieser Anlage.
In der Zeichnung sind zwei verschiedene Speicherkonzepte dargestellt, die mit diesem Speicher erprobt werden können. Auf der rechten Seite des Speichers ist das Primärsystem dargestellt, ein künstlicher Aquifer, der über den Zufluß und die Entnahme von Wasser aufgeladen bzw. entladen wird. Auf der linken Seite des Speichers ist ein sekundäres System eingezeichnet, das aus Rohrschleifen in Kies besteht. Der Wärmeaustausch erfolgt in diesem Fall über die horizontalen Rohrspiralen aus Polyethylen. Da die Leistung der zunächst eingesetzten Wärmepumpe nicht befriedigte, wurde 1988 eine verbesserte Wärmepumpe installiert.
Abb. 2.17 zeigt diesen Speicher im Bau. Heute wird er doppelt genutzt, als Kältespeicher für die Kühlung von Rechenanlagen und Laboreinrichtungen im Sommer (dadurch wird er mit Wärme aufgeladen) und als Wärmespeicher für die Wärmepumpenheizung im Winter (dadurch wird er abgekühlt).

Treviglio, Italien
Diese (zweite) Anlage in Treviglio ist seit 1985 in Betrieb. Es handelt sich dabei um ein solarunterstütztes Wärmepumpensystem mit saisonalem Erdspeicher, ausgelegt für den Wärmebedarf von 5 Mehrfamilienhäusern (9200 m^2 beheizte Fläche). Der Wärmebedarf liegt bei 1235 MWh im Jahr. Die Anlage besteht aus drei getrennten Systemen mit zwei vertikalen Erdspeichern und einem horizontalen Erdspeicher. Jedes System besitzt eine eigenen Sonnenkollektor, einen Erdspeicher, eine Wärmepumpe und eine konventionelle Gasheizung. In den Gebäuden werden Niedertemperaturheizungen verwendet. Das gesamte Speichervolumen beträgt 43000 m^3, die gesamte Kollektorfläche 2000 m^2.
Zentrale solarunterstützte Heizanlagen mit saisonalem Erdspeicher haben bereits beachtliche Verbreitung gefunden. Tabelle 2.2 faßt die Daten solcher Systeme und ihrer wichtigsten Bestandteile Sonnenkollektor, Wärmespeicher und Heizung zusammen. Die Daten wurden dem Technischen Bericht der IEA zu „Task VII“, erschienen im Juni 1990, entnommen und geben einen guten Überblick über die Eigenschaften großer saisonaler Erdspeicher.

Abb. 2.17: Langzeit-Wärmespeicher (Kies-Wasser) an der Universität Stuttgart während der Bauphase.

Anlage	Kollektor	Wärmespeicher	Objekt / Wärmebedarf	Zusatz-Energie	Solar-anteil
Groningen 1984	2.400 m^2 Vakuumröhren auf den Dächern	2300 m^3 Erde mit vertikalen Rohrsonden	96 Reihenhäuser 1165 MWh/a	Gas	63%
Ingelstad 1979/84	1320 m^2 konzentrierende und 1.425 + 2.425 m^2 Flach-Kollektoren, am Boden	isolierte Betontanks im Boden / 5000 + 5000 + 5000 m^3 Wasser	52 Einfamilien Häuser / 1160 / 920 / 920 MWh/a	Öl	50% 50% 70%
Kereva 1983	1.100 m^2 Flachkollektoren in Dach und Wand integriert	wassergefülltes Felsbecken (1500 m^3) + Gestein mit vertikalen Sonden (11.000 m^3)	44 Reihenhäuser / 550 MWh/a	Elektro-WP+ Elektro-Widerstandsheizung	75%
Kullavik 1983	490 m^2 Flachkollektoren, dachintegriert	8100 m^3 Erdspeicher mit vertikalen Wärmetauschersonden	40 Appartements / 310 MWh/a	elektrische WP + Öl	60%
Lambohov 1980	2.700 m^2 Flachkollektoren, dachintegriert	10.000 m^3 wassergefülltes isoliertes Becken im Gestein	55 Reihenhäuser / 900 MWh/a	Elektro-WP	85%
Lyckebo 1983	28.800 m^2 Flachkollektoren am Boden montiert	105.000 m^3 wassergefüllte Kaverne	550 Wohneinheiten / 8500 MWh/a	Elektro-Widerstandsheizung	100%
Scarborough 1985	700 m^2 Vakuumröhren auf Dach	800.000 m^3 Aquifer	30.000 m^2 Bürogebäude 1800 MWh/a	Elektro-WP + Widerstandsheiz.	-
Stuttgart 1986	210 m^2 unverglaster Absorber dachintegriert	1.050 m^3 künstlicher Aquifer, Kies-Wasser-Grube	1.375 m^2 Bürogeb. /150 MWh/a	Elektro-WP + Nahwärmevers.	74%
Sunclay 1981	1.500 m^2 unverglaster Absorber, dachintegriert	8.700 m^3 Erdspeicher mit vertikalen WT-Sonden	15.000 m^2 Bürogebäude / 1500 MWh/a	Diesel-Wärmepumpe	60%
Treviglio 1982	525 + 1.260 + 555 m^2 Flachkollektoren, dachintegriert	14.000 m^3 Erdspeicher mit horizontalem WT + 2 Erdspeichern (14.000 + 15.000 m^3) mit vertikalen Sonden	100 Appartements / 275 / 415 / 270 MWh/a	Elektro-WP + Gas	75%
Vaulruz 1983	520 m^2 Flachkollektoren, dachintegriert	3.300 m^3 Erdspeicher mit horizontalem Wärmetauscher	3200 m^2 Werkstatt + Garage / 340 MWh/a	Elektro-WP + Öl	46%

Tabelle 2.2 Vergleich einiger zentraler Solar-Heizanlagen mit großen saisonalen Erdspeichern.

3. Entwurf von saisonalen Erdwärmespeicher-Systemen

Die Möglichkeiten, den Erdboden als Wärmequelle bzw. Wärmespeicher zu nutzen, sind je nach den örtlichen Bedingungen verschieden und hängen vor allem von den geologischen Gegebenheiten des Standortes und von der Anlagengröße ab. Wie bereits erwähnt, kommen kleinere Anlagen für die Beheizung einzelner oder mehrerer Häuser in Frage, während größere Systeme für die Nahwärmeversorgung von Siedlungen und größeren Gebäudekomplexen in Betracht gezogen werden können.
Die Planung von kleineren Erd-Wärmespeichern ist vergleichsweise einfach (siehe auch Kapitel 5) und erfordert nicht den gleichen Aufwand an Voruntersuchungen und Planung wie dies im Fall einer zentralen solargestützten Wärmeversorgungsanlage mit saisonalem Erdspeicher nötig ist.
Manche Orte kommen vom geologischen Standpunkt aus betrachtet für die Anwendung saisonaler Erd-Wärmespeicherung selbst für kleine Systeme nicht in Frage. Bei anderen Standorten wiederum kann die Auslegung des Systems je nach technischen Möglichkeiten an die geologischen Gegebenheiten angepaßt werden. Es liegt nahe, bei der Planung von Erd-Wärmespeichern an eine Kombination mit der Solarenergie zu denken. In größeren saisonalen Hochtemperatur-Speichern scheint jedoch die Anwendung von Wärme aus Kraft-Wärme-Kopplungsanlagen und/oder industrieller Abwärme vorteilhafter zu sein.

3.1 Entwurf von Erdwärmespeicher-Großprojekten

Um bei großen Erd-Wärmespeichersystemen zu einer guten Auslegung der Anlage zu kommen, sind detaillierte Voruntersuchungen unabdingbar. Für die Planung eines umfangreicheren Nahwärmesystems mit Erd-Wärmespeicher hat sich ein Vorgehen in folgenden Schritten als sinnvoll erwiesen.

- *Untersuchungen und Überlegungen zur Standortwahl:*
  - Menge und Art der Verbraucher,
  - Verfügbarkeit der Bodenoberfläche,
  - Möglichkeit der Einbindung der Anlage in bestehende Systeme,
  - Geologie des Standortes.
- *Bestimmung der Speichereigenschaften:*
  - Untersuchung der geologischen Gegebenheiten am Standort,
  - Untersuchung der hydrologischen Voraussetzungen,
  - Untersuchung der hydrochemischen Voraussetzungen (für HT Systeme),
  - Ermittlung der spezifischen thermischen und physikalischen Eigenschaften des Speichermaterials,
  - Übersicht über die angesichts der gegebenen geologischen Bedingungen infrage kommenden Bautechniken.
- *Berechnung der Anlagenleistung*:
  - Darstellung des Speichers in einem mathematischen Modell und Festlegung der Parameter,
  - Simulation der Anlagenfunktionen einschließlich einer Wirtschaftlichkeitsanalyse unter Verwendung von speziellen Computersimulationsprogrammen,
  - Empfehlungen für das vorgeschlagene System, basierend auf den Ergebnissen der Simulation.

In der Reihenfolge der genannten Hauptschritte wird die Vorgehensweise bei der Planung nun im einzelnen beschrieben.

3.1.1 Auswahl des Standortes

Für die Standortsuche sind folgende Gesichtspunkte ausschlaggebend:

- *Art und Umfang der zu versorgenden Wärmeverbraucher, insbesondere:*
  - die zu liefernde Energiemenge,
  - das geforderte Temperaturniveau des Wärmeträgers,
  - die Anforderungen in Bezug auf die Wärmeverteilung,
  - die Möglichkeit der Eingliederung der Anlage in ein bestehendes System.
- *Die Verfügbarkeit von Boden- und Gebäudeflächen für*
  - den Speicher,
  - die Solarkollektoren (bei Systemen mit solarer Aufladung),
  - weitere System-Komponenten.
- *Im Hinblick auf die Geologie des Speicherstandortes*
  - die verfügbaren Erkenntnisse (z.B. geologische Übersichtskarten),
  - die Zuverlässigkeit der Daten (z.B. Absicherung durch Meßwerte).

Als erstes muß der *jährliche Wärmebedarf* der zu versorgenden Verbraucher ermittelt werden. Um eine Großanlage thermisch und wirtschaftlich sinnvoll erscheinen zu lassen, muß der Wärmebedarf groß genug sein, er sollte im allgemeinen nicht weniger als 500 MWh pro Jahr betragen. Im Hinblick auf das bereitzustellende Temperaturniveau ist auch zu klären, welcher Anteil des Wärmebedarfs für Raumheizung und welcher zur Warmwasserbereitung genutzt wird. Die Raumheizungs- und Warmwassersysteme sollen für den gegebenen Temperaturbereich des Wärmespeichers ausgelegt sein, d.h. mit möglichst niedrigen Vorlauftemperaturen auskommen (Auslegung als Niedertemperaturheizung).
Ein *ausreichend großes Grundstück* für den saisonalen Erdwärmespeicher ist von ausschlaggebender Bedeutung. Daher sollten im Vorfeld die für den Speicher potentiell zur Verfügung stehenden Landflächen erfaßt und erkundet werden. Bei solar gestützten Anlagen werden außerdem Montageflächen für die Kollektoren sowie ggf. für weitere Anlagenkomponenten wie Wärmepumpem und Pufferspeicher gebraucht. Der Aufstellungsort für Solarkollektoren sollte gut besonnt sein und möglichst geringe Verschattung durch Gebäude, Berge, etc. aufweisen.
Für den *Speicher* sind geologisch gut dokumentierte Standorte zu bevorzugen, z.B. solche, von denen geologische Karten existieren, oder solche, an denen bereits Probebohrungen für andere Zwecke vorgenommen wurden. Liegen keinerlei Informationen zur Geologie vor, müssen diese z.B. durch Probebohrungen erkundet werden, was im Anbetracht des zusätzlichen Aufwandes bereits ein Argument gegen den betreffenden Standort sein kann.
Sobald Art und Umfang des Wärmeverbrauchs geklärt und ein Standort ausgewählt ist, der sich für den Einsatz eines Nahwärmesystems mit Wärmespeicher eignet, können die weiteren Untersuchungen folgen.

3.1.2 Bestimmung der Speichereigenschaften

Das Speichermedium
Das Speichermedium muß im Hinblick auf seine geologischen und physikalischen Eigenschaften untersucht werden. Zur geologischen Charakterisierung gehören neben den Aussagen über die Bodenzusammensetzung auch Angaben über die örtlichen Bodentemperaturen (geothermische Eigenschaften), über die Feuchtigkeit des Bodens und die Grundwasserverhältnisse (hydrogeologische Eigenschaften) und nicht zuletzt auch über mögliche chemische Reaktionen, die unter Wärme- und Feuchtigkeitseinwirkung im Boden ablaufen können (Hydrochemie). Besonders wichtig ist es, den Stand und die Intensität von Strömungen des Grundwassers im Speicher und in seiner Umgebung abzuschätzen. Bekanntlich kann bewegtes Grundwasser im Speicher zu erheblichen Wärmeverlusten führen. Des weiteren beeinflussen natürlich die physikalischen Eigenschaften des Bodens (Dichte, spezifische Wärme, Wärmeleitfähigkeit u.ä.) die Wärmespeicherfähigkeit.
Geologische Untersuchungen sind für die korrekte Auslegung eines Systems besonders dann notwendig, wenn bindige Böden (d.h. lehmige bzw. tonhaltige Erde) als Speichermedium genutzt werden sollen. Durch unzulängliche Bodenuntersuchungen kann die

Bodenart	Wärme-leitfähigkeit λ W / (m K)	Volum. Wärme-kapazität C MJ / (m^3 K)
Bindige Böden (lehm- bzw. tonhaltige Erde)	0,85 - 1,1	3,0 - 3,6
schluffiger Ton/ Schluffschichten	1,1 - 1,5	2,9 - 3,3
Schluff	1,2 - 1,5	2,4 - 3,3
Sand, Kies unter Gws*	1,6 - 2,0	2,9
Sand, Kies über Gws*	0,7 - 0,9	1,4
Geschiebemergel unter Gws*	1,5 - 2,5	2,2 - 3,0
sandiger Geschiebemergel über Gws*	0,6 - 1,8	1,3 - 1,9
Torf unter Gws*	0,6	4,0
Torf über Gws*	0,2 - 0,5	0,7 - 3,2
* Gws = Grundwasserstand		

Tabelle 3.1: Thermische Eigenschaften von Böden.

tatsächlich erzielte Leistung einer Anlage unter Umständen erheblich von den errechneten Eigenschaften abweichen. Die Erfahrungen mit dem Projekt in Groningen (Dalenbäck 1989) haben gezeigt, wie wichtig die genaue Untersuchung der Speichereigenschaften ist.

Höhere Wärmeverluste sowie eine niedrigere Wärmespeicherkapazität und damit ein geringerer Energieausnutzungsgrad sind in der Praxis die Folge von *konvektiven Wasserbewegungen* in wassergesättigten Böden, und zwar besonders wenn die Bodenschichten hochdurchlässig sind. Darum ist es wichtig, die geologischen Bedingungen bei der Standortwahl für Erd-Wärmespeicher sorgfältig zu erkunden. Wenn es gelingt, die natürliche bzw. thermisch induzierte Konvektion in die Speicherumgebung (z.B. durch technische Maßnahmen) zu reduzieren, können höhere Speicherwirkungsgrade erreicht werden.

Weiter ist zu prüfen, ob der Erdspeicher in die Grundwasser führende Schicht hineinragt. Das Grundwasser fließt durch Poren und Hohlräume im Boden, und zwar umso stärker, je durchlässiger der Boden ist und je größer die Druckunterschiede (d.h. der hydraulische Gradient) ist. Strömendes Grundwasser kann in kurzer Zeit große Wärmemengen aus dem Speicher spülen, andererseits aber auch wie beim offenen Aquifer große Wärmemengen auf niedrigem Temperaturniveau heranführen. Bevor Art und Größe des Speichersystems geplant werden können, sind daher die Grundwasserverhältnisse zu ermitteln.

Gesteinsart	Wärmeleitfähigkeit λ (übliches Intervall!) W / (m K)
Granit	2,85 - 4,15
Granodiorit	2,85 - 3,85
Tonalit	2,70 - 3,65
Aplit, Pegmatit	2,45 - 4,35
Quarzdiorit	2,50 - 3,30
Syenit, Diorit	2,15 - 3,25
Porphyrit	1,70 - 3,60
Ryolit, Dacit	2,70 - 4,20
Trachyt, Basalt	2,25 - 3,55
Quarzit	5,35 - 8,10
anderer Quarzit	3,55 - 6.00
metamorphes Sediment	2,75 - 4,55
metamorphes basisches Gestein	2,05 - 3,15
Gneiss	2,70 - 4,40
Leptit, Leptit-Gneiss	2,65 - 4,70
Luft bei 20°C	0,0026
Wasser bei 20°C	0,5980
Die durchschnittliche volumetrische Wärmekapazität der aufgelisteten kristallinen Gesteine beträgt C = 2,2 MJ/ (m^3 K)	

Tabelle 3.2: Wärmeleitfähigkeit verschiedener Gesteinsarten.

Die *Wärmespeicherfähigkeit* des Bodens wird natürlich auch ganz wesentlich von dessen thermischen Eigenschaften bstimmt, insbesondere von der Wärmeleitfähigkeit und von der volumetrischen Wärmespeicherkapazität. Diese wiederum sind von der Bodenart sowie von der Dichte und vom Wassergehalt des Bodens abhän-

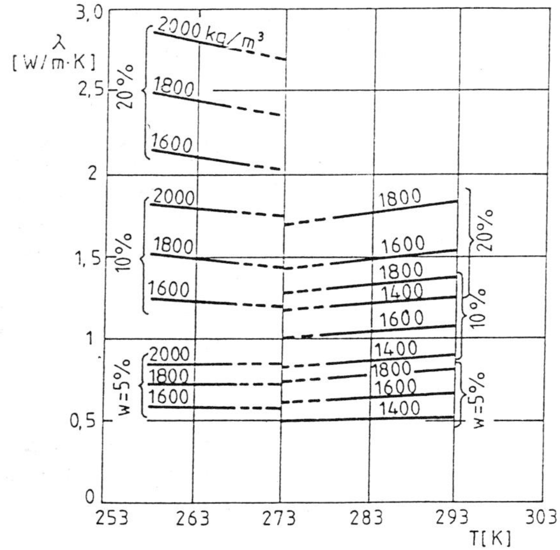

Abb. 3.1: Wärmeleitfähigkeit von bindigen Böden in Abhängigkeit von Temparatur, Wassergehalt [in %] und Dichte.

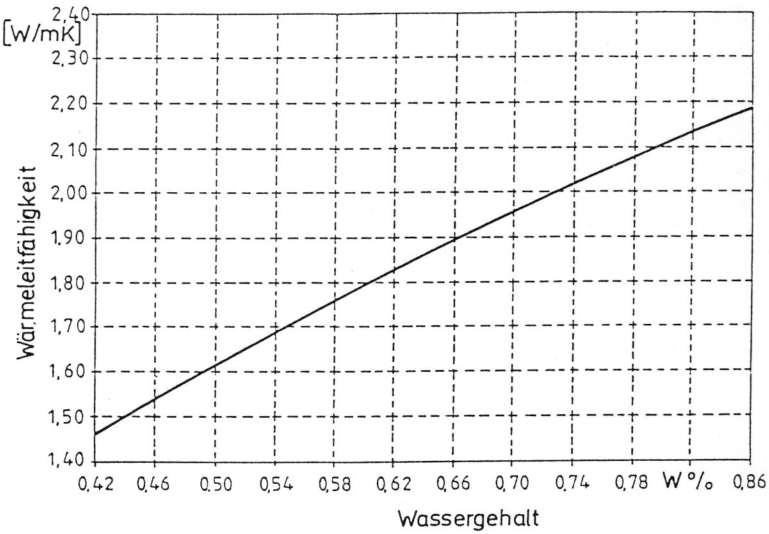

Abb. 3.2: Wärmeleitfähigkeit von bindigen Böden in Abhängigkeit vom Wassergehalt.

gig. In den Tabellen 3.1 und 3.2 sind die thermischen Eigenschaften einiger Boden- und Gesteinsarten zusammengestellt, entsprechend den von Hellstrom 1991 veröffentlichten Daten. In Tabelle 3.2 wird die volumetrische Wärmekapazität der Gesteine nicht gesondert aufgeführt, da dieser Parameter bei den meisten kristallinen Gesteinsarten ungefähr übereinstimmt und bei 2,2 MJ/(m^3 K) liegt. Dagegen wurden die Werte für Luft und Wasser hinzugefügt, um die enormen Unterschiede in der Wärmeleitfähigkeit dieser beiden Medien zu verdeutlichen. Die Übersicht macht deutlich, daß die Wärmeleitfähigkeit jeder Bodenart in einer wassergesättigten Zone höher ist als in einer nicht-gesättigten Zone.

Die thermischen Eigenschaften des Speichermediums sind auch abhängig vom Temperaturbereich, in dem der Speicher betrieben wird. Abb. 3.1 (Brodowicz 1990) zeigt die Wärmeleitfähigkeit als Funktion der Temperatur für bindige Böden, und zwar für verschiedene Wassergehalte und Bodendichten in dem relativ niedrigen Temperaturbereich von -20°C bis +20°C. Die Kurven machen deutlich, daß eine Temperaturabhängigkeit der Wärmeleitfähigkeit in diesem Temperaturbereich zwar gegeben ist, dennoch ist der Einfluß der Dichte und ganz besonders des Wassergehaltes erheblich größer. Die durchgezogenen Linien (lineare Funktionen) wurden aus experimentellen Untersuchungen errechnet, die gepunkteten Linien wurden extrapoliert.

Der Wassergehalt und die Porosität des Bodens haben wie gesagt großen Einfluß die Wärmeleit- und Wärmespeicherfähigkeit des Bodens. Abb. 3.2 zeigt die Wärmeleitfähigkeit von bindigen Böden als Funktion des Wassergehaltes, wobei der Wassergehalt als das Verhältnis von der Masse des Wassers zur Trockenmasse des Bodens angegeben wird. Das Diagramm stammt aus einer Arbeit von H. Elhasnaoui (1990) und zeigt eine lineare Funktion aus einem theoretischen analytischen Modell, in dem eine durchschnittliche Porosität mit dem Wert 0,597 angenommen wurde. Abb. 3.3 (aus Brodowicz 1990) stellt die Wärmeleitfähigkeit von Sand (Quarzsand) als Funktion der Porosität (Verhältnis des Volumens

aller Zwischenräume im Boden zum Bodenvolumen) für Sand mit unterschiedlichem Wassergehalt (Masseanteil in %) dar.
Adolfson (1985) fand heraus, daß der Wasserdruck in den Bodenporen mit wachsender Temperatur steigt (z.B steigt der Druck in bindigen Böden von 5 kPa bei 7°C auf 16 kPa bei 22°C). Ursache dafür ist der größere Ausdehnungskoeffizient von Wasser gegenüber dem des Bodens. Als Folge davon wird sich das Wasser bei steigender Temperatur im Bereich des Wärmetauschers von den Wärmetauscher-Sonden fortbewegen, da Wasser im Boden normalerweise von einer Zone mit hohem Druck zu einer Zone mit niedrigem Druck diffundiert. Dies führt bei größeren Temperaturunterschieden zu einem allmählichen Austrocknen des Bodens in der Umgebung der Wärmetauscherrohre (beim Ladevorgang), wobei Luft den Platz des wegdiffundierenden Wassers einnimmt und die Effektivität des Wärmeübergangs in den Speicher merklich verringert. Solche Bedingungen treten bei Tief- und Niedertemperatur-Speichersystemen jedoch kaum auf. Die Studie zeigt, daß sogar für Mitteltemperatur-Speicher das Risiko einer Trocknung von durchnäßten bindigen Böden relativ gering ist. Bei HT-Speichern müssen diese Effekte noch näher erforscht werden, schon wegen des komplizierteren Zusammenwirkens von Wärme und Feuchtigkeit bei höheren Temperaturen. Generell läßt sich aber feststellen, daß wassergesättigte Böden mit geringer Permeabilität für Hochtemperaturspeicher gut geeignet sind. Bei Böden mit höherer Wasserdurchlässigkeit ist für die gleiche Speichereffizienz ein größeres Speichervolumen notwendig.
Insgesamt müssen bei Hochtemperatur-Speichern neben der Wasserdampfdiffusion und -kondensation eine Reihe weiterer Effekte in Betracht gezogen werden: die Wasserabgabe einiger Tonminerale, die Dehydrierung von Gips sowie strukturelle Veränderungen bei bestimmten Tonmineralien. Um HT-Speicher im Boden zu realisieren, sind also intensive und sorgfältige geologische Untersuchungen notwendig. Eine Übersicht über die geochemischen, geotechnischen und hydrogeologischen Probleme in HT-Systemen geben die Beiträge von Sanner und Knoblich, Werner, Ruck und Adinolfi und Weber in „Proceedings of the Workshop on Seasonal Thermal Energy Storage in Duct Systems“ in der Zeitschrift für angewandte Geowissenschaften, Heft 9, 1990.
Zusammenfassend kann gesagt werden, daß als Standorte für saisonale Wärmespeicher und speziell für HT-Systeme Böden mit hohem Wassergehalt gewählt werden sollten, da poröse Sedimente im nicht gesättigten Zustand schlechte thermische Eigenschaften besitzen. Wenn der Boden nicht wassergesättigt ist, sollte das Material zumindest eine hohe Wärmeleitfähigkeit aufweisen.

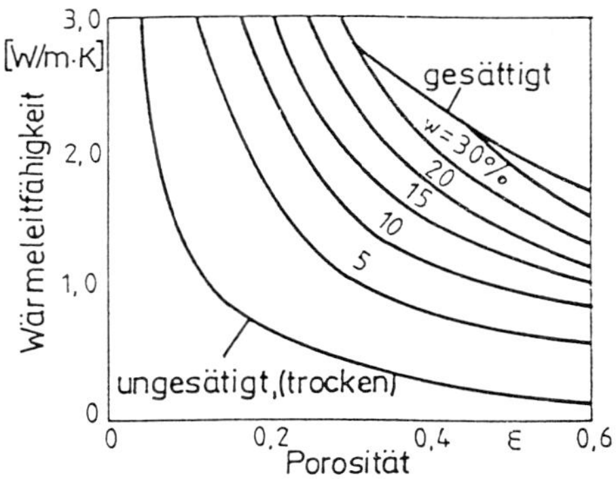

Abb. 3.3: Wärmeleitfähigkeit von Sand in Abhängigkeit von der Porosität e bei verschiedenen Wassergehalten W.

Wärmetauschersonden
Um die übertragbare Wärmeleistung von Erdspeichern zu erhöhen, werden die Bohrlöcher um die Wärmetauscher-Sonden herum häufig mit einem speziellen, gut wärmeleitenden Material, z.B. mit Sand, gefüllt. Um den Wärmeübergangswiderstand vom Wärmetauscherrohr zum Erdreich wirksam zu verringern (Sand und insbesondere feuchter Sand besitzt eine höhere Wärmeleitfähigkeit als ein lehmhaltiger Boden), muß dieser Sand feucht gehalten werden. Sand hat allerdings größere Poren als Erde, daher fließt Wasser in den Bohrlöcher durch dieses Füllmaterial leichter ab.
Die Verwendung geeigneter Füllmaterialien in den Bohrlöchern verbessert die Leistung der Wärmespeicherung und kann einige geothermische Probleme bei Erd-Wärmespeichern verringern. Die zusätzlichen Kosten für die Verwendung und Einbringung von Füllmaterial werden durch steigende Speicherleistung und geringere Bohrlochanzahl gerechtfertigt. Eine Untersuchung über den Gebrauch verschiedener Füllmaterialien wurde an der Landtechnik Weihenstephan Freising, Technische Universität München, durchgeführt. Einige Ergebnisse sind im Schlußbericht (1988) und in der Dissertation von Wagner (1991) zu finden. Abb. 3.4 zeigt die Wärmeleitfähigkeit in Abhängigkeit von der Temperatur für verschiedene Mischungsverhältnisse:

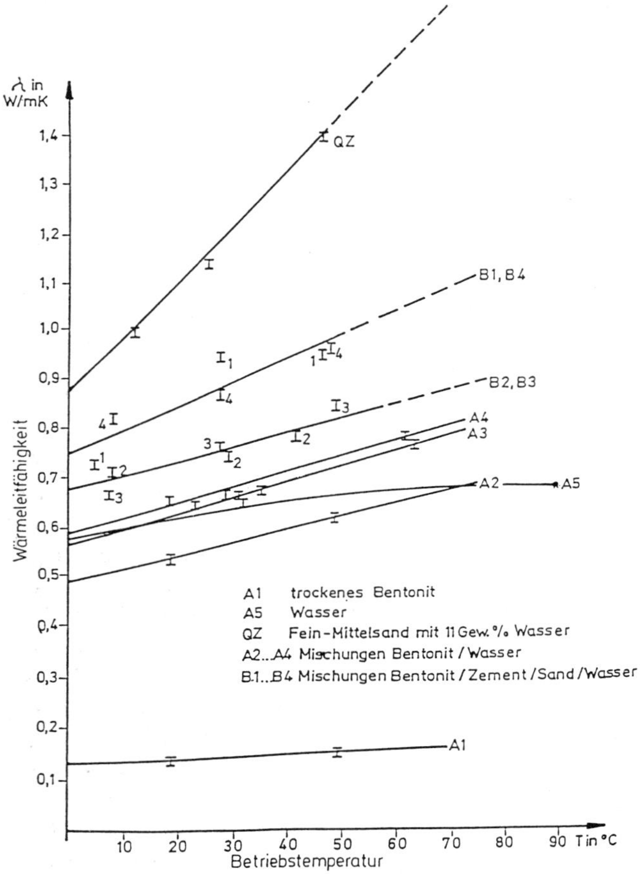

Abb. 3.4: Wärmeleitfähigkeit von Verfüllmaterialien.

- Mischung B1: 55% H_2O, 9% Na-Bentonit, 9% Portland-Zement, 27% Quarz-Sand
- Mischung B2: 66% H_2O, 9,5% Na-Bentonit, 9,5% Portland-Zement, 15% Quarz-Sand
- Mischung B3: 62% H_2O, 9% Na-Bentonit, 9% Portland-Zement, 20% Quarz-Sand
- Mischung B4: 52% H_2O, 8,5% Na-Bentonit, 13% Portland-Zement, 26,5% Quarz-Sand
- Mischung QZ: 11% H_2O, 89% Quarz-Sand

Die Mischungen B1 bis B4 sind frostverträglich, ihre Wärmeleitfähigkeit steigt signifikant mit der Temperatur.

Bohrtechniken

Die Bohrtechniken für Erdwärmespeicher mit vertikalen Wärmetauschersonden sind gut entwickelt und relativ billig, wobei Schweden und die Schweiz eine gewisse Vorreiterstellung einnehmen. Jedes Bohrverfahren hat seine besonderen Vor- und Nachteile, so daß die Entscheidung für das eine oder andere Verfahren nach Kenntnis der Bohrtiefe, Röhrengröße, Geologie und Anlagengröße gefällt werden muß:

- *Bohrer mit Förderschnecke (rotierend)*

Für kleine und große Anlagen gleichermaßen geeignet; Antrieb maschinell oder ggf. auch manuell; verwendbar für Bohrungen bis auf das Niveau des Grundwasserspiegels bzw. bis in 15 - 20 m Tiefe; maximale Bohrtiefe ca. 60 m. Dieses Verfahren kann eingesetzt werden, wenn der Boden relativ weich ist und die Bohrlochwände ohne Abstützung standhalten (d.h. in bindigen Böden). Bohrloch-Durchmesser 63 - 350 mm, große Durchmesser sind auf das Bohrvolumen bezogen relativ billig.

- *Wasserstrahl-Lanze (Spülbohrung) ohne Abstützung*

Ein Verfahren für kleinere Erdspeicheranlagen. Maschinell können Löcher bis zu einer maximalen Tiefe von 20 bis 25 m hergestellt werden, im Handbetrieb sind Löcher bis zu einer maximalen Tiefe von 15 m möglich. Die Wärmetauscher-Sonde wird gleich nach dem Herausziehen der Lanze eingeführt.

- *Wasserstrahl-Lanze (Spülbohrung) mit Abstützung der Bohrlochwandung*

Ebenfalls vorwiegend für kleinere Erdspeicheranlagen geeignet; die Abstützung des Bohrloches wird nach Installierung des Wärmetauscherrohrs herausgezogen. Mögliche Bohrtiefe bis 10 m.

- *Pulsationsrammen*

Sehr arbeitsintensives Verfahren, daher nur für kleinere Erdspeicheranlagen geeignet; interessant, wenn wenige Löcher geringer Tiefe (max. 20 m) gebraucht werden.

- *Pressen*

Für kleine Erdspeicher; mit Hilfe einer Handwinde können Kunststoffrohre bis zu 10 m tief in weiches Erdreich gepreßt werden;

bei Einsatz von schwerem Preß-Gerät können auch längere Rohre mit Hilfe einer Stahlrohrführung eingebracht werden.

- *Vibrationsrammen*

Ein Verfahren für kleinere Erdspeicheranlagen, das pneumatisch angetriebene Vibrationspressen verwendet; Einsatz hauptsächlich in Deutschland und in der Schweiz. Das Verfahren kann bis zu einer Sondentiefe von 30 m benutzt werden; dabei werden Stahlmantelrohre vertikal oder im Winkel in den Boden gerammt; anschließend wird innen ein Kunststoffrohr eingeführt. Die Rohrsonden können mit einem Minimum an Erdbewegungen installiert werden, daher ist das Verfahren sehr interessant in bebauter Umgebung, z.B. wenn die Gartenanlage geschont werden soll.

- *Wasch-Bohren*

Für kleinere und große Erdspeicheranlagen gleichermaßen und Sondentiefen bis zu 150 m geeignet; dabei wird Wasser unter hohem Druck in den Bohrschacht gepreßt und wieder abgesaugt. Ein sehr schnelles Bohrverfahren, besonders in sandigem Boden, für das aber schwere Bohrausrüstung und sehr viel Wasser benötigt wird. Wird sowohl bei weicheren Böden als auch in Gesteinsformationen angewendet.

- *Imloch-Hammer-Bohrer (schlagend/rotierend)*

Ein Verfahren für größere Erdspeicher in mittelhartem bis sehr hartem Gestein, das sich durch eine hohe Bohrgeschwindigkeit auszeichnet; unterhalb des Bohrgestänges ist ein pneumatisch angetriebener Schlaghammer montiert, der Gesteinsstaub wird vom Luftstrom abgeführt; für Tiefen bis 100 m und mehr einsetzbar; 100 bis 216 mm Bohrloch-Durchmesser; sehr teuer.

- *Schlag-/Rammbohren*

Ein Verfahren für größere Erdspeicher in hartem bis sehr hartem Gestein; an der Bohrerspitze ist ein hydraulisch oder pneumatisch angetriebener Hammer montiert; der Gesteinsstaub wird über Wasser oder Druckluft entfernt; für Tiefen bis zu 100 m einsetzbar; Bohrloch-Durchmesser 76 bis 115 mm; relativ teuer.

3.1.3 Analyse des Systemverhaltens

Es muß noch einmal betont werden, daß bei großen saisonalen Erd-Wärmespeichern eine sehr sorgfältige Standortuntersuchung notwendig ist, um im praktischen Betrieb später einen guten Anlagenwirkungsgrad zu erreichen. Die Erfahrungen haben gezeigt, daß bei manchen der realisierten Anlagen, bei denen keine oder unzureichende Voruntersuchungen stattfanden, die tatsächlich erreichte Leistung des Speichersystems weit hinter den Erwartungen zurückgeblieben ist.
Üblicherweise werden im Planungsstadium Aussagen über die Leistungsfähigkeit von solar oder abwärmegespeisten Nahwärmesystemen mit saisonalem Speicher aufgrund von Computersimulation gemacht. Für solch eine Computersimulation müssen zunächst die thermischen Eigenschaften aller Systemkomponenten und die Arbeitsweise der Anlage durch ein Rechenmodell beschrieben werden; anschließend kann der Rechner unter Vorgabe von Witterungsdaten und Belastungsprofilen das Anlagenverhalten simulieren.
Es stehen heute eine Reihe von Rechenprogrammen zur Verfügung, mit denen sich die Struktur von Nahwärmesystemen mit saisonalem Speicher gut beschreiben läßt. Sie werden sowohl als Planungswerkzeug für die genaue Dimensionierung der Anlage eingesetzt, als auch für Detailuntersuchungen über das Zusammenwirken der verschiedenen Komponenten innerhalb des Systems. Computersimulationen erlauben jedoch nicht nur eine Untersuchung des wärmetechnischen Verhaltens solcher Anlagen, sondern auch eine wirtschaftliche Bewertung verschiedener Anlagenkonfigurationen. Nach Dalenbäck (1990) sind die Übereinstimmungen zwischen den Berechnungen und den im praktischen Betrieb gemessenen Werten sehr groß.
Die bekanntesten Computerprogramme, die sich bei der Planung von Nahwärmesystemen mit saisonalem Speicher bewährt haben, sind MINSUN und TRNSYS. Es wurden aber auch andere Programme verwendet, am häufigsten SIMSYS, SUNSYST und SLT. Alle diese Programme laufen auf gewöhnlichen Personal Computern, setzen in der Regel allerdings einen mathematischen Coprozessor voraus.

Das Simulationsprogramm MINSUN

MINSUN ist speziell in den Ländern verbreitet, die am oben erwähnten Task VII-Projekt der International Energy Agency beteiligt waren. MINSUN ist in FORTRAN geschrieben. Die erste Version wurde in Schweden im Rahmen von Task VII auf einem Großrechner (Cyber) erprobt. Inzwischen ist eine neue Version für PC's

<table>
<tr><th>Systemkomponente
Sonnenkollektor
(ein System auswählen!)</th><th>Systemkomponente
Saisonaler Speicher
(ein System auswählen!)</th><th>Systemkomponente
Zusatzheizung
(alternativ Einzel- oder Kombi-Betrieb)</th><th>Systemkomponente
Wärmeverteilung
(wahlweise 1 oder 2 Systeme)</th><th>Heiz-Wärmebedarf als Funktion d. Klimadaten
(Heizung u. Warmwasser gemeinsam o. separat)</th></tr>
<tr><td>Flachplatten</td><td rowspan="2">→ isolierter Tank</td><td rowspan="3">→ Heizkessel</td><td rowspan="6">→ Rohrleitungen</td><td rowspan="6">→ Haus</td></tr>
<tr><td>Vakuumröhren</td></tr>
<tr><td>Parabolkonzentratoren</td><td rowspan="2">→ Wasserspeicher</td></tr>
<tr><td>Zentralempfänger</td><td rowspan="3">→ Wärmepumpe</td></tr>
<tr><td>Flacher Solarteich</td><td>→ Erdspeicher mit vertikalen WT-Sonden</td></tr>
<tr><td>Salzwasserteich</td><td>→ Aquifer</td></tr>
</table>

Tabelle 3.3: Schema des Rechenprogrammes MINSUN mit den in der Grundversion vorhandenen Simulationsmöglichkeiten.

(geschrieben in FORTRAN 77) mit neuem Handbuch erhältlich (Mazarella, 1990). Das Programm wurde über viele Jahre hinweg weiterentwickelt, was dem Programm sehr zugute kam. MINSUN kann nicht nur eine bestimmte Anlagenkonfiguration in einem einzelnen Rechnerlauf simulieren, sondern auch im Stapel Mehrfach-Simulationen durchführen, bei denen verschiedene Parameter innerhalb gewisser Grenzen verändert werden. Das Programm wurde speziell für die Simulation und Optimierung solar betriebener Anlagen konzipiert und erlaubt am Ende Aussagen über Anlagenleistung und -wirkungsgrad. Mit Hilfe von MINSUN lassen sich alle Einzelkomponenten nachbilden, also z.B. die Sonnenkollektoren, der Wärmespeicher, die zu beheizenden Gebäude bzw. ihr Wärmebedarfsprofil, die Wärmepumpe ebenso wie eine Zusatzheizung oder das Wärmeverteilungssystem.

Für die Simulation benötigt MINSUN natürlich bestimmte Eingabedaten wie Wetterdaten, Standortangaben (vgl. Kap. 3.1.1 und 3.1.2) und die technischen Daten der jeweiligen Anlagenkomponenten. Neben der Berechnung von Jahresmittelwerten des Wärmeertrages und des Wirkungsgrades von einer oder mehreren Anlagen ist es auch möglich, die Leistungsfähigkeit einzelner Anlagenteile zu ermitteln und eine Wirtschaftlichkeitsrechnung anzustellen. MINSUN wurde als Planungswerkzeug für viele, sehr verschiedene Systeme mit einer Vielzahl von Anlagenparametern und wirtschaftlichen Randbedingungen eingesetzt und gilt als erprobt. Die Ergebnisse der Simulationsrechnungen, die im IEA-Abschlußbericht präsentiert werden, stellen in den meisten Fällen die solaren Kosten in Abhängigkeit von der solaren Deckungsrate dar; dabei werden unter „solare Kosten" die jährlichen Kapitalkosten für alle verwendeten Elemente verstanden: Kollektorfeld, Speicher, Rohrleitungssystem zwischen Kollektor und Speicher sowie ggf. Wärmepumpe.

Bei den Sonnenkollektoren kann MINSUN fast alle relevaten Bauarten simulieren: Flachkollektoren, Vakuumröhren-Kollektoren, Parabol-Konzentratoren, Spiegelsysteme mit Zentralempfänger, flache Solarteiche und Salzsolarteiche. Das Rechenverfahren beruht hier auf empirischen mathematischen Beziehungen. Die wichtigsten Eingabedaten sind die Orientierung und der Neigungswinkel der Kollektoren, die Wärmeträgertemperatur im System, die Kollektorkennlinie und die verfügbare Sonneneinstrahlung in der Kollektorebene.

Beim Speicher kann MINSUN folgende Bauarten simulieren (vgl. Tabelle 3.3): isolierte Wassertanks, Wasserspeicher, die ganz oder teilweise unter der Erdoberfläche vergraben sind, wassergefüllte Kavernenspeicher, Erd- und Gesteinsspeicher (Fels) mit Bohrloch-Wärmetauschern sowie Aquifer-Speicher. Zur Berechnung der Temperaturverteilung im Speicher und zur Bestimmung der Wär-

meflüsse (z.B. gewonnene Wärme, Wärmeverlust, Wärmeträgertemperatur und Umwälzmenge) innerhalb des Speichervolumens wurden eigens drei Unterprogramme entwickelt, und zwar für die folgenden Speichermodelle: Schichtenspeicher mit ausgeprägter Temperaturschichtung, Speicher mit Bohrloch-Wärmetauschern und der dafür charakteristischen Temperaturverteilung im Boden, und Aquifer-Speicher (thermisch weitgehend durchmischte Speicher).
Als weitere Wärmeerzeuger, die bei Bedarf Zusatzenergie in die Wärmeverteilung einspeisen, kann ein Heizkessel oder eine Kombination aus Wärmepumpe und Heizkessel eingesetzt werden.
Der Wärmebedarf von Gebäuden setzt sich zusammen aus dem Heizwärmebedarf und dem Wärmebedarf für die Warmwasserbereitung. Zur Deckung dieses Gesamtbedarfes können verschiedene Betriebszustände angewählt werden, wobei MINSUN im wesentlichen folgende Varianten anbietet:

- Heizung mittels Zusatzheizung: die Speichertemperatur ist wesentlich niedriger als die für die Heizung notwendige Vorlauftemperatur, selbst eine Wärmepumpe (falls vorhanden) kann den Wärmebedarf nicht decken.
- Heizung mittels Wärmepumpe (falls vorhanden) oder über einen zusätzlichen Heizkessel, der die Speichertemperatur ggf. auf die notwendige Heizungsvorlauftemperatur anhebt.
- Direkte Wärmelieferung des Speichers an das Wärmeverteilungssystem.
- Heizung aus dem Speicher mit Rücklaufbeimischung: die Speichertemperatur ist höher als die notwendige Vorlauftemperatur, daher wird der Rücklauf des Wärmeverteilers mit dem vom Speicher kommenden Wasser vermischt.

Das Wärmeverteilungssystem wird als wärmegedämmtes Rohrnetz mit festem Durchmesser dargestellt.
Tabelle 3.3 stellt die eben genannten Möglichkeiten der Grundversion von MINSUN schematisch dar. Das Programm wurde, wie gesagt, speziell für Solarheizsysteme mit saisonalem Speicher entwickelt. Es bietet eine Benutzeroberfläche und die Möglichkeit einer graphischen Darstellung der Ergebnisse. Das Programm benötigt für die Simulation stündliche Wetterdaten; der Strahlungs-Prozessor UMSORT errechnet damit über ein mathematisches Modell den täglichen Energieertrag der Solaranlage aus. Mit diesen Ergebnissen kann MINSUN dann weiterrechnen, den die zeitliche Schrittweite von MINSUN ist 1 Tag.

Das Simulationsprogramm TRNSYS
Das zweite, weit verbreitete Programm, das sich für den Entwurf und die Planung von solaren Nahwärmesystemen mit saisonalem Speicher gut eignet, ist TRNSYS, ebenfalls in FORTRAN geschrieben. Dieses Programm wurde im Sonnenlabor der Universität von Wisconsin in Madison, USA, entwickelt (Klein 1988). TRNSYS ist ein hochentwickeltes, modular aufgebautes Programm, das fast alle gebräuchlichen Solarkomponenten sowie diverse Gebäudemodelle darstellen kann. Die aktuelle Version (TRNSYS 12.2) ist mit folgenden Standardoptionen ausgestattet (viele davon bieten verschiedene Arbeitsmodi und damit mehrere Stufen der Modellkomplexität):

- Nutzungskomponenten,
- Sonnenkollektoren,
- Wärmespeicher,
- Wärmebedarf und Bedarfsprofil,
- Hydraulisches System,
- Regelung,
- Ausstattung, z.B. Pumpen, Ventile etc.,
- Wärmetauscher,
- Unterprogramme für Nutzung,
- Ausgaberoutinen,
- vom Anwender beschriebene Komponenten,
- kombinierte Untersysteme.

Das Programm setzt sich aus einer Reihe von Modulen zusammen, die jeweils eine Systemkomponente beschreiben. Der Anwender kann den Datenaustausch zwischen den Modulen bestimmen. Jede Anlagenkomponente entspricht somit einem unabhängigen Modul des Programms. Diese Struktur erlaubt die Darstellung verschiedenster Systemkonfigurationen, wobei der Anwender auch selbstentwickelte, neue Module, die noch nicht in der TRNSYS-Library enthalten sind, hinzufügen kann. Diese Flexibilität bei der Modellierung ist der große Vorteil von TRNSYS gegenüber der starren Konfiguration von MINSUN. Außerdem kann der Anwender die Berechnungsschritte zwischen Sekunden und Stunden variieren.

Ein großer Nachteil von TRNSYS ist dagegen die begrenzte Anzahl verfügbarer Wärmespeichermodelle:

- Speicher mit Temperaturschichtung,
- durchmischter Speichertank,
- Steinspeicher (Geröllspeicher) und
- Speicher mit Wärmetauscher-Sonden (wurde erst kürzlich entwickelt).

Dies ist darauf zurückzuführen, daß TRNSYS zunächst nur zur Simulation von Kurzzeit-Speicher-Systemen entwickelt wurde. Das Modul für den Speicher mit Wärmetauscher-Sonden ist identisch mit dem entsprechenden Unterprogramm von MINSUN, es wurde von dort übernommen.

TRNSYS kann mit Ausnahme des Solarteiches (flach bzw. mit Salz) fast alle Arten von Sonnenkollektor modellieren. Dabei läßt sich sogar der Betrieb mit verschiedenen Verschaltungsarten simulieren, also z.B. die Serien- oder Parallelschaltung von Kollektoren. TRNSYS berechnet die verfügbare Sonneneinstrahlung auf geneigte Oberflächen in stündlichen Intervallen (wobei die Einstrahlungsdaten ebenfalls im Stundenintervall vorliegen müssen), auf Wunsch kann die Berechnung aber auch für wesentlich kürzere Zeitschritte durchgeführt werden. Dies ist ein weiterer Vorteil dieses Programms.

Die Wärmeentnahme auf der Verbraucherseite kann auf vielfältige Weise und mit unterschiedlicher Komplexität modelliert werden. So kann z.B. mit einem einfachen Modell, das die Veränderungen des Wärmebedarfes lediglich nach „Grad-Stunden" berechnet, ebenso geabeitet werden wie mit komplexeren Wärmeübergängen in einem Mehrzonen-Modell. Außerdem können Belastungsprofile (stündliche Belastungswerte) als Unterprogramme aus anderen Programmen übernommen werden. So wurde bereits ein Belastungs-Unterprogramm von MINSUN in TRNSYS integriert.

Zusammenfassend kann gesagt werden, daß eines der wichtigsten Merkmale von TRNSYS seine hochentwickelte modulare Struktur ist, die dem Anwender große Flexibilität bei der Modellierung verschiedener Systemkonfigurationen und Betriebsarten bietet. In TRNSYS kann jede Komponente des zu untersuchenden Systems durch Hinzufügen von Modulen beliebig simuliert werden. Außerdem erlaubt TRNSYS je nach Anwenderbedürfnissen variable Berechnungszeitintervalle. Ein Nachteil ist die relativ niedrige Geschwindigkeit des Programms, was im Vergleich zu MINSUN in bis zu zehnmal längeren Rechenzeiten zum Ausdruck kommt. MINSUN erzielt den Geschwindigkeitsvorteil vor allem dann, wenn ein System bei Variation verschiedener Parameter im Multi-Simulations-Modus berechnet wird.

Weitere Simulationsprogramme

Ein weiteres, recht bekanntes Programm ist SIMSYS. Die erste Version wurde 1978 an der technischen Universität Chalmer für das Lambhow-Projekt entwickelt. Dieses Programm kann die Funktionsweise und Leistung von Solarheizungssystemen zur Deckung des Wärmebedarfs für Heizung und Brauchwassererwärmung simulieren, wobei als Komponenten im wesentlichen Flachkollektoren (lineare Wirkungsgrad-Kennlinie), Schichtenspeicher (Temperaturschichtung im Speicher) und Sondenspeichern (relativ neu) möglich sind. Das Programm ist MINSUN sehr ähnlich, es bestehen jedoch zwei wesentliche Unterschiede:

- Es ist möglich, verschiedene Systemkonfigurationen mit dem gleichen Programm zu berechnen.
- Der Benutzer kann die thermischen Vorgänge kann als Ergebnis der laufenden Simulationsrechnung quasi online in Stunden- oder Monatsschritten am Bildschirm beobachten.

Daneben gibt es noch einige andere Programme, z.B. SUNSYT, das von einer schwedischen Consulting-Gesellschaft entwickelt und angewendet wird, oder SLT entwickelt von der Fa. Sorane S.A. in der Schweiz. Letzteres simuliert die Funktion und Leistung von Solarheizsystemen mit Flachkollektoren und wassergefüllten Speichertanks (sehr einfaches Modell) zur Raumheizung und zur Brauchwassererwärmung.

Insgesamt bieten die oben beschriebenen Computerprogramme eine sichere Grundlage für die individuelle Planung von großen Heizungsanlagen mit saisonalem Speicher. Diese Programme geben nicht nur Empfehlungen für die Anlagenauslegungen, sondern ermöglichen - auf der Basis von wärmetechnischen und ökonomischen Berechnungen - eine Optimierung der Systeme und des Zusammenwirkens der Systemkomponenten.

3.2 Entwurf von kleinen Erdwärmespeichern

Zur Planung und Dimensionierung kleinerer Erdwärmespeicher reicht ein vereinfachtes Verfahren aus, insbesondere ist eine detaillierte Computersimulation in der Regel nicht erforderlich. Analog zur Planung und Erstellung großer Anlagen ist folgende Vorgehensweise sinnvoll:

- *Untersuchungen der Gegebenheiten am geplanten Standort des Erdspeichers.*
  - Verfügbarkeit einer ausreichend großen Bodenfläche.
  - Erhebung von geologischen und hydrologischen Daten.

- *Ermittlung des zu deckenden Wärmebedarfes und des Bedarfsprofils für die Gebäudeheizung.*
  - Größe und Struktur des erwarteten Wärmebedarfes.
  - Bei neuen Gebäuden Abstimmung des Gebäudeentwurfes und der wärmetechnischen Anforderungen auf den geplanten Erdspeicher.
  - Bei bestehenden Gebäuden Prüfung der Integrationsmöglichkeiten des Erdspeichers in die bestehende Heizungsanlage.

- *Wahl des Erdspeichers.*
  - Entscheidung für einen Speichertyp und Festlegung der Anlagenkonfiguration.
  - Auswahl und Entscheidung für eine günstige Baumethode.

- *Überschlägige Kostenrechnung für die Gesamtanlage.*

Die genannten Aufgaben können in einem vereinfachten Verfahren entweder vom Bauherrn selbst oder von einer Planungsfirma erledigt werden.

Wahl des Standortes für Erdspeicher
Bei der Standortwahl des Erdspeichersystem gilt es folgende Aspekte zu bedenken:

- Ist die Anlage im örtlichen Umfeld, z.B. Stadt oder Land, sinnvoll?
- Reicht die verfügbare Bodenfläche für den Speicher?
- Sind genügend Flächen für Sonnenkollektoren und weitere Aggregate verfügbar?
- Welche Bodenart liegt vor und welche anderen geologischen Gegebenheiten sind zu berücksichtigen?
- Welche hydrologische Bedingungen, z.B. Höhe des Grundwasserspiegels, herrschen am Standort?

Kleine Erdspeicheranlagen können grundsätzlich in städtischer Umgebung ebenso gut wie ländlicher Umgebung eingesetzt werden. Die Erstellung in städtischer Umgebung ist jedoch in wirtschaftlicher Hinsicht oft wenig sinnvoll, wenn beispielsweise die Anbindung an eine Fernwärmeleitung als Alternative machbar ist. In städtischer Umgebung ist zudem die verfügbare Freifläche zur Erschließung eines Erdspeichers stark begrenzt. Zu beachten sind weiterhin die Lage der Freifläche (auf welcher Seite des Gebäudes), auch im Hinblick auf den Baumbestand, der während der Installierung der Anlage zerstört werden könnte. Weiterhin muß die Anordnung der übrigen Systemkomponeten wohl überlegt werden, die Lage des Kollektors vor allem im Hinblick auf die verfügbare südorientierte Fläche, der Aufstellungsort der Wärmepumpe besonders im Hinblick auf die Geräuschdämpfung und die Anordnung aller Komponeten im Hinblick auf die Entfernungen und die Leitungsführung.
Die Bedeutung, die der Kenntnis der geologischen Eigenschaften des Bodens und damit des geplanten Speichermediums zukommt, wurde ja bereits mehrfach betont. Sind Art und Zusammensetzung des Bodens bekannt, können die wärmetechnischen Eigenschaften (Wärmeleitfähigkeit und Speicherkapazität) des Speichers bestimmt werden. Was die Voraussetzungen für den Speicher und die Nachteile bestimmter Bodenarten betrifft, gelten die Kap. 3.1.2 für große Anlagen gemachten Aussagen. Die hydrologischen Gegebenheiten des Bodens und besonders der Grundwasserfluß sollten sorgfältig erkundet werden, da diese den Typ und den Standort des Erdspeichers entscheidend beeinflussen können. Ungünstige hydrologische Eigenschaften, die bei der Planung nicht hinreichend berücksichtigt wurden, etwa ein zu hoher Grundwasserstand oder ein zu trockener Boden, können die Leistungsfähigkeit des Systems erheblich schmälern.

Ermittlung des Wärmebedarfes
Der nächste Schritt in der Planung besteht darin, den zu erwartenden Wärmebedarf und dessen Struktur zu ermitteln. Dazu gehören

- die Berechnung des jährlichen Heizwärmebedarfes (d.h. der Wärmemenge),
- die Ermittlung der notwendigen Heizleistung und des zeitlichen Verlaufes während des Jahres (ggf. Ermittlung einer geordneten Jahresdauerlinie),
- die Planung des Wärmeverteilungssystems und
- die Festlegung der notwendigen Temperaturniveaus (Vorlauf-Rücklauf) für Heizung und Warmwasserbereitung.

Bei Neubauvorhaben sollte schon in der Planungsphase durch optimale Wärmedämmung für einen niedrigen Energiebedarf gesorgt werden, wobei die Integration von Elementen der passiven Sonnenenergienutzung in das Gebäudekonzept oft merklich zur Energieeinsparung beitragen kann. Die Elemente zur Wärmeverteilung (Heizflächen) müssen so ausgelegt sein, daß sie mit möglichst niedrigen Temperaturen auskommen; daher werden häufig Fußbodenheizungen empfohlen.
Bei bestehenden Heizungsanlagen sind die technischen und ökonomischen Bedingungen für die Integration eines Erdwärmespeichers gründlich zu prüfen. Wenn ein bestehendes Heizungssystem mit hohen Vor- und Rücklauftemperaturen nur mit großem Aufwand auf Niedertemperaturbetrieb umgestellt werden kann, ist es im allgemeinen nicht sinnvoll, überhaupt einen Erdwärmespeicher zu installieren. Weiter ist die Betriebsweise der Wärmepumpe (monovalent oder bivalent) und die Art des Zusammenspiels mit der Heizung zu überlegen, wenn die Wärmepumpenanlage in eine bestehende Anlage eingebunden wird. Bei bivalenten Systemen arbeiten Wärmepumpe und Heizungsanlage (Öl- oder Gas-Kessel) parallel nebeneinander. Durch eine Steuerung muß in diesem Fall für einen effizienten Betrieb beider Systeme gesorgt werden; der Umschaltpunkt vom Wärmepumpen- auf Heizkesselbetrieb und zurück kann mittels Temperaturfühler von der Temperatur der Wärmequelle und ggf. auch vom Wetter (d.h. von der Außentemperatur) abhängig gemacht werden. Eine ausführliche Abhandlung zu diesem Thema findet sich in dem Buch „Heat Pump Fundamentals" von J. Berghmans (ed.) (1983).

Typ und Leistung der Wärmepumpe müssen anhand der von den Herstellern abgegebenen Betriebskennlinien ausgewählt und auf die Verhältnisse vor Ort abgestimmt werden. Durch die Bauart des Erdwärmetauschers einerseits und die des Heizungssystems anderseits sind der Arbeitstemperaturbereich der Wärmequelle bei Wärmeentnahme (d.h. die Temperatur des Wärmeträgers im Erdspeicher) und die Temperaturen im Heizungsvor- und -rücklauf gegeben bzw. können abgeschätzt werden. Sind die energetischen Verhältnisse hinreichend bekannt, kann aus der dem Boden entzogenen Wärme und der der Heizung zugeführten Nutzwärme die Arbeitszahl der Wärmepumpe COP (coefficent of performance) berechnet werden. Die Arbeitszahl ist dabei definiert als das Verhältnis der gelieferten Nutzenergie zur eingesetzten Antriebsenergie für den Kompressor; der theoretisch erreichbare Maximal-Wert der Arbeitszahl ist gemäß dem 2. Hauptsatz der Thermodynamik eine Funktion der Temperaturen am Verdampfer und am Kondensator der Wärmepumpe. Definitionsgemäß werden die höchsten Arbeitszahlen erreicht, wenn die Temperaturen von Wärmequelle (Erdspeicher) und Wärmeentnahme (Heizung) möglichst nahe beieinander liegen. Für die Auswahl der Wärmepumpe ist in der Praxis entscheidend, daß die Kennlinien der Wärmepumpe gut zu den Betriebsbedingungen von Erdspeicher und Heizungsanlage passen, so daß die Wärmepumpe eine möglichst gute Arbeitszahl erreicht.

Wahl des Erdspeichers
Wenn der zu deckende Wärmebedarf einerseits und die geologischen Verhältnisse vor Ort andererseits bekannt sind, kann als nächstes die Art und die Form des Erdspeichers festgelegt werden. Erdspeicher mit vertikalen Wärmetauscher-Sonden sind solchen mit horizontal angeordnetem Wärmetauscher vorzuziehen. In diesem Planungsstadium müssen folgende Größen bestimmt werden:

- Die Art des Röhrensystems sowie der Rohrdurchmesser und das Rohrmaterial.
- Die Länge der Röhren.
- Die Anzahl und der Abstand der Wärmetauscherröhren sowie die Verteilung über die vorgesehene Speicherfläche.
- Die Einbringtiefe.

Alle genannten Parameter beeinflussen die Speicherkapazität und die übertragbare Leistung und damit letztendlich auch die Jahresarbeitszahl der Wärmepumpe. Zu beachten sind folgende Abhängigkeiten:

- Die Rohranordnung wird durch die verfügbare bzw. abzudekkende Bodenfläche bestimmt.
- Die Rohrtiefe wird durch die hydrologischen und geologischen Voraussetzungen sowie ggf. durch die gewählte Bohrtechnik begrenzt.
- Die Anzahl und die absolute Länge der Rohre wird durch den Wärmebedarf bestimmt.
- Eine größere Anzahl kürzerer Rohre bedingt einen geringeren Abstand zwischen den Rohren.

Die Bohrmethoden für vertikale Wärmetauscher wurden bereits in Kapitel 3.1.2 vorgestellt.

Kostenermittlung
Als letzter Planungsschritt sind für die infragekommenden Systemvarianten die Investitionskosten einerseits und die Betriebskosten bzw. die möglichen Betriebskosteneinsparungen andererseits zu ermitteln. Oft erleichtern ökonomische Überlegungen am Ende die Entscheidung für den einen oder anderen Speichertyp, für ein bestimmtes Bohrverfahren oder führen - wo dies möglich ist - zur Suche nach einem anderen Standort.
In jedem Fall ist es notwendig, Angebote für den Bau der Systemkomponenten einzuholen, also für Sonnenkollektoren, Erd-Wärmespeicher, Wärmepumpe und Fußbodenheizung, und zwar von Herstellern bzw. Lieferanten, die über Erfahrungen mit der betreffenden Technik verfügen. Tips für geeignete Systemausführungen sowie für effiziente Konfigurationen und Betriebsarten werden im nächsten Kapitel (Kap. 4) gegeben.

3.3 Planung von Nahwärmesystemen mit großem saisonalem Erdwärmespeicher

An dieser Stelle sei noch einmal darauf hingewiesen, daß die bestehenden Simulationsmodelle und Computerprogramme, insbesondere MINSUN und TRNSYS, sehr wirksame Planungshilfsmittel sind. Sie bieten eine sichere Grundlage für die optimale Abstimmung der Systemkomponenten, für die Festlegung der Betriebsweise und für die endgültige Auslegung der einzelnen Anlagenbauteile.
Die Empfehlungen und Planungshinweise werden im folgenden unter drei Überschriften zusammengefaßt:

- Standortwahl: geologische und hydrogeologische Hinweise,
- Empfehlungen zum Anlagentyp und zu den Anlagenkomponenten,
- Wirtschaftliche Lösungen und Kosten.

Standortwahl
Die Empfehlungen bezüglich der geologisch-hydrologischen Eigenschaften des Bodens können unter Berücksichtigung der Ausführungen von Werner (1990) in seinem Beitrag in der „Zeitschrift für angewandte Geowissenschaften" (Heft 9, 1990) folgendermaßen zusammengefaßt werden:

- Die Wärmeleitfähigkeit des Bodens sollte möglichst gut und größer sein als 1 bis 1,5 W/mK.
- Eine hohe Wärmeleitfähigkeit ist in der Umgebung der Wärmetauscherröhren besonders wichtig, um eine gute Wärmezufuhr und -entnahme zu erreichen. Als Lösung bietet sich die Verwendung von gut leitendem Füllmaterial für die Bohrlöcher an.
- Kein Grundwasserfluß oder sehr niedrige Grundwasserbewegung (< 5 m pro Jahr!).
- Günstig ist ein wassergesättigter Boden mit geringer Permeabilität (Wasserdurchlässigkeit), was besonders für HT-Speicher von großer Bedeutung ist.
- Um die Bohrkosten niedrig zu halten, sollte die Speichertiefe nicht unnötig groß gewählt werden.
- Der Wärmeverlust nach oben ist durch geeignete Maßnahmen möglichst klein zu halten.

- Die Stabilität des Bohrlochs bzw. der Sondenröhre ist sicherzustellen.
- Das Speichermedium sollte bei Temperaturschwankungen, wie sie beim Speicherbetrieb auftreten, keine oder möglichst geringe mechanische Veränderungen zeigen; dieser Aspekt verdient bei HT-Speichern besondere Beachtung.

Zum Schutz des Grundwassers sind diesen Punkten noch folgende Anforderungen hinzuzufügen (nach Wagner, in: Zeitschrift für angewandte Geowissenschaften, Heft 9, 1990):

- Schutzwürdige Grundwasserschichten dürfen nicht berührt bzw. gefährdet werden.
- Es muß sichergestellt werden, daß durch die Bohrlöcher bzw. Röhren keine Verbindungen zwischen Grundwasserschichten mit Druckunterschieden und unterschiedlicher Wasserqualität hergestellt werden.

Die spezifische Wärmeleitfähigkeit und die spezifische Speicherkapazität des Bodens geben Auskunft darüber, wie geeignet der vorgesehene Ort für die Wärmespeicherung ist. Es ist günstiger, den Speicher in eine wassergesättigte Zone mit geringer Permeabilität zu legen, da die Wärmeleitfähigkeit hier größer ist als in einem nicht gesättigten Bereich (vgl. Abb. 3.1, Abb. 3.2 und Tabelle 3.1). Steht eine solche Erdschicht nicht zur Verfügung, sollte das Speichermaterial wenigstens eine hohe Wärmeleitfähigkeit aufweisen.
Ein geringer oder besser noch ein nicht vorhandener Grundwasserfluß ist für Speicher mit Wärmetauschersonden wichtig. Aquifere sind auf Grund des enormen Wärmeverlustes durch horizontalen Grundwasserfluß für den Betrieb mit Wärmetauschersonden generell nicht geeignet. Das Beispiel der Anlage in Groningen zeigt, wie Grundwasserfluß einen hohen Wärmeverlust im Speicher verursachen kann und dadurch die Wärmeleistung der Anlage drastisch vermindert.
Bei der Standortwahl müssen auch Umweltaspekte mit in die Überlegungen aufgenommen werden. Empfehlungen dazu, die besonders für HT-Speicher wichtig sind, wurden von Ruck, Adinolfi und Weber formuliert (ebenfalls in der „Zeitschrift für angewandte Geowissenschaften", Heft 9, 1990). Neben den bereits genannten Hinweisen sind folgende Punkte beachtenswert:
Um zu vermeiden, daß organische Substanzen und Nährstoffe in den Speicher eingebracht werden, die dort biochemische Prozesse in Gang setzen können, ist ein Gebiet mit niedrigem oder ganz ohne Grundwasserfluß zu bevorzugen. Wird eine Grundwasserschicht berührt, muß sichergestellt sein, daß diese nicht für die Trinkwasserversorgung genutzt wird. Das Eindringen organischer Substanz von oben her muß verhindert werden, da sonst die Gefahr besteht, daß sich Mikroorganismen auf der Oberfläche der Wärmetauscherelemente ansiedeln, also auf den Rohren und Leitungen, was zu Biokorrosion führen kann. Das ist nicht nur vom Umweltaspekt aus nachteilig, sondern beeinflußt auch die Wärmeübertragung negativ.
Ein weiteres potentielles Umweltproblem ist eine Leckage im Röhrensystem, durch die Wärmeträgerflüssigkeit in das Erdreich gelangen kann. Dieser Aspekt verdient besonders bei Tief- und Niedrigtemperaturspeichern Beachtung (manchmal auch bei MT-Speichern), bei denen in der Regel Glykolmischungen als Wärmeträger verwendet werden. Bei HT-Speichern, die mit reinem Wasser als Wärmeträger arbeiten, besteht dieses Problem nicht.
Der Speichertyp ist im Hinblick auf die geo-hydrologischen Standortbedingungen auszuwählen; die wichtigsten Indikationen lassen sich etwa folgendermaßen zusammenfassen:

- Wasserbecken sind für felsigen Untergrund geeignet, bei weichem Untergrund ist zusätzlich eine Behälterkonstruktion erforderlich.
- Wasserkavernen können nur in Gegenden mit homogenen Gesteinsformationen angelegt werden.
- Aquifere sind an spezielle hydrologische Bodenformationen (Sedimente oder felsiger Boden mit hoher Wasserdurchlässigkeit) gebunden und daher nur beschränkt anwendbar.
- Erdspeicher mit Wärmetauschersonden können in wassergesättigtem Boden oder Fels mit geringer Wasserdurchlässigkeit angelegt werden und zeigen dort gute thermische Eigenschaften.

Eine geologische Karte, die potentielle Standorte für die Anwendung von saisonalen Wärmespeichern in Baden-Württemberg ausweist, ist in Vorbereitung (Beitrag von Werner in: Zeitschrift für angewandte Geowissenschaften, Heft 9,1990).

Empfehlungen zum Anlagentyp und zu den Anlagenkomponenten

Es gibt wie gesagt keinen universellen Erdwärmespeicher-Typ, der überall mit gleichem Erfolg eingesetzt werden kann; vielmehr entstanden die verschiedenen Speichertypen aus der Anpassung an die unterschiedlichen geologischen Gegebenheiten vor Ort (siehe oben). Darüber hinaus spielen noch aber noch einige weitere Aspekte bei der Entscheidung für den einen oder anderen Speichertyp eine Rolle.

Im Hinblick auf das Klima kommen Anlagen mit saisonalem Speicher bevorzugt in den gemäßigten Klimazonen und in Ländern mit hohen Breitengraden zum Einsatz. Eine Ausnahme bilden die Solarteiche (flache bzw. solche mit Salz), die vornehmlich in den mediterranen Gegenden und in heißen Klimata (für die Prozeßwärmeerzeugung) zum Einsatz kommen.

Für die Wahl des Speichertyps im Hinblick auf die bereitzustellenden Wärmeleistung ergeben sich folgende Empfehlungen:

- Für Anlagen, die einen Jahresenergiebedarf von mehr als 1500 MWh zu decken haben, bieten sich vor allem wassergefüllte, nicht isolierte Felskavernen an.
- Für kleinere Anlagen, ausgelegt für einen Jahresverbrauch von rund 1000 MWh/a, kommen vorzugsweise entweder wärmegedämmte Wasserbecken oder Erdspeicher mit vertikalen Wärmetauschersonden infrage.
- Für kleinere Anlagen mit einem Jahresenergiebedarf von 150 bis 500 MWh/a sind vor allem wärmegedämmte Wassertanks mit bis zu 5000 m³ Inhalt oder Erdspeicher mit vertikalen Wärmetauschersonden geeignet.

Die Ergebnisse der Untersuchungen des schwedischen geotechnischen Instituts (Beitrag von Lehtments in: Zeitschrift für angewandte Geowissenschaften, Heft 9, 1990) zeigen, daß vertikale Wärmetauscher-Sonden in bindigen Böden die zugeführte Kilowattstunde mit einem besseren Wirkungsgrad nutzen als Wasserspeichertanks und -becken, vorausgesetzt der Wärmebedarf kann auf einem mittleren Temperaturniveau gedeckt werden. Aufgrund der geringeren Wärmespeicherfähigkeit des Bodens gegenüber Wasser haben Erd-Wärmespeicher jedoch das doppelte Volumen im Vergleich zu einem Wassertank gleicher Wärmekapazität.

Für die Anlagenplanung ist es sinnvoll, sich die bereits in Kap. 2.4.1 erwähnte Einteilung der Speichertemperaturen in Erinnerung zu rufen. Denn der nutzbare Speichertemperaturbereich steht nicht nur mit dem Wärmebedarf in Wechselbeziehung, sondern beeinflußt auch die Planung der Sonnenkollektoranlage. So muß beispielsweise der Kollektortyp auf das Temperaturniveau des Speichers abgestimmt sein. Allgemein können folgende Empfehlungen gegeben werden:

- *Niedrigtemperatur-Speicher* sind für Anlagen mit relativ geringem Jahresenergiebedarf im Bereich von 100 bis 200 MWh zweckmäßig.
  - In der Praxis kommen sie vor allem für kleine Gruppen von Einfamilien- oder Doppelhäusern bzw. Mehrfamilienhäuser zur Anwendung.
  - Als Sonnenkollektoren sind einfache, in das Dach integrierte Flachkollektoren gut geeignet, aber auch unverglaste Schwimmbadkollektoren oder großflächige Absorber (Luft-Wasser-Wärmetauscher).
  - Um das für eine Niedertemperaturheizung notwendige Temperaturniveau zu erreichen, ist eine Wärmepumpe ggf. in Verbindung mit einem Heizkessel (als Spitzenlast- und/oder Reservewärmequelle) notwendig.

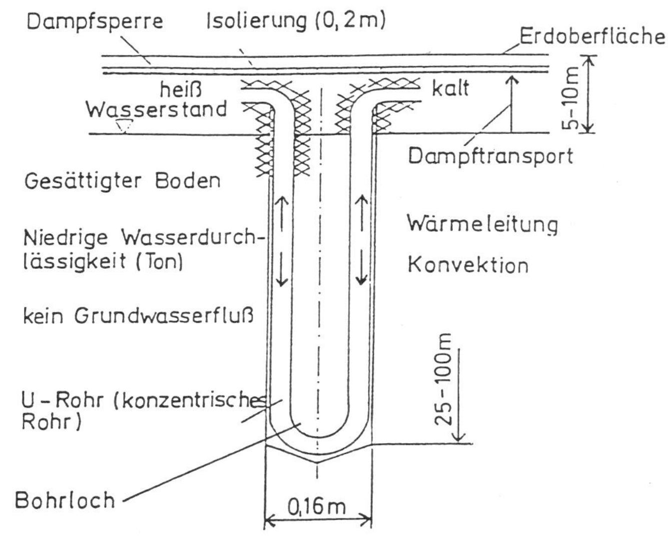

Abb. 3.5: Konzept eines Röhrenspeichers für wassergesättigte Böden mit hohem Grundwasserstand.

- *Mitteltemperatur-Speicher* sind für einen Jahresenergiebedarf in einem weiten Bereich von 200 bis 1200 MWh zweckmäßig.
- Sie finden für größere Gruppen von Einfamilien- und Mehrfamilienhäusern, für Bürogebäude, Schulen und Verwaltungsgebäude praktische Anwendung.
- Für die Solarenergiegewinnung kommen Vakuum-Röhrenkollektoren oder hochwertige Flachkollektoren zur Anwendung, wobei sich eine Integration in die Dachflächen als günstig erwiesen hat.
- Eine Wärmepumpe und/oder ein zusätzlicher konventioneller Heizkessel sind auch bei diesem System notwendig.

- *Hochtemperatur-Speicher* befinden sich derzeit noch im Entwicklungs- bzw. Erprobungsstadium. Sie sind erst bei einem sehr hohen Jahresenergiebedarf von mehr als 1000 MWh zweckmäßig.
- Als Anwendung kommt angesichts des hohen Wärmebedarfes grundsätzlich nur die Wärmeversorgung von größeren Wohnsiedlungen und von mehreren großen Geschäftsgebäuden infrage.
- Für die solare Wärmegewinnung sind nur Hochleistungs-Flachkollektoren, Vakuum-Röhrenkollektoren oder konzentrierende Parabolkollektoren geeignet.
- Eine Wärmepumpe wird im allgemeinen nicht nötig sein, dafür jedoch ein Heizkessel zur Spitzenlastdeckung und als Reserve.
- Neben der Sonnenenergie bietet sich auch, sofern verfügbar, industrielle Abwärme für die HT-Speicherung im Boden an.

Erdspeicher mit senkrechten Wärmetauschersonden sind am gebräuchlichsten. Im folgenden werden daher genauere Informationen über Bauarten von Erdwärmetauschern und ihre Einbringung in den Boden gegeben.
Die Rohrführung bei vertikalen Erd-Wärmetauschern ist in der Regel U-förmig. Drei Röhrenspeicherkonzepte, die für unterschiedliche geologische Voraussetzungen geeignet sind, wurden im Beitrag von Hornberger in der Zeitschrift für angewandte Geowissenschaften, Heft 9, 1990 veröffentlicht und sind in den Abb. 3.5, 3.6 und 3.7 dargestellt.
Abb. 3.5 zeigt eine Wärmetauscher-Sondefür gesättigten Boden mit hohem Grundwasserstand und geringer Permeabilität (z.B.

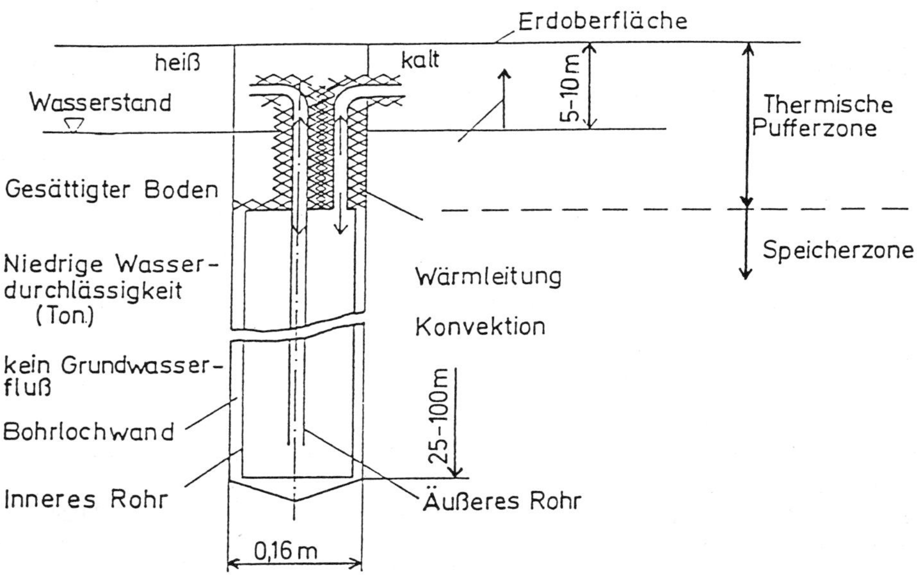

Abb. 3.6:
Konzept eines Röhrenspeichers für wassergesättigte Böden mit thermischer Pufferzone.

Tonstein). Die Abbildung zeigt die Anordnung des Wärmetauscherrohres und der begleitenden Maßnahmen (Dampfsperre und Isolierung nach oben hin), die notwendig sind, um den Wärmefluß im Boden und damit den Wärmeverlust des Speichers gering zu halten. Das Bohrloch kann mit Wasser gefüllt sein, um guten thermischen Kontakt zwischen Wärmetauscherrohr und Boden herzustellen. Bei einer hochdurchlässigen oberen Schicht (Deckschicht) tritt auf Grund des Dampftransportes in dieser Schicht, d.h. zwischen Grundwasser und Erdoberfläche, ein hoher Wärmeverlust auf. Um diesen Wärmeverlust zu verringern, ist nahe der Erdoberfläche eine Dampfsperre sowie eine Wärmedämmschicht angeordnet.
Alternativ dazu kann auch eine dickere Erdschicht oberhalb des Speichers als thermische Pufferzone ausgebildet werden, indem der obere Teil der Wärmetauschersonden mit einer Wärmedämmschicht versehen wird (Abb. 3.6), so daß dieser Teil der Rohre nicht mehr an den Auf- und Entladungsprozessen teilnimmt. In dieser Zeichnung ist außerdem eine andere mögliche Bauform für die Wärmetauschersonden dargestellt, das konzentrische Rohr bzw. der Rohr-in-Rohr-Wärmetauscher.
Abb. 3.7 zeigt ein U-förmiges vertikales Rohr in ungesättigtem Boden, wo der Grundwasserspiegel unterhalb des Erd-Wärmetauschers liegt. In diesem Fall ist mit Wärmeverlusten durch fließendes Wasser nicht zu rechnen. In ungesättigtem Boden muß gut wärmeleitendes Füllmaterial zum Schließen des Bohrloches verwendet werden, um einen möglichst guten Wärmeübergang zwischen Rohr und Boden zu erreichen. Durch Dampfdiffusion nach oben hin kann ein hoher Wärmeverlust auftreten. Um diesen zu vermeiden, sollte dort entweder eine Wärmedämmschicht oder eine genügend dicke Erdschicht als thermische Pufferzone angeordnet werden. Beide Lösungen sind in Abb. 3.7 dargestellt.
Maßnahmen zur Wärmedämmung sind bei HT-Speichern natürlich besonders wichtig. Hier werden neben einer großzügig bemessenen Wärmedämmung nach oben manchmal auch entsprechende Maßnahmen zu den Seiten notwendig. Der Wärmeverlust für unisolierte Anlagen liegt bei 20 bis 35%, je nach Speichergröße. Der Einfluß der Wärmedämmung auf den Wärmeverlust des Speichers ist das Thema eines Untersuchungs- und Entwicklungsprojektes des Schwedischen Geotechnischen Instituts. Durch Verstärkung der Wärmedämmung erhöhen sich natürlich die Kosten solcher Anlagen, was in der wirtschaftlichen Analyse berücksichtigt werden muß.

Wirtschaftliche Lösungen und Kosten
Es hat sich als sinnvoll erwiesen, die Planung der Anlagentechnik von Anfang an mit einer ökonomischen Analyse und Bewertung der Systeme zu verbinden. Denn gerade durch die Verknüpfung der technischen und ökonomischen Aspekte können wichtige Hinweise für das Systemdesign und eine optimale Betriebsweise gewonnen werden. Wie schon erwähnt, sind Computerprogramme wie MINSUN oder TRNSYS bei dieser Art von Systemauslegung sehr hilfreich.
Grundsätzlich sind alle Systeme, die umfangreiche Erdarbeiten erfordern, sehr teuer. Das trifft insbesondere auf künstlich angelegte Becken in Felsformationen (im weichen Erdreich sind die Kosten für die Anlage von Becken geringer) und auf künstliche Felskavernen zu. Erd- und Felsspeicher mit vertikalen Wärmetauschersonden erfordern dagegen relativ wenig Erdarbeiten und

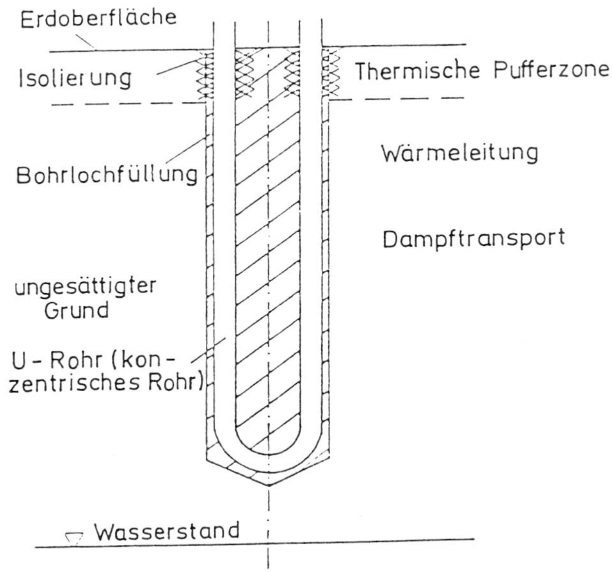

Abb. 3.7: Konzept eines Röhrenspeichers für ungesättigte Böden mit niedrigem Grundwasserstand (Grundwasserspiegel unterhalb der Speicherzone).

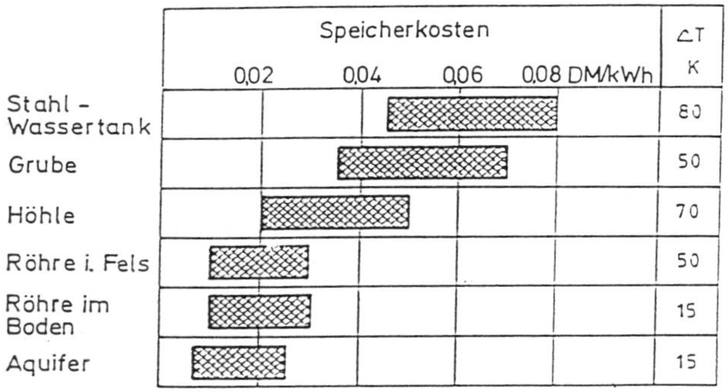

Abb. 3.8: Spezifische Kosten der Energie aus verschiedenen Speichersystemen.

Ort	Volumen / Speichermaterial	Baukosten
Solna(S)	140.000 m^3 Gestein	8 DM/m^3
Lulea (S)	110.000 m^3 Gestein	6 DM/m^3
Treviglio (I)	50.000 m^3 Erde	14 DM/m^3
Groningen (NL)	23.000 m^3 Sand	40 DM/m^3
Genf-Myrin (CH)	20.000 m^3 Moräne	15 DM/m^3
Kullavik (S)	7.900 m^3 Ton	14,70 DM/m^3
Donauwörth (BRD)	2.800 m^3 Erde	10 - 12 DM/m^3
Der durchschnittliche Wert der jährlich einem Erdwärmespeicher entnehmbaren Energie liegt bei 25 kWh/m^3 a bei $\Delta T = 30$ K, die durchschnittliche volumetrische Wärmekapazität des Speichermediums beträgt 2 MJ/(m^3 K) oder 0,556 kWh/(m^3 K); durchschnittlich werden im Jahr 1,5 Speicherzyklen durchlaufen.		

Tabelle 3.4: Vergleich der Baukosten verschiedener Erdwärmespeicher mit vertikalen Wärmetauschersonden.

sind entsprechend billiger, was ein ganz wesentlicher Vorteil dieser Bauart ist. Der Bau von Speichern mit senkrechten Wärmetauschersonden ist heute technisch kein Problem mehr, und die Kosten für die Bohrungen sind vergleichsweise gering (insbesondere in Schweden und in der Schweiz, verglichen mit Deutschland). Generell kann man sagen, daß die Kosten je Bohrung mit zunehmender Zahl der Bohrlöcher sinken; auf der anderen Seite steigen die spezifischen Kosten bei Bohrtiefen über 100 m deutlich an.

Beim Vergleich der spezifischen Kosten verschiedener Speichersysteme ergibt sich folgende Reihenfolge: Die höchsten Kosten verursachen Stahl-Wassertanks, gefolgt von Speicherbecken und wassergefüllten Kavernen; Fels- und Erdspeicher mit Wärmetauschersonden liegen kostenmäßig etwa gleichauf, während Aquifer-Speicher die niedrigsten spezifischen Kosten - bezogen auf die gleiche Speicherkapazität - aufweisen. Die Grafik in Abb. 3.8, die dem Beitrag von Fisch und Hahne in der Zeitschrift für angewandte Geowissenschaften, Heft 9, 1990 entnommen ist, gibt quantitativ Auskunft über die Kosten der verschiedenen Speichersysteme. Die Kosten von realisierten Systemen sind in Tabelle 3.4 zusammengestellt.

Wie dem Schlußbericht der IEA Task VII (Dalenbäck, 1990) zu entnehmen ist, können solare Nahwärmesysteme mit großem Erd-Wärmespeicher den Wirtschaftlichkeitsanalysen zufolge Wärme zu einem Preis von 50 US $/MWh (entsprechend ca. 80 DM/MWh oder 0,08 DM/kWh) oder weniger liefern. Dieser günstige Wert ergibt sich, wenn von geschätzten zukünftigen Kosten bei 5% Real-Zins und 25 Jahren Abschreibungszeit ausgegangen wird, wobei für die Kosten Durchschnittswerte ohne Berücksichtigung des Klimas und der Höhe des Wärmebedarfs angenommen wurden.

Der Zusammenhang zwischen den wärmetechnischen und den wirtschaftlichen Daten wird häufig in Form einer Graphik präsentiert, welche die solare Deckungsrate als Funktion der solaren Kosten darstellt. Abb. 3.9 zeigt sehr übersichtlich die Kosten und die erreichbare solare Deckungsrate für verschiedene Typen von Solarsystemen (Hornberger, in: Zeitschrift für angewandte Geowissenschaften, Heft 9, 1990). Bei der saisonalen Speicherung (Fall C in Abb. 3.9) lassen sich folgende solare Deckungsraten erreichen:

- 60% für Tieftemperatur-Speicher,
- 70% für Mitteltemperatur-Speicher,
- 95% für Hochtemperatur-Speicher.

Bei der Abschätzungen der Investitionskosten für solare Nahwärmesysteme mit großem saisonalen Erdspeicher sind etwa folgende Grundkosten anzusetzen:

- Sonnenkollektoren: 400 DM/m² Kollektorfläche
- Erdspeicher mit Wärmetauschersonden: 80 DM/m Wärmetauscher-Rohr oder 10 DM/m³ Speichervolumen,
- Wärmepumpe: 200 bis 620 DM/kW (je nach Größe und Zahl der Aggregate (je mehr Aggregate installiert werden, umso niedriger die spezifischen Kosten).

Für HT-Systeme werden die Baukosten des Speichers höher geschätzt, sie liegen dann bei ungefähr 12 DM/m³. Der Umfang der Wärmedämmaßnahmen und das Einbringen besonderer Füllmaterialien können diese Kosten weiter erhöhen.
Es wird erwartet, daß die Kosten für Sonnenkollektoren bei einer Massenproduktion zukünftig auf ca. 250 DM/m² Kollektorfläche gesenkt werden können.
Im Hinblick auf die Wirtschaftlichkeit von solargestützten Erdspeichersystemen ist an dieser Stelle anzumerken, daß mögliche Kosteneinsparungen, die sich aus der Anwendung einer umweltfreundlichen Technik mit keinen oder geringen Emissionen ergeben, bisher nicht in die Berechnungen eingeflossen sind. Würden die bisher externalisierten Kosten, die infolge der globalen Umweltverschmutzung durch Verbrennung fossiler Rohstoffe entstehen, in die Berechnung einbezogen, könnten Solarheizungsanlagen mit saisonalem Wärmespeicher in vielen Fällen mit konventionellen Lösungen konkurrieren.

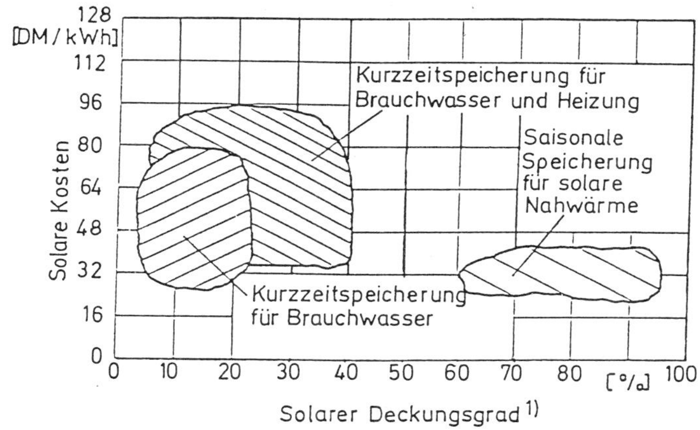

Abb. 3.9: Vergleich der spezifischen Kosten für aktive Solarsysteme (nach Hornberger 1990).
1) = Anteil der Solarwärme am gesamten Wärmeverbrauch.
A Kurzzeitspeicherung für Warmwasserbereitung
B Kurzzeitspeicherung für Warmwasserbereitung und Heizung
C Saisonale Speicherung für Heizung (gespeicherte Solarenergie plus Energie der Wärmepumpe)

3.4 Planungsempfehlungen für kleinere Erdspeicheranlagen

Eine gute Übersicht über die Technik kleinerer Erdspeicher-Systeme (aber auch über mittlere und große Anlagen) und besonders über solargestützte Wärmepumpen in Verbindung mit Erd-Wärmespeichern sowie Empfehlungen für die eigene Planung solcher Anlagen findet sich in den Arbeitsberichten des „Third Workshop on Solar Assisted Heat Pumps with Ground Coupled Storage“, die von Dalenbäck 1990 herausgegeben wurden. Weitere, ganz aktuelle Ergebnisse bietet darüber hinaus der Bericht CALORSTOCK ’94.
Heute geht man davon aus, daß vertikale Erd-Wärmetauscher vorteilhafter (und kostengünstiger) sind als horizontale (vgl. Kap. 2). Horizontale Rohrschleifen waren jedoch viele Jahre lang allgemein gebräuchlich, deswegen überwiegt diese Bauform bei den bestehenden kleineren Anlagen, und viele Firmen haben sich seinerzeit auf den Bau horizontaler Wärmetauscher eingerichtet.
Einige wichtige Informationen und Richtlinien für kleine Erdspeicher-Systeme können im „Handbuch zur Planung eines Wärmepumpensystems unter Verwendung von Erdwärme“ nachgelesen werden, das vom schweizerischen Bundesamt für Energie herausgegeben wurde. Auf Grund der dort und in anderen Studien und Büchern gegebenen Informationen (vgl. Literaturverzeichnis) sind im folgenden die wichtigsten Empfehlungen für

Erdspeicher-Systeme mit horizontalen und vertikalen Wärmetauschern zusammengestellt. Vorab jedoch noch ein wichtiger grundlegender Hinweis:

Aus wirtschaftlichen Überlegungen heraus ist es notwendig, kleinere Erdwärmespeicher in Verbindung mit einer Wärmepumpe stets so zu planen, daß das System so preiswert wie nur möglich gebaut werden kann. Das bedeutet, schon bei der Planung die Anzahl der Systemkomponenten auf ein Minimum zu beschränken. Daher werden Tieftemperatur-Speicher ohne zusätzliche Bodenaufwärmung durch Sonnenenergie (d.h. Systeme ohne solare Komponente) empfohlen, wenn die Wärmebilanz des Speichers ohne zusätzliche Erwärmung des Bodens im Jahresmittel ausgeglichen gestaltet werden kann.

Speicher mit horizontalen Rohrschleifen:

- Die optimale Tiefe für den Wärmetauscher liegt bei 1 bis 1,5 m unter der Erdoberfläche.
  Bis zu einer Tiefe von 1 m gefriert der Boden in strengeren Wintern. In einer Tiefe von mehr als 1,5 m gefriert der Boden zwar selten, dafür steigt mit zunehmender Verlegetiefe jedoch die Gefahr, daß die thermische Regenerierung des Bodens bis zum Beginn der nächsten Heizperiode nicht abgeschlossen ist.
- Für die Wärmetauschersonden sind Kunststoffrohre sehr gebräuchlich, z.B. solche mit einem Durchmesser von 20 mm außen und 16 mm innen.
- Die für die Anlage zur Verfügung stehende Bodenfläche sollte ungefähr zweimal so groß sein wie die zu beheizende Fläche des Hauses. Dabei ist es vorteilhaft, den Wärmetauscher möglichst unter einer sonnenbeschienenen Fläche anzulegen.

Abb. 3.10 zeigt ein Diagramm für die Auslegung von Erdspeichern mit horizontalem Wärmetauscher (ausgelegt für die Verhältnisse in der Schweiz; aus: Matthey, Third Workshop on Solar Assisted Heat Pump..., 1990).

Speicher mit vertikalen Wärmetauschern:

- Gebräuchliche Bauformen:
- Konzentrische Wärmetauschersonden (Rohr-in-Rohr-Sonden) werden meist für Anlagen mit natürlicher thermischer Regenerierung eingesetzt, z.B. für Objekte mit relativ geringem Wärmebedarf wie Einfamilienhäuser.

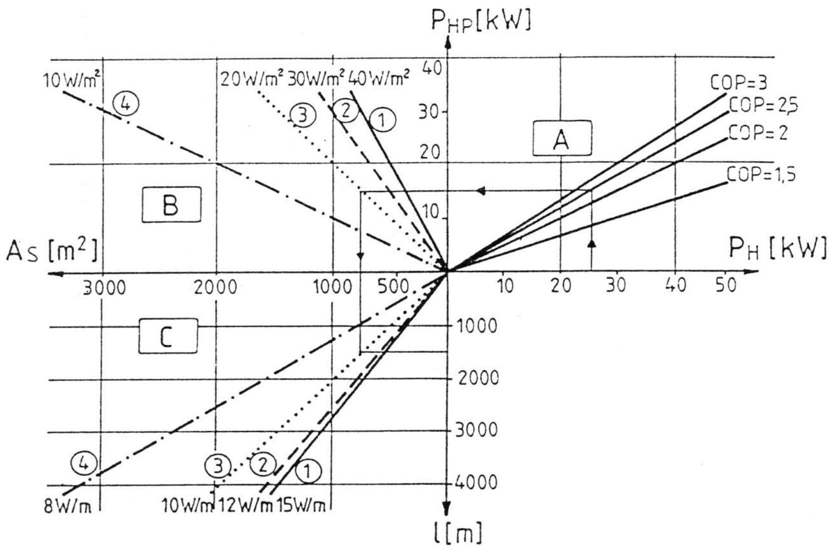

A Betriebsbedingungen der Wärmepumpe
P_H bereitzustellende Heizleistung
P_{HP} Wärmeleistung am Verdampfer
COP Arbeitszahl der Elektrowärmepumpe

B Wärmeentnahme bezogen auf die Oberfläche des Erdkollektors
A_s Oberfläche des Erdwärmetauschers

C Wärmeentnahme bezogen auf die Länge der Wärmetauscherrohre
l Gesamtlänge der Wärmetauscherrohre
1 Erdboden mit hoher Wärmeleitfähigkeit
2 Gute Leitfähigkeit, gute Lage
3 Mittlere Leitfähigkeit und Lage
4 Trockener Boden, geringe Leitfähigkeit

Abb. 3.10:
Diagramm zur überschlägigen Planung eines Erdspeichers mit Elektrowärmepumpe und horizontalem Wärmetauscher.

- U-förmige Rohre mit parallelen Schenkeln kommen als Wärmetauscher meist in NT- und MT-Speichern zum Einsatz, und zwar mit zusätzlicher Bodenaufwärmung (saisonaler Speicher für Sonnenenergie), für größere Objekte, z.B. größere Wohnhäuser.
  Aus wärmetechnischer Sicht sind U-förmige Rohre im Vergleich zu konzentrischen Rohren auf Grund des höheren Wärmeentzugs und der geringeren gegenseitigen Beeinflussung günstiger. Deshalb werden sie in größeren Anlagen sehr häufig verwendet.
- Als Rohrmaterialien sind Kunststoffe besonders geeignet, und zwar vor allem Hochdruck-Polyethylen (Hd-PE), Polybutylen (PB) und Polyvinylchlorid (PVC).

• Auslegungsempfehlungen:
- Für die Rohre und Bohrlöcher werden folgende Durchmesser empfohlen (wobei der Durchmesser von U-förmigen Rohren kleiner ist als bei konzentrischen Rohren):
  - Durchmesser von U-Rohren: 18 bis 40 mm,
  - Durchmesser konzentrischer Rohre: 60 / 20 mm
  - Durchmesser der Bohrlöcher: 75 bis 110 mm.
- Anordnung der Bohrlöcher kreisförmig oder hexagonal über die Grundfläche verteilt.
- Der Abstand der Rohre voneinander sollte nicht zu eng sein, und zwar nicht weniger als 2 m, besser sind 3 - 5 m Abstand, um bis zum Beginn der neuen Heizperiode die thermischen Regenerierung des Bodens zu gewährleisten.

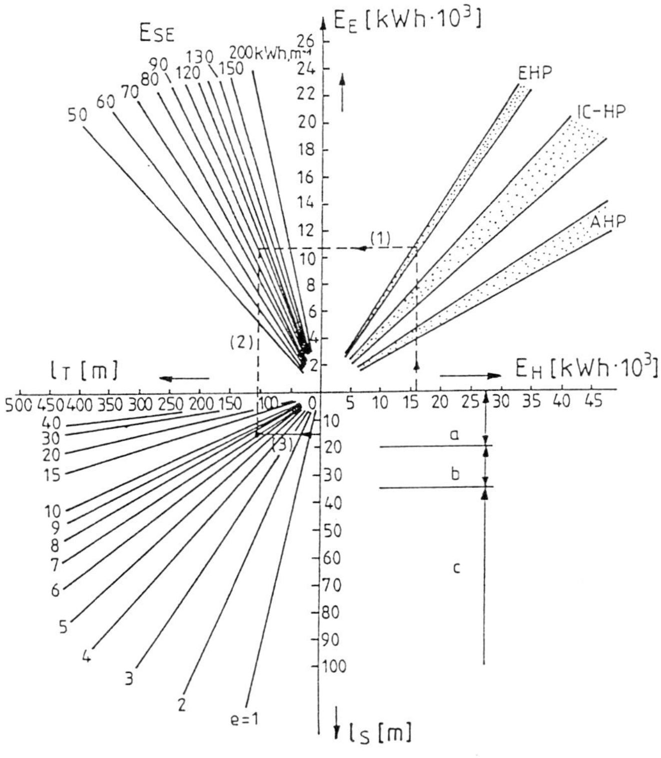

1	Art der Wärmepumpe
E_H	Jährliche Wärmelieferung der Wärmepumpe
E_E	Jährliche Wärmeentnahme aus dem Speicher
EHP	elektrische Wärmepumpe
IC-HP	verbrennungsmotorgetriebene Wärmepumpe
AHP	Absorptionswärmepumpe
2	Spezifische Wärmeentnahme
E_{SE}	Jährliche spezifische Wärmeentnahme
l_T	Gesamtrohrlänge
3	Zahl und Tiefe der Wärmetauschersonden
l_S	Einzelrohrlänge
e	Anzahl der Wärmetauscherrohre
a	Arbeitsbereich für Spülbohrungen
b	Arbeitsbereich für Vibrationsrammen
c	Arbeitsbereich für Wasch-Bohrverfahren

Abb. 3.11:
Diagramm zur überschlägigen Planung eines Erdwärmespeichers mit vertikalem Wärmetauscher.

- Der Flächenbedarf für den Speicher liegt auch hier bei ungefähr der Hälfte der Fläche des zu beheizenden Hauses.
- Eine Wärmedämmung der horizontalen, die Wärmetauschersonden verbindenden Sammelleitungen ist zu empfehlen.
- Die optimale Fließgeschwindigkeit im Rohr liegt bei 0,15 bis 0,2 m/s (laminare Strömung).

• Wärmetechnische Richtwerte:
- Als Faustregel für die Bemessung der Rohrlänge des Wärmetauschers gilt: Für 1 kW Heizleistung werden 11 m Wärmetauscherrohr benötigt. Ein gut isoliertes Familienhaus mit einem durchschnittliche Wärmebedarf von 11 kW kann im allgemeinen mit Röhren in einer Gesamtlänge von 120 m beheizt werden.
- Der maximale Wärmeentzug sollte 75 W/m Rohr nicht überschreiten.
- Anlagen, die auf eine Leistung von 65 W/m ausgelegt sind und während ca. 2200 Stunden im Jahr ein Haus mit Wärme versorgen, funktionieren störungsfrei.
- Zusätzliches Aufladen des Bodens durch Sonnenenergie wird notwendig, wenn der Wärmeentzug die folgenden Werte überschreitet:
  - bei einer Wärmeentnahme von mehr als 140 kWh je Meter und Jahr bei guter Wärmeleitfähigkeit des Bodens,
  - bei einer Wärmeentnahme von mehr als 90 kWh je Meter und Jahr bei schlechter Wärmeleitfähigkeit des Bodens.

• Für einfache Erdspeicher mit Wärmepumpen galten in den letzten Jahren folgende Kostenrichtwerte:
- für Einfamilien-Doppelhaushälfte 700 bis 1000 DM/kW Heizleistung oder 32 bis 50 DM/m Wärmetauscherrohr,
- für Bungalows ungefähr 1700 DM/kW Heizleistung oder ungefähr 50 DM/m Wärmetauscherrohr.

Abb. 3.11 zeigt ein Diagramm zur Auslegung von vertikalen Erd-Wärmetauschern (entwickelt für die Verhältnisse in den Niederlanden, aus: Report EUR 9817 EN, 1985).

Zusammenfassend muß festgestellt werden, daß die nach wie vor hohen Investitionskosten, die niedrigen Preise für fossile Energierohstoffe und die entsprechend lange Amortisationszeit derzeit gegen eine breite Einführung und eine schnelle praktische Anwendung von Erd-Speichersystemen sprechen, und zwar sowohl im großen wie auch im kleinen Rahmen. Dennoch ist die Weiterentwicklung von Energiesystemen, welche die Umweltbelastungen verringern können, dringend notwendig. Deshalb sind weitere Forschungsarbeiten über Erdspeicher-Systeme ebenso notwendig wie deren praktische Erprobung, um diese Anlagen letztendlich billiger und vielseitiger einsetzbar zu machen.

3.5 Neuere Entwicklungen bei saisonalen Bodenspeichern

Inzwischen gibt es einige neue Erkenntnisse, sowohl bei der Theorie der Wärmespeicherung im Boden als auch bei der praktischen Anwendung. Neben komplizierteren mathematischen Modellen, die sich nur per Computer numerisch lösen lassen (z.B. Kangas, Lund: Microtheta, a PC-based tool for Aquifer Thermal Energy Storage. in Proceedings CALORSTOCK '94), wurden einige einfache Regeln und Verfahren für die Auslegung von saisonalen Speichern entwickelt. Eines der interessantesten Verfahren ist die einfache, auf analytischen Beziehungen beruhende Vorausberechnung des Wirkungsgrades von verschiedenen Bodenspeichern mit und ohne Grundwasserbewegungen (Beitrag von Hardon in Proceedings CALORSTOCK '94).
Daneben gibt es neuerdings ein PC-Programm für die Berechnung der Wärmeleistung von tiefreichenden vertikalen Wärmetauschersonden (G. Hellstrom, B. Sanner in CALORSTOCK '94). Von der Universität Giessen wurde eine neue Version des PC-Programmes „Earth Energy Designer" vorgestellt (mit einer aktualisierten Datenbank über die thermischen Eigenschaften verschiedener Böden, Bohrlöcher und Wärmetauscherrohre). Eine erste beispielhafte Anwendung dieses Programmes bot die Auslegung eines

Erdwärmespeichers mit Wärmepumpe zur Beheizung von 35 Wohnungen in Kochel am See in Bayern. Die Anlage ging im Sommer 1993 in Betrieb (CALORSTOCK ' 94).

Ein weiteres Rechenprogramm „Solchips" wurde von P.D. Lund vorgestellt. Es ist sehr nützlich für die Optimierung und die Grobauslegung von saisonalen Bodenspeichern mit solargestützter Wärmepumpe (Lund in Proceedings of „North Sun '94"). Alle typischen Speicherbauarten können mit diesem Programm gerechnet werden.

Das besondere Interesse vieler Forschungsarbeiten gilt dem Hochtemperatur-Speicher. In Deutschland unternehmen das Institut für Thermodynamik und Wärmetechnik (ITW) der Universität Stuttgart und das Institut für Landtechnik (Weihenstephan) der Universität München weiterführende Forschungen in dieser Richtung. Aus Stuttgart wurde über Versuche mit einer einzelnen Wärmetauschersonde berichtet (Fisch und Hahne in CALORSTOCK '94); diese Technik soll nun in einem neuen Pilotprojekt „Hochtemperatur-Wärmespeicherung in Wasserbecken" in der Stadt Rottweil erprobt und weiterentwickelt werden.

In Schweden wird in der Nähe der Stadt Linkoping seit 1992 ein Versuchsfeld für Hochtemperatur-Wärmespeicherung in weichem, bindigem Boden (zwei Speicher mit vertikalen Wärmetauschersonden) betrieben (M. Lehtmes in „North Sun ' 94").

Ein neues, möglicherweise sehr attraktives Verfahren zur saisonalen Speicherung von Sonnenenergie wird derzeit in Conphoebus (Region Catania in Italien) erprobt, wo ein Wassertank mit 500 m^3 Inhalt auf der Außenseite mit einer transparenten Wärmedämmung versehen wurde (144 m^2 Panele in Wabenstruktur). Der Vorteil dieser Anordnung besteht darin, daß der Tank gleichzeitig als Sonnenkollektor und als Wärmespeicher wirkt. Die Testphase für dieses Projekt begann im August 1992 (Viadana und Antinucci in: Proceedings ISES Solar World Congress, 1992).

Die derzeitigen Aktivitäten der IEA

Hauptziel der gegenwärtigen Arbeit (1993 - 1997) der IEA auf dem Gebiet der saisonalen Energiespeicherung ist es, die Energiespeichertechniken für verschiedene Anwendungen weiterzuentwickeln und sie quasi zum „Stand der Technik" zu machen (E. Morofsky: ECESIA - Energy Conservation through Energy Storage Inplementing Agreement. CALORSTOCK '94). Einige besondere Untersuchungen sind den Umweltgesichtspunkten und den chemischen Aspekten (Entwicklung von Wasserbehandlungsverfahren) der Wärmespeicherung in Aquifern gewidmet (Ergänzung 6 zu Task VII).

Es wurden auch neue Forschungsprojekte begonnen, die sich mit dem Einsatz von Aquifer-Wärmespeichern zur Kühlung (hauptsächlich für Geschäftsgebäude, aber auch für Anwendungen im Industrie- und Wohnungsbau) beschäftigen. In diesem Zusammenhang werden auch andere Speichersysteme und hier insbesondere Erdspeicher mit Wärmetauschersonden daraufhin untersucht, wie gut sie sich für Kühlungsanwendungen im allgemeinen und für die Kühlung von Gebäuden im besonderen (ggf. in Verbindung mit Heizung im Winter) eignen, und zwar sowohl mit als auch ohne Wärmepumpen (Ergänzung 7 zu Task VII).

Eine andere neue Initiative der IEA hat die Entwicklung von Berechnungsverfahren für Standardanwendungen der Erdwärmespeicherung in Gebäuden ebenso wie im industriellen und landwirtschaftlichen Bereich zum Ziel (Ergänzung 8). Die wichtigsten beteiligten Partnerländer sind Kanada, Deutschland, die Niederlande und Schweden. Deutschland ist führend in der Untergruppe C, deren Thema „standardisierte Methoden zur Erkundung von Anwendungspotentialen der Wärmespeicherung im Boden" ist. Eines der neuen Projekte (angekündigt von B. Nordell in CALORSTOCK '94) ist ein Erdwärmespeicher zur Beheizung des neu zu bauenden Parlamentsgebäudes in Berlin.

Neben den energietechnischen Studien wird weiter daran gearbeitet, das Kosten-Nutzen-Verhältnis der verschiedenen Systeme genauer zu untersuchen und zu verbessern (Ergänzung 8). Damit soll die Einführung der Wärmespeicherung im Boden in verschiedene Anwendungsbereiche beschleunigt werden, wobei dem Aspekt der Vermeidung von ökologischen Beeinträchtigungen (insbesondere Grundwassergefährdung) besondere Aufmerksamkeit geschenkt wird.

Es ist sehr erfreulich, daß mit der Weiterführung des Forschungsprogrammes die Zusammenarbeit zwischen vielen Ländern und insbesonders zwischen den Gründerstaaten von IEA Task VII (Deutschland, Schweden und Dänemark) fortgesetzt wird.

4. Konzeption und Funktion der Pilotanlage Schulz

Am Beispiel der von mir vor knapp 10 Jahren gebauten Pilotanlage werden in den folgenden beiden Kapiteln die Konzeption, die Planung und der Bau eines Erdwärmespeichers mit Wärmepumpe zur Hausheizung beschrieben, während in Kapitel 6 über die Erfahrungen mit diesem System berichtet wird.

Das Konzept

Um die Nachteile der Erdwärmespeicher mit horizontalem Wärmetauscher (großer Flächenbedarf, umfangreiche Erdarbeiten, hohe Wärmeverluste) zu umgehen, wurde ein Anlagenkonzept entwickelt, das aus folgenden Komponenten besteht (Abb. 4.1):

- Der *Erdspeicher* mit senkrechten Wärmetauscher-Sonden aus Kunststoff-Rippenrohren reicht bis in 10 m Tiefe, wobei sich die Wärmetauscherrohre in Bohrlöchern mit weitaus geringerem Aufwand verlegen lassen als waagerechte Rohrschlangen.
- Der *Solarabsorber* als Wärmequelle wurde ebenfalls aus Kunststoff-Rippenrohr gefertigt; er lädt im Sommer den Erdspeicher auf und kann an milden Wintertagen die Wärmepumpe zusätzlich mit Umgebungswärme versorgen.

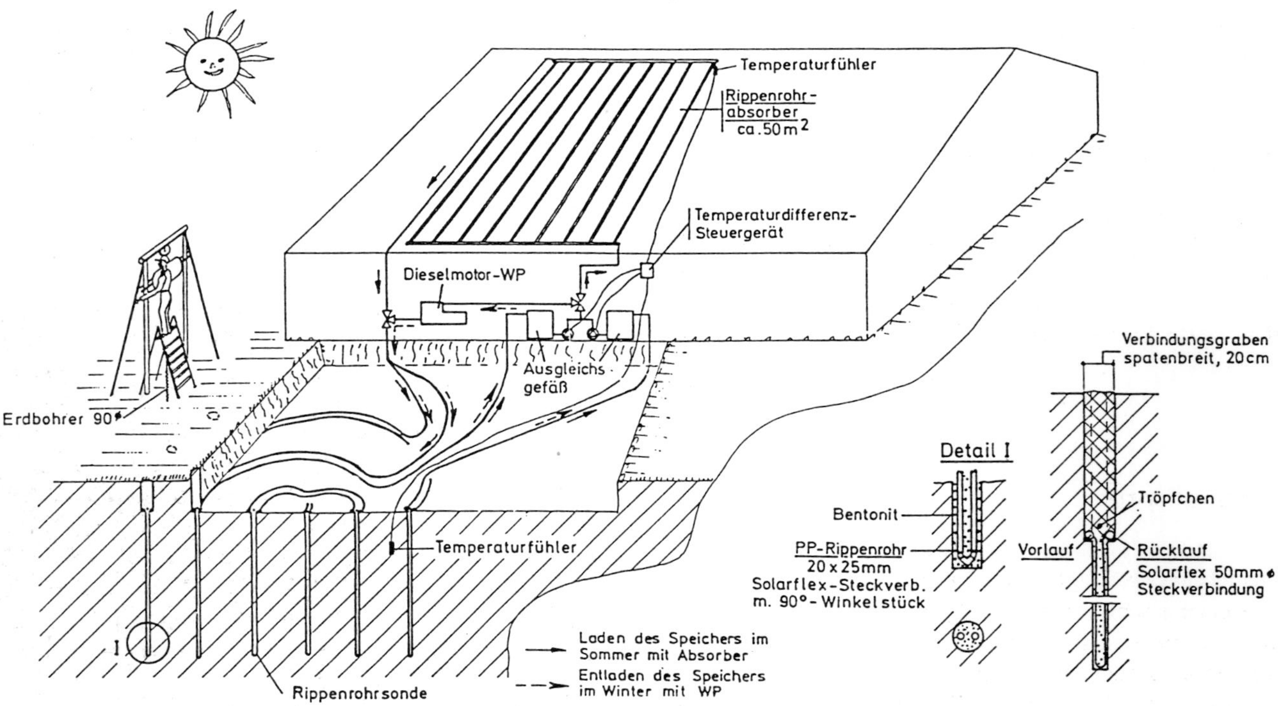

Abb. 4.1: Systemskizze meiner Gesamtanlage mit Erdwärmespeicher, Solarabsorber und Dieselmotor-Wärmepumpe.

- Eine *Wärmepumpe* setzt die die relativ niedrigen Temperaturen des Wärmespeichers auf das für die Heizung erforderliche Temperaturniveau herauf.
- Ein *Warmwasserspeicher* wurde als Pufferspeicher für die Niedertemperaturheizung vorgesehen; er hat sich wegen der guten Regelbarkeit der Dieselmotorwärmepumpe als entbehrlich erwiesen.

Der Erdspeicher

Mit einem handelsüblichen Erdbohrgerät wurden unter Verwendung von Bohrverlängerungen senkrechte Löcher möglichst tief in den Boden gebohrt. In diese Löcher wurden Wärmetauschersonden aus Kunststoffrohr gesetzt, die durch eine Hinterfüllung wärmeschlüssig mit der Bohrlochwand verbunden sind. Es ist sinnvoll, die Bohrungen in konzentrischen Kreisen anzulegen, weil dadurch der innere Teil des Speichers auf höhere Temperaturen aufgeheizt und gehalten werden kann als der äußere Teil. Das wirkt sich günstig auf die Wärmeverluste des Erdspeichers aus.
Die vertikalen Wärmetauschersonden werden an waagerecht unter der Erde verlegte Sammelrohre (Vor- und Rücklauf) angeschlossen und von einem Wasser-Frostschutzmittel-Gemisch durchflossen. Durch einen einfachen Kniff, nämlich durch Isolierung der oberen 2 m der Rippenrohr-Wärmetauscher gegenüber der Bohrlochwand wird erreicht, daß eine ausreichend dicke Erdschicht über dem Erdspeicher kaum am Wärmeaustausch und damit an den Lade- und Entladevorgängen teilnimmt. Durch das Bohrprinzip brauchen keine großen Erdmengen bewegt zu werden (Abb. 4.2)

Der Solarabsorber

Als Wärmequelle zum Aufheizen des Erdspeichers dient ein einfacher, nicht abgedeckter Dachabsorber bzw. Schwimmbadkollektor. Er kann aus schwarzen Kunststoffrohren leicht selbst gebaut werden und hat sich in dieser Form auch zum Beheizen von Schwimmbecken gut bewährt (Abb. 4.3). Zum Aufladen des Erdspeichers wird der Wärmeträger (ein Wasser-Frostschutzmittel-Gemisch) mit einer Umwälzpumpe vom Dachabsorber durch das

Abb. 4.2:
Blick auf die Hofweide hinter dem Stallgebäude, wo gerade die Bohrungen für den Erdwärmespeicher niedergebracht werden, im Hintergrund das Wohnhaus. Auf dem Dach des Stallgebäudes ebenso wie auf dem Hausdach sind die Solarabsorber zu erkennen. Der Luftmatratzen-Kollektor (Luftkollektor) auf dem Vordach des Stalles dient der solaren Heutrocknung.

Abb. 4.3:
Vorläufer des Rippenrohr-Solarabsorbers auf dem Hausdach zur Schwimmbadheizung.

Röhrensystem des Erdspeichers gepumpt. Eine Temperaturdifferenz-Steuerung vergleicht die Temperatur im Dachabsorber und im Erdspeicher und steuert durch Ein- und Ausschalten der Pumpe automatisch die Aufladung des Speichers.

Wenn die Temperaturen des Dachabsorbers im Herbst und Winter nicht mehr ausreichen, um den Erdspeicher zu laden, kann der Dachabsorber unter Umgehung des Erdspeichers die Wärmepumpe direkt mit Wärme aus Sonneneinstrahlung, Außenluft und Regen versorgen. Diese Doppelfunktion ist sehr wichtig, weil dadurch der Erdspeicher nicht die gesamte, für die Hausheizung benötigte Vorwärme liefern muß, sondern nur etwa 40 bis 60% davon. Außerdem kann sich der Erdspeicher - anders als beim reinen Erdkollektor - zeitweise „erholen", wenn an milden oder sonnigen Wintertagen der Dachabsorber mit seiner Wärmelieferung einspringt. Eis, das sich an den Wärmetauschersonden in der Erde gebildet hat, kann durch die aus den weiter entfernten Erdschichten langsam nachfließende Wärme wieder auftauen, so daß für die nächste Kälteperiode wieder größere Wärmemengen kurzfristig verfügbar sind.

Die Wärmepumpe

Um die Energie aus Niedertemperatur-Wärmequellen wie Erdspeicher und Solarabsorber zu nutzen, ist eine Wärmepumpe erforderlich, die die Wärme auf eine für das Heizungssystem ausreichende Temperatur anhebt.

Die Funktion der Wärmepumpe wird später noch beschrieben. Elektro-Wärmepumpen sind heute ausgereift und werden in den für die Hausheizung infrage kommenden Leistungsgrößen serienmäßig gebaut. Sie arbeiten fast geräuschlos und vibrationsfrei, sind wartungs- und verschleißarm, haben eine lange Lebensdauer und beanspruchen nur wenig Platz im Heizungskeller. Allerdings werden Elektrowärmepumpen von manchen Leuten sehr kritisch betrachtet, wenn nicht sogar grundsätzlich abgelehnt und zwar aus folgender Überlegung: Bei einer üblichen „Arbeitszahl" (dieser Begriff wird später erläutert) von 3 im Jahresdurchschnitt und einer Stromerzeugung in konventionellen thermischen Kraftwerken mit 67% Abwärmeverlusten holt eine Wärmepumpe aus der Luft, dem Erdboden oder dem Grundwasser gerade soviel Wär-

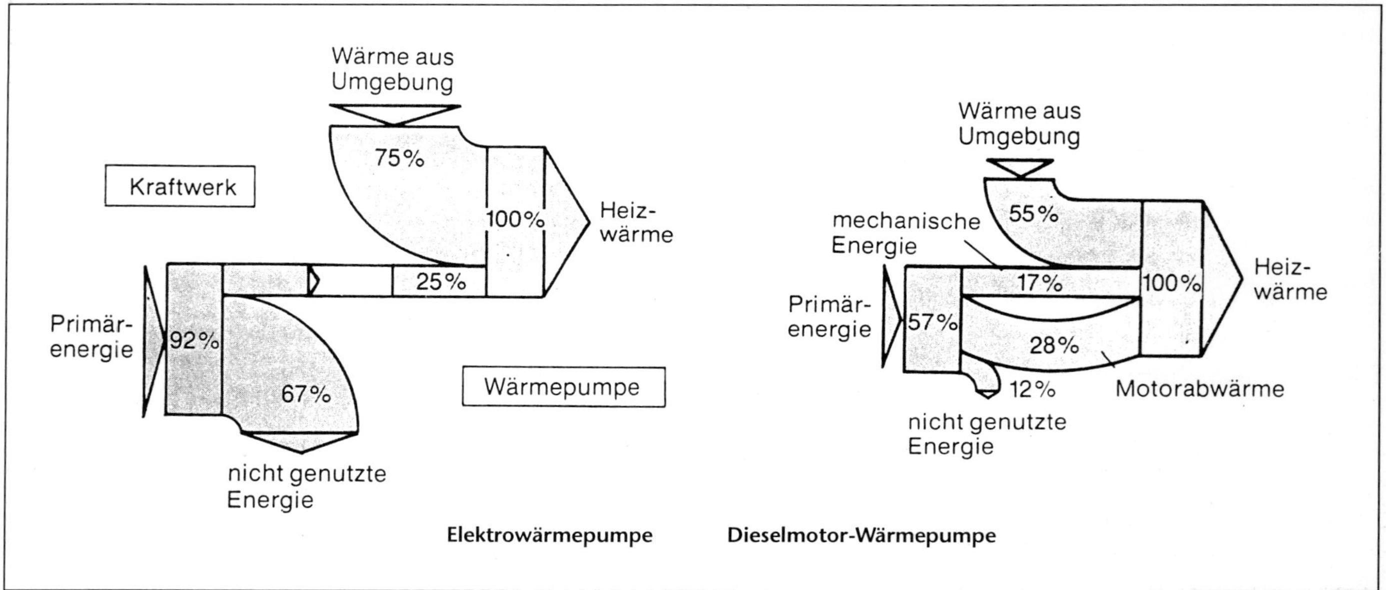

Abb. 4.4: Energieflußdiagramm für eine dieselmotorgetriebene und eine Elektro-Wärmepumpe.

me heraus, wie im Kraftwerk an Abwärme verloren geht. Somit wird bei Betrachtung der Primärenergiebilanz keine oder kaum fossile Energie eingespart (Abb. 4.4).
Ich meine, daß wir heute so pauschal nicht mehr urteilen dürfen, sondern differenzieren müssen. Zuerst muß man feststellen, wie der Strom im betreffenden Gebiet erzeugt wird. Kommt er - wie in vielen Gebieten Österreichs, der Schweiz, Südtirols und auch manchen Gebieten Deutschlands - überwiegend aus Wasserkraft oder in wachsendem Umfang auch aus Windenergie, so können Elektrowärmepumpen guten Gewissens eingesetzt werden, weil ja keine Abwärmeverluste auftreten und aus einem Teil Strom etwa 3 Teile Heizwärme erzeugt werden.
Wird der Strom - wie es ja erfreulicherweise zunehmend geschieht - in Kraft-Wärme-Kopplungsanlagen oder Kraftwerken mit Abwärmenutzung erzeugt, spricht ebenfalls nichts gegen die Elektrowärmepumpe. Und haben wir gar ein Haus mit optimaler Wärmedämmung und guter Niedertemperaturheizung mit max. 30°C Vorlauftemperatur sowie eine Wärmequelle mit mehr als 10°C, ist es heute möglich, mittlere Arbeitszahlen von 4 bis 4,5 zu erreichen. Dann sind vom volkswirtschaftlichen Standpunkt aus Elektro-Wärmepumpen auch dann zu befürworten, wenn der Strom ohne Abwärmenutzung erzeugt ist. Abzulehnen sind hingegen Elektro-Wärmepumpen, die mit einer schlechten Wärmequelle (Außenluft, Wasser mit niedriger Temperatur) und veralteten Heizungen mit 40 bis 50 °C Vorlauftemperatur gekoppelt sind und mit Strom betrieben werden, der aus Kraftwerken ohne Abwärmenutzung kommt.
Zu bedenken ist natürlich, daß bei einem verstärkten Einsatz von E-Wärmepumpen auch mehr Strom erzeugt werden muß. Nun, die kleinen Wasserkräfte sind in unserem Lande noch längst nicht ausgenutzt und bei der Windenergie stehen wir erst ganz am Anfang, ebenso wie bei der Kraft-Wärme-Kopplung aus Biomasse,

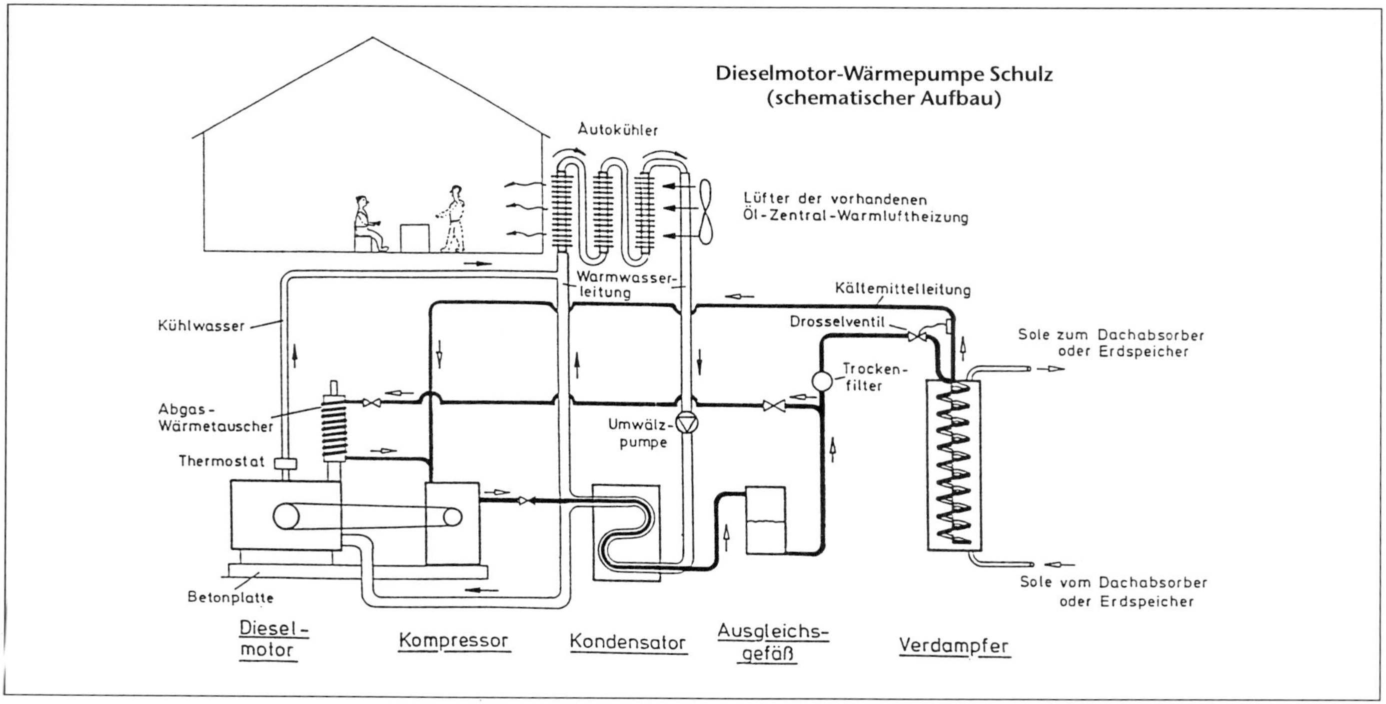

Abb. 4.5: Schematischer Aufbau der Dieselmotor-Wärmepumpe.

Biogas, Deponiegas und Pflanzenöl; insofern glaube ich nicht, daß neue Atomkraftwerke gebaut werden müssen, um die Stromversorgung zu sichern.
Bei meiner eigenen Anlage habe ich mich aus folgenden Gründen für eine verbrennungsmotorbetriebene Wärmepumpe entschieden:

- Durch Ausnutzung der Motorabwärme kann die Temperatur des von der Wärmepumpe kommenden Heizwassers nochmals merklich (um einige °C) angehoben und die Wärmepumpe infolgedessen um ca. 30% kleiner dimensioniert werden als eine Elektrowärmepumpe gleicher Heizleistung (vgl. Abb. 4.4). Außerdem erreicht die verbrennungsmotorgetriebene Wärmepumpe bessere Leistungsziffern, da die nötige Temperaturerhöhung (d.h. die Temperaturspreizung) in der Wärmepumpe kleiner gehalten werden kann.

Abb. 4.6: Die Wärmetransportleitung zum Wohnhaus besteht aus 2 PE-Kunststoffrohren, die mit Polystyrol-Hartschaum-Kästen wärmeisoliert in der Erde verlegt sind.

- Nicht nur die Leistung der Wärmepumpe (ebenso wie die Arbeit) kann kleiner gewählt werden als bei einer Elektro-Wärmepumpe, sondern auch die von den Wärmequellen bereitzustellende Energiemenge. Bei dem von mir realisierten Anlagenkonzept können durch den Beitrag der Motorabwärme sowohl der Dachabsorber als auch der Erdspeicher um 30% kleiner dimensioniert werden als beim Einsatz einer Elektro-Wärmepumpe.
- Beim Verbrennungsmotor läßt sich über die Steuerung der Drehzahl die Wärmepumpenleistung in einem ausreichenden großen Bereich stufenlos regeln. Dadurch kann auf einen Pufferspeicher, der zusätzlich Wärmeverluste verursacht und ein höheres Temperaturniveau erfordert, verzichtet werden. Dafür ist meist eine Motorlaufzeit rund um die Uhr in Kauf zu nehmen.
- Der Verbrennungsmotor kann nicht nur die Wärmepumpe antreiben, sondern gleichzeitig oder wahlweise auch einen Generator, beispielsweise zur Notstromversorgung oder als Kraft-Wärme-Kopplung zur Einspeisung in das öffentliche Netz. In der Landwirtschaft kann solch eine Anlage auch zur Heu- und Getreidetrockung (Antrieb des Gebläses mit Lufterwärmung) sinnvoll eingesetzt werden.

Wegen dieser Vorteile habe ich einige Nachteile der Verbrennungsmotor-Wärmepumpe wie Geräusch, Verschleiß und Ruß (beim Dieselmotorbetrieb) in Kauf genommen.

Das Heizungssystem

Von großer Bedeutung für das Anlagensystem ist die Art der Heizung: für einen optimalen Betrieb der Wärmepumpe ist eine möglichst niedrige Temperatur des Heizmediums erstrebenswert. Hier ließ sich meine früher ölbefeuerte Warmluftheizung im Wohnhaus, die bereits seit 1962 ihren Dienst tut, bestens integrieren (Abb. 4.5). Sie besteht aus einem Lufterhitzer der Fa. Schrag mit Schalenbrenner (Nennleistung 20000 kcal/h = 23 kW) und Ventilator sowie dem selbstgebauten Luftverteilsystem aus wärme- und schallgedämmten Kanälen und Deckenluftverteilern. Diese Heizung arbeitet zwar mit großem Luftdurchsatz aber niedrigen Temperaturen, und sie hat nicht die Nachteile, die man allgemein der

Warmluftheizung nachsagt (Zugluft, Geräusch, zu trockenes Wohnklima).
Schon vor dem Bau der Wärmepumpenanlage wurde das Heizungssystem so erweitert, daß sich ein Teil des früher benötigten Heizöls durch Wärme aus dem Sonnenkollektor, aus einer Mistkompost-Anlage und aus einem Passat-Holzheizkessel ersetzen ließ. Dazu wurde auf dem Hof eine gut isolierte Wärmetransportleitung mit Vor- und Rücklauf aus 1" PE-Rohr im Boden verlegt, die über eine Strecke von 60 m Wärme aus verschiedenen Quellen verlustarm ins Haus transportieren kann (Abb. 4.6 und 4.7). Vor dem Ventilator der Luftheizung wurde ein Autokühler installiert (Abb. 4.8), den ich später noch durch zwei weitere ergänzt habe, um mit möglichst geringen Wassertemperaturen auszukommen. Die drei Kühler sind in Reihe geschaltet, so daß Luft und Wasser im Gegenstrom ihre Wärme bei kleinsten Temperaturdifferenzen austauschen können. Dieses System hat sich bestens bewährt, da es sehr schnell reagiert, sich stufenlos regeln läßt und ähnlich niedrige Heizwassertemperaturen ermöglicht wie eine Fußbodenheizung.
So ist bei Außentemperaturen von 0 bis -5°C eine Wasservorlauftemperatur von 30°C ausreichend, um mit Warmluft von 28°C im Vorlauf eine Raumtemperatur von 20°C zu halten. Höhere Wassertemperaturen von 35°C und ganz selten von 45°C müssen nur bei starkem, anhaltenden Frost gefahren werden. Zwar würde die Wärmepumpe ohne weiteres auch höhere Temperaturen erzeugen können, aber bei diesen niedrigen Temperaturen arbeitet sie mit besseren Arbeitszahlen und braucht weniger Kraftstoff. Im Notfall kann jederzeit die Ölheizung oder der Holzheizkessel zugeschaltet werden.
Die Brauchwasserbereitung für das Wohnhaus ist von der Wärmepumpenanlage unabhängig und erfolgt mit einem selbstgebauten, schwerkraftbetriebenen Sonnenkollektor, in Kombination mit einem Durchlauferhitzer auf Flüssiggas-Basis. Diese Abkoppelung der Brauchwasserbereitung von der Niedertemperaturheizung ist eine wichtige Voraussetzung für den energiesparsamen Betrieb der Wärmepumpe. Bekanntlich hängt der Kraftstoff- bzw. Strombedarf einer Wärmepumpe vor allem von der Temperaturdifferenz zwischen der kalten und warmen Seite ab. Daher ist es eine Verschwendung hochwertiger Antriebsenergie, wenn - wie es oft geschieht - die Wärmepumpe mit einer Wasservorlauftemperatur von

Preiswerte Lösung für im Erdboden verlegte Fernwärmeleitung

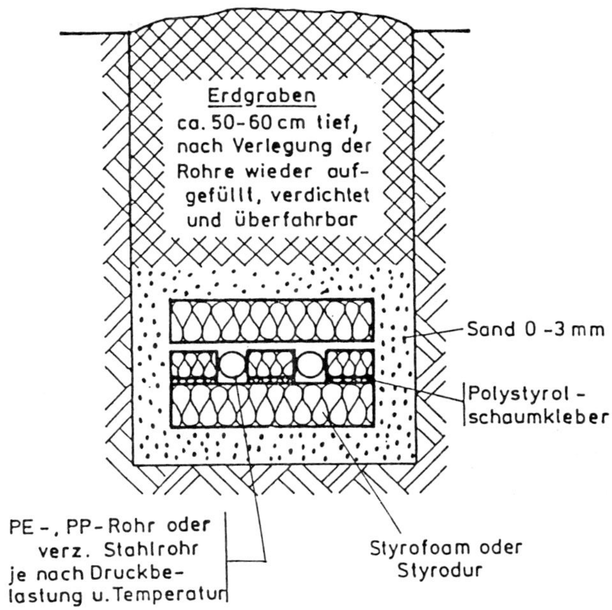

Wichtige Hinweise

* Nur Polystyrol-Extruderschaum (Styrofoam der Dow Chemical oder Styrodur der BASF) verwenden! Polystyrol-Partikelschaum (z.B. Styropor) nimmt zuviel Feuchtigkeit auf.
* Die Wassertemperaturen sollten 80°C nicht übersteigen, kurzzeitig sind 90°C zulässig, insbesondere wenn zwischen Rohrleitungen und Schaumstoff eine lose Perlite-Schüttung eingebracht wird.
* Bei Verwendung von PE-Rohren sollten die Druckbelastungen weniger als 0,5 bar, kurzzeitig maximal 1 bar, betragen (offene Anlagen), anderenfalls ist PP-Rohr oder verzinktes Stahlrohr zu verwenden.

Abb. 4.7: Aufbau der preiswerten, im Erdboden verlegten Wärmetransportleitung (Schnitt).

45 bis 50°C betrieben wird, wie sie zur Brauchwasserbereitung notwendig ist, während die Heizung mit 30°C auskommt und über einen Mischer heruntergeregelt wird.
Wenn eine vorwiegend für die Heizung eingesetzte Wärmepumpe auch noch die Brauchwasserbereitung übernehmen soll, so sind zwei Varianten sinnvoll: Entweder läßt man die Wärmepumpe nur zeitweise mit hoher Vorlauftemperatur den Brauchwasserspeicher aufladen, um danach wieder mit niedriger Temperatur die Heizung zu versorgen, oder aber man nützt mit einem zweistufigen Kondensator die erste Kompressionswärme zur Brauchwassererwärmung und entzieht erst über den zweiten Kondensator die Heizungswärme.
Diese beiden Varianten sollen zeigen, daß das vorher beschriebene und auf die Verhältnisse meines Hofes abgestimmte Konzept

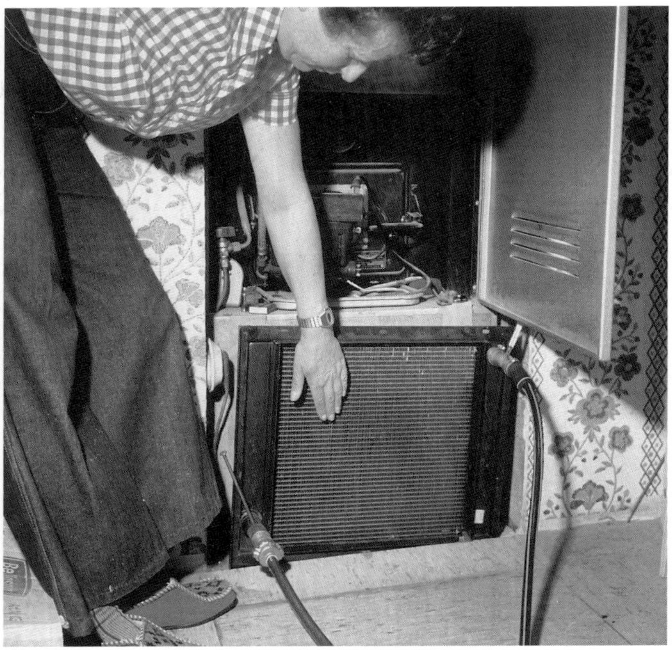

Abb. 4.8: Autokühler als Wärmetauscher für die Luftheizung im Haus. Später kamen noch zwei weitere Wärmetauscher zur Vergrößerung der Heizfläche hinzu.

auch an andere Verhältnisse angepaßt werden kann. So ist auch die Brauchwasserbereitung und Zusatzheizung durch Sonnenkollektoren wie in meinem Fall zwar sinnvoll, aber nicht zwingend. Denn im Prinzip können diese Aufgaben auch von der Wärmepumpe übernommen werden, allerdings um den Preis eines etwas höheren Kraftstoffaufwandes. Aus ökologischen Gründen sollte man jedoch versuchen, im Sommer und in der Übergangszeit möglichst viel Wärme mit ausreichender Temperatur von der Sonne direkt zu gewinnen und im Winter mit möglichst wenig zusätzlichem Brennstoff auszukommen.

Obwohl ich mein Ziel, die Verwirklichung des beschriebenen Anlagenkonzeptes, mit recht einfachen Mitteln weitgehend erreichen konnte, bin ich mir sehr wohl darüber im Klaren, wieviel Umdenken und Anstrengungen noch nötig sind, um solche Lösungen auf breiter Basis zu verwirklichen. Mit der Zeit werden die Bedingungen für die Anwendung solcher Techniken jedoch zunehmend günstiger und immer mehr Menschen wenden sich ihnen zu. Hier liegt nicht nur eine Chance für den Selbstbau, sondern auch für das Handwerk und für das Gewerbe auf dem Land. Denn das beschriebene Konzept aus Erdwärmespeicher, Solarabsorber und (Verbrennungsmotor-) Wärmepumpe läßt sich nicht allein durch am Fließband hergestellte Massenprodukte verwirklichen, sondern erfordert auch viel Planungstätigkeit und handwerkliche Arbeit vor Ort.

Das Wohnhaus

Auch wenn es nicht mehr direkt zum technischen System der Heizung dazugehört, ist das Wohnhaus doch eine wichtige Komponente im Gesamtkonzept. Jedes Heizungssystem ist nämlich nur so gut wie das Haus, das beheizt werden soll. Unser Haus wurde von meiner Frau und mir ausschließlich in Selbsthilfe gebaut. Obwohl Anfang der 60 er Jahre die Begriffe „Baubiologie" und „Solararchitektur" noch nicht bekannt waren, wurde weitgehend nach diesen Gesichtspunkten gebaut; denn wir hatten in der Zeit nach dem 2. Weltkrieg und in den 50 er Jahren viel im Freien gelebt, Campingfahrten gemacht und gelernt, wie man mit den Naturgesetzen leben und überleben kann.

Das Haus mit ca. 120 m² Wohnfläche ist eingeschossig und wurde mit sehr viel Holz gebaut: Wände mit Holzbeton-Schalungssteinen, Holzbalkendecke, Holzfußböden, Holzfenstern und -türen. Alle Fenster sind mit Isolierverglsung ausgestattet, und dabei nach Süden hin sehr großzügig und nach Norden sehr klein dimensioniert. Der Dachüberstand an der Traufe schützt die Südräume im Sommer vor zu großer Sonneneinstrahlung und in kalten Winternächten vor übermäßiger Wärmeabstrahlung, läßt aber die tiefstehende Wintersonne herein. Die Wärmedämmung ist - gemessen an den damaligen Standards - gut, aber nicht übermäßig stark. Das Haus steht in der Klimazone II auf einer Anhöhe (500 m über NN) und ist nur durch Obstbäume und Sträucher vor Wind geschützt. Das relativ rauhe Klima erfordert ein ständiges Beheizen in der Zeit von Oktober bis Mai und auch an manchen Sommertagen. Eine Einsparung von Heizenergie durch Senken der Raumtemperatur oder gar durch Abschalten einzelner Räume ist kaum möglich. Denn wenn man als Landwirt durchnäßt oder durchfroren vom Schlepper steigt oder bei -20°C Außentemperatur aus dem Schafstall kommt, weiß man ein warmes Haus zu schätzen. Außerdem müssen oft unsere nassen Schäferhunde, Berge selbstverarbeiteter Schafswolle oder Heilkräuter und Obst getrocknet werden. Aus diesen Gründen wird das ganze Haus Tag und Nacht durchgeheizt.

Die äußeren Umstände erfordern daher eine ständige Verfügbarkeit der Heizung, aber keine extremen Spitzenleistungen - also gute Voraussetzungen für den Wärmepumpenbetrieb. Die geforderten Heizleistungen liegen meist zwischen 5 und 8 kW, selten bei 10 bis 12 kW.

5. Bau der Anlage

In diesem Kapitel werden nun Planung und Bau eines Erdwärme-Speichers mit Solarabsorber und Dieselmotor-Wärmepumpe am Beispiel der von mir errichteten Pilotanlage detailliert beschrieben. Anhand dieser Ausführungen dürfte es erfahrenen Praktikern und Handwerkern nicht schwerfallen, eigene Anlagen zu projektieren und zu errichten.

5.1 Bau des Dachabsorbers

Der Selbstbau des Solar-Absorbers aus schwarzen Polypropylen-Rippenrohren, den ich ohne Wärmedämmung und Abdeckung auf das Dach einer als Pferde- und Schafstall sowie als Heulagerraum genutzten Starrahmenhalle montiert habe, stellt keine allzu hohen Ansprüche an die handwerklichen Fähigkeiten und bereitete daher keine Probleme. Schon 1978 hatte ich erste Versuche mit Rippenrohren gemacht und daraus einen 16 m² großen Schwimmbadabsorber und zwei Serpentinenkollektoren mit 18 m² Fläche

Abb. 5.1.1 Rippenrohr-Absorber auf dem Dach eines kommunalen Freibad-Gebäudes. Quelle: Werkphoto Solarflex

gebaut. Die guten Ergebnisse ermutigten zur Weiterentwicklung und Verbreitung dieser Technik. Zusammen mit den Firmen Drossbach und Pfenning (Ing.-Büro) wurde ein narrensicheres System entwickelt, das nunmehr seit Jahren unter der Bezeichnung „Solarflex“ verkauft wird und sich zu einem weitverbreiteten, standardisierten System entwickelt hat. Vor allem zur Beheizung von kommunalen und privaten Freibädern wurden einige zehntausend Quadratmeter Kollektorfläche installiert (Abb. 5.1.1). Grundelement ist das Rippenrohr mit 20 mm Innen- und 25 mm Außendurchmesser und einer Wandstärke von ca. 0,8 mm (Abb. 5.12). Es wird aus einem speziellen Polypropylen (PP) der Fa. Hoechst gefertigt. Zu diesem Rohr gibt es eine praktische Steckverbindung, mit der alle Anschlußprobleme bewältigt werden können: Verbindungen von Rippenrohren untereinander, Verbindungen mit Kunststoff-Verteilerrohren oder Übergänge von Rohr auf die Gewindeanschlüsse von Hähnen, Pumpen u.ä. (Abb. 5.1.3 u. 5.1.4). Außerdem gibt es Winkel und T-Stücke.
Gegenüber den bekannten, glattwandigen Rohren aus Polyäthylen (PE) mit 2 mm Wandstärke hat PP-Rippenrohr folgende Vorteile:

- einfache, sichere und notfalls lösbare Steckverbindung,
- bessere Wärmeaufnahme durch größere Oberfläche, geringere Wandstärke und stärkere Turbulenz des durchfließenden Mediums,
- geringerer Verbrauch an Kunststoff und damit günstiger Preis,
- gute Biegsamkeit bis zu einem Radius von 7 cm (bei Erwärmung),
- größere Wärmestandfestigkeit, kurzzeitig und unbelastet bis 120°C.

Es sind aber auch Nachteile zu beachten:

- Geringere Druckfestigkeit: Die Druckbelastung sollte möglichst nicht über 1 bar (= 10 m Wassersäule) liegen, daher sind offene Systeme zu verwenden. Für höhere Druckbelastungen (2,5 bar bei 70°C) fertigt die Fa. Drossbach auch ein Rohr mit etwas größerer Wandstärke (0,9 mm) unter der Bezeichnung „Agrotherm“. Es wird vor allem für Vegetationsbeheizungen in Gewächshäusern und bei Sonden für Erdspeichern mit mehr als 10 m Tiefe angewendet. Das Rippenprofil ist das gleiche wie beim Solarflexrohr, so daß alle Verbindungselemente passen.

Abb. 5.1.2: Solarflex-PP-Rippenrohr ist sehr flexibel und läßt sich zu recht engen Radien biegen.

Abb. 5.1.3: Die Bauteile für eine Steckverbindung am Verteilerrohr; von links nach rechts: Durchführungsring, Doppelnippel, Lippendichtung, Stützhülse und Federschelle.

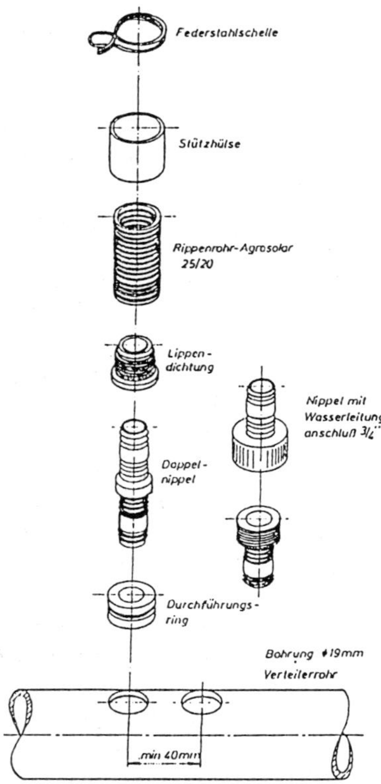

Abb. 5.1.4:
Die Solarflex-Steckverbindung.

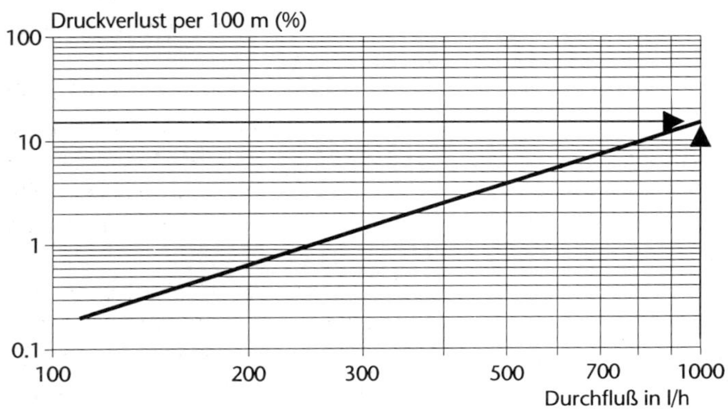

Abb. 5.1.5: Druckverlust des Solarflex-Rippenrohres mit 25 mm Außendurchmesser. Quelle: Fa. Drossbach

- Geringere Kältebruchfestigkeit als PE: Dieser Punkt ist allerdings nur dann von Bedeutung, wenn die Rohre bei strengem Frost, z.B. beim Transport, bewegt werden müssen.
- Größerer Durchflußwiderstand (Druckverlust): Aus Abb. 5.1.5 ist der Druckverlust nach Werksangaben zu ersehen. Durch die Parallelschaltung der einzelnen Absorberrohre und eine relativ geringe Länge der parallelen Stränge lassen sich die negativen Auswirkungen des höheren Druckverlustets, wie z.B. hohe Pumpenleistung, in Grenzen halten.

Die Rohre und Fittings sind weichmacherfrei, enthalten keine Schwermetalle, sind durch Ruß schwarz eingefärbt und dadurch sehr UV-stabil (witterungsbeständig) und sie lassen sich nach langjähriger Nutzung regenerieren (Recycling).

Von den verschiedenen Absorberstrukturen, die mit Rippenrohren möglich sind, wurde hier die Lösung mit Linearverteilern oben und unten und parallel ansteigenden Rippenrohren (Rohrregister mit stehenden Rohren) gewählt. Gegenüber der Serpentinenform kann hierbei auf ein Drahtgeflecht zur Befestigung der Rohre verzichtet werden. Die Rohre hängen am oberen Verteiler und werden nur durch das Gewicht der Wasserfüllung und den Zug des unteren Verteilers auf der Dachfläche gehalten, was sich selbst bei den Orkanen „Vivian" und „Wiebke" als ausreichend erwiesen hat.

Lediglich der obere Verteiler ist fixiert, meistens mit verzinkten Flachstahlbändern, die unter die Dachziegel geschoben und an den Dachlatten bzw. Sparren befestigt werden.

Der Abstand der Rippenrohre ist frei wählbar und dem Profil der jeweiligen Dacheindeckung anzupassen. Bei Biberschwanz-, Schindel- oder Teerpappeneindeckung wird man auf einen möglichst engen Abstand von 40 bis 50 mm (gemessen von Mitte zu Mitte der Rohre) gehen. Bei den weitverbreiteten Frankfurter Pfannen, die auch in meinem Fall vorgegeben waren, ist es günstig, immer zwei Rohre auf 55 mm Abstand zu legen und dann einen Sprung von 100 mm zu machen. So liegen die Rohre sauber und unauffällig in den Pfannentälern (Abb. 5.1.7 u. 5.1.8).

Für die oberen und unteren Verteiler kommen glattwandige PE- oder PVC-Rohre mit ca. 3 mm Wandstärke in Frage. PP- oder Metallrohr ist nur bei höheren Anforderungen an die Wärmestandfestigkeit in abgedeckten Kollektoren erforderlich. Die Rohre sollen als gerade Stangen und nicht vom Ringbund gekauft wer-

den. Mit einem 19 mm-Zentrumsbohrer, der auch bei Rippenrohrlieferanten ausgeborgt werden kann, werden mit der Ständer-Bohrmaschine die Löcher für die Steckverbindung im passenden Abstand gebohrt. Dabei ist darauf zu achten, daß sie genau in einer Reihe liegen. Es können auch fertig gebohrte Verteilerrohre bezogen werden.
Die beim Bohren der Löcher entstehenden scharfen Grate an der Lochlaibung sollten mit einer Rundfeile oder einem scharfen Messer entfernt werden, anderenfalls ist die langjährige Haltbarkeit der Durchführungsgummis gefährdet.
Zum Anschließen der Rippenrohre müssen zunächst die Durchführungsringe in die Löcher der Verteilerrohre gesteckt werden, etwas Gleitmittel für Kunststoffrohre oder Seifenlösung erleichtert diese Arbeit. Für die spätere Dichtigkeit der Verbindung ist es wichtig, den richtigen Sitz des Ringes zu prüfen, am besten, indem man einen Bleistift oder Kugelschreiber in die Öffnung des Ringes führt und kreisförmig die Lochlaibung abdrückt. Wer einen kräftigen Daumen und Zeigefinger hat, kann auch den Gummi drehen; wenn er noch nicht gesessen hat, springt er dabei in die richtige Position. Seit 1985 werden verbesserte Dichtungsringe geliefert, die noch einfacher zu montieren sind. Sie haben nur noch einen oberen Bund und einen unteren, etwas konisch verlaufenden Schaft. Ausziehversuche ergaben, daß trotz Fehlens des unteren Bundes der Sitz noch etwas fester ist, als bei der alten Ausführung.
Anschließend wird der Doppelnippel aus Polypropylen in den Durchführungsring eingepreßt, auch hier hilft etwas Gleitmittel. Einzelne Nippel kann man mit der Hand einpressen, bei größeren Stückzahlen macht man sich ein Hilfswerkzeug aus einem 10 cm langen Stück Besenstiel, in das man von der Stirnseite her ein 30 mm tiefes Loch mit 18 mm Durchmesser bohrt. Auch beim Einpressen des Doppelnippels ist der richtige Sitz des Durchführungsringes zu kontrollieren.
Die Rippenrohre lassen sich im Wellental mit einem scharfen Messer ablängen. Bei der Bemessung der Rohrlänge ist zu berücksichtigen, daß sich der Absorber auf dem Dach je nach Dachneigung und Druckbelastung noch um 2 bis 5% seiner ursprünglichen Länge ausdehnt, wenn er mit Wasser bzw. Wasser-Frostschutz-Gemisch gefüllt wird. Da die Rohre in Ringbunden mit meist 200 m Länge geliefert werden, ist der Verschnitt gering. Am besten schließt man erst alle Rohre auf einer Seite an den Verteiler an, läßt sie dann ausgestreckt am freien Ende mit einem Kantholz beschwert einige Stunden in der Sonne liegen, damit die Spannung herausgeht, und schneidet jedes Rohr beim Anschließen an den zweiten Verteiler auf die endgültige Länge. So wird erreicht, daß später alle Rohre schön stramm und gerade liegen und nicht einzelne zu lang sind und sich krümmen.
Zum Anschließen der Rohrenden werden die Lippendichtungen bis zum Anschlag in das Rohr gedrückt. Dies geht am besten, wenn man sie zwischen Daumen und Zeigefinger zusammengefaltet einführt und auseinanderspringen läßt. Die 3 Lippen der Dichtung müssen natürlich richtig in den jeweiligen Wellen des Rohres liegen. Nach dem Überschieben der Stützhülse auf das Rohrende und Bestreichen des freien Nippelendes mit Gleitmittel kann jetzt das Rohr mit der Lippendichtung über den Fitting geschoben werden und die Verbindung ist fertig. Bei einer Anbringung des Absorbers in einem Kollektorkasten müßte die Verbindung wegen der starken Erwärmung zusätzlich durch eine Federschelle gesichert werden; beim offenen Absorber wie in diesem Fall kann darauf verzichtet werden.
In der Praxis geht das Arbeiten mit der Steckverbindung wesentlich einfacher und schneller, als es hier beschrieben werden konnte. Obwohl inzwischen zigtausende solcher Verbindungen von Leuten mit ganz unterschiedlichen handwerklichen Fertigkeiten für verschiedene Anwendungen hergestellt wurden, hat es bisher keine Probleme gegeben. Dies ist auf die hohe Qualität der Lippendichtung und des Durchführungsringes zurückzuführen, die hier nicht aus Gummi, sondern aus witterungs- und alterungsbeständigem EPDM-Synthesekautschuk bestehen.
Sehr vorteilhaft ist es, daß man die Steckverbindung notfalls mit ausreichender Muskelkraft wieder lösen kann. So läßt sich ein Rohr, das undicht wurde, einfach austauschen. Ist ein Rohr nur an einer Stelle beschädigt, kann man es an der betreffenden Stelle auch einfach nur durchschneiden und mit zwei Lippendichtungen und einem Fitting wieder verbinden.
Als sehr wichtig für eine gleichmäßige Durchströmung des Absorbers hat sich der Durchmesser der Verteilerrohre herausgestellt: Je länger die Verteilerrohre sind, um so größer muß ihr Durchmesser sein. Bei meinem Absorber habe ich leider noch 6 m lange Verteilerrohre mit nur 50 mm Außendurchmesser verwendet, was zu einem starken Druckabfall in den Verteilern und zu einer schlechteren Durchströmung des mittleren Absorberteils geführt

hat (vgl. Erfahrungsbericht in Kap. 6.2). Besser wäre es gewesen, Verteilerrohre mit 80 mm Durchmesser zu verwenden oder den Absorber in zwei Felder mit je 3 m Breite zu teilen und nach dem „Tichelmann-Prinzip" zu verbinden.

Vorgefertigte Verteiler werden bereits mit aufgeschweißtem Abschlußdeckel und Schraubanschluß geliefert. Bei Selbstanfertigung der Verteilerrohre müssen diese Teile mit einem Spiegelschweißgerät oder einem Reglerbügeleisen verschweißt werden, was einiges Geschick erfordert. Man kann sich auch mit Kühlerschläuchen und Schlauchschellen behelfen, um die Enden der Verteilerrohre ab- und anzuschließen, aber fachgerechter sind natürlich die Anschweißteile.

Ein- und Auslauf des Absorbers müssen diagonal gegenüberliegen, damit das aus dem Heizungsbau bekannte „Tichelmann-Prinzip" (gleichlange Fließwege in allen Zweigen) erfüllt ist und das Wasser möglichst gleichmäßig durch die einzelnen Absorberabschnitte strömt. Würde man hingegen Ein- und Auslauf auf dieselbe Seite legen, könnte das Wasser bevorzugt den kürzeren Weg

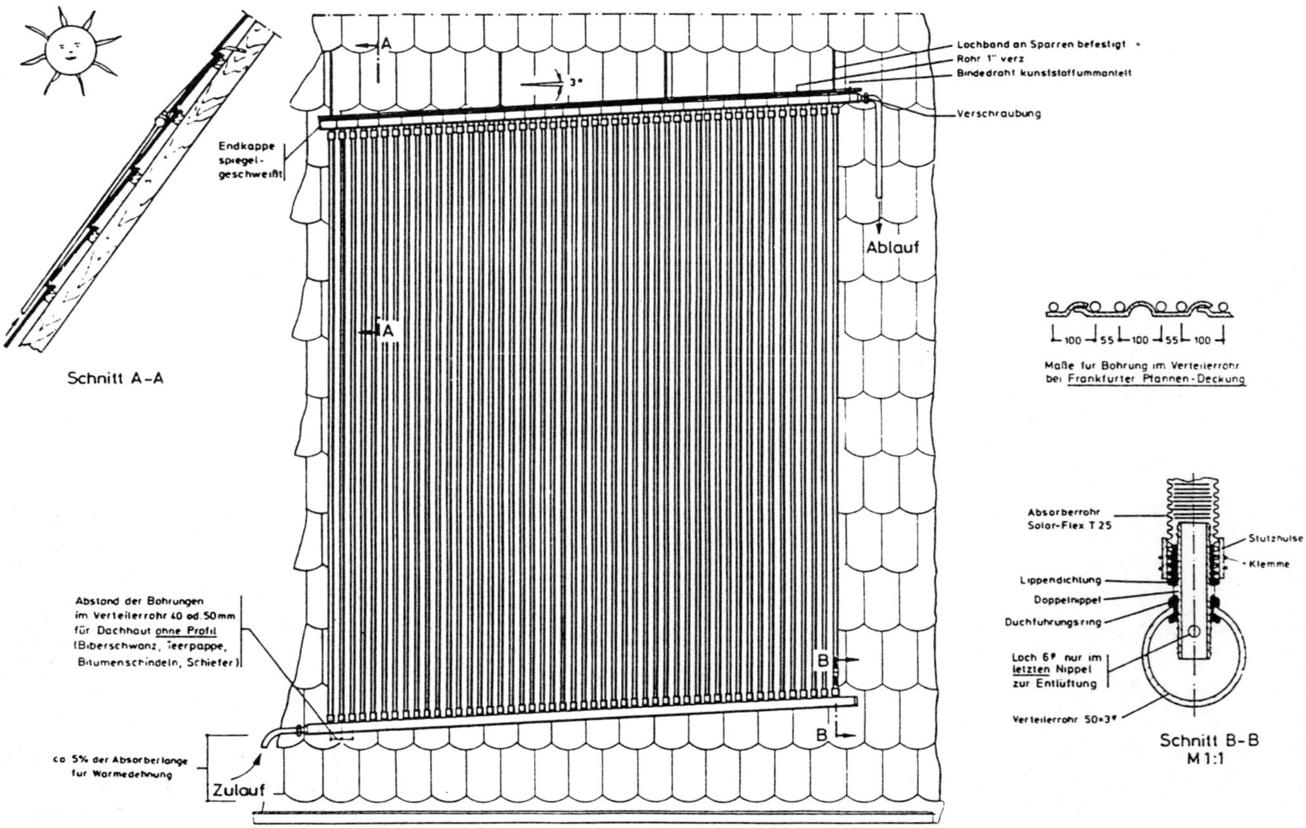

Abb. 5.1.6: Konstruktionsskizze des Solarabsorbers aus Rippenrohr.

durch den Absorber nehmen und die von Ein- und Auslauf weiter entfernten Rippenrohre kaum noch durchströmen.
Zur Entlüftung des Absorbers ist es wichtig, daß der Einlauf in den unteren Verteiler geht (Fließrichtung von unten nach oben), damit die Luft nach oben verdrängt werden kann. Günstig für die leichte Entlüftung, aber bei den anzustrebenden hohen Durchflußmengen nicht unbedingt nötig, ist ein leichtes Ansteigen der Verteilerrohre von 1 bis 2% zur Auslaufseite hin. Auch eine Bohrung im letzten Nippel des unteren Verteilers trägt zur Entlüftung bei und verhindert, daß Luft im oberen Teil des unteren Verteilerrohres, in das die Nippel ragen, stehen bleibt (vgl. Detail im Schnitt B-B in Abb. 5.1.6).
Der am Boden gefertigte Absorber sollte noch vor der Montage auf dem Dach auf Dichtigkeit geprüft werden. Zur besseren Entlüftung wird er dabei auf eine geneigte Fläche gelegt und von unten her mit Wasser gefüllt. Am oberen Ausfluß wird ein Schlauch angeschlossen und mit dem offenen Ende ca. 5 m hoch gehalten, damit sich im Absorber ein Druck von ca. 0,5 bar aufbauen kann und andererseits Sicherheit gegen den überhohen Druck aus der Wasserleitung gegeben ist. Sollte ausnahmsweise ein Absorberrohr oder Anschluß undicht sein, läßt sich dies dank der lösbaren Steckverbindung leicht beheben.
Zur Montage wird der entleerte Absorber vorsichtig mit Seilen, oder bei flacher Dachneigung von Hand, aufs Dach gezogen und am oberen Verteiler befestigt. Die Absorberrohre und der untere Verteiler hängen frei herab und halten durch ihr Eigengewicht.
Für die Vor- und Rücklaufleitungen können flexible Kunststoffrohre verwendet werden, die leicht zu verlegen sind. Empfehlenswert sind die schwarzen PE-Rippenrohre der Fa. Drossbach mit 39 mm Außendurchmesser, die in Abständen von einem Meter ein glattes Stück zum Aufschieben auf 1"-Rohr haben; dort können sie mit Autokühlerschlauch abgedichtet werden. Nicht bewährt

Abb. 5.1.7: Der Solarabsorber aus Kunststoff-Rippenrohr auf dem Scheunendach.

Abb. 5.1.8: Das obere Verteilerrohr habe ich unter den Firstziegeln untergebracht ...

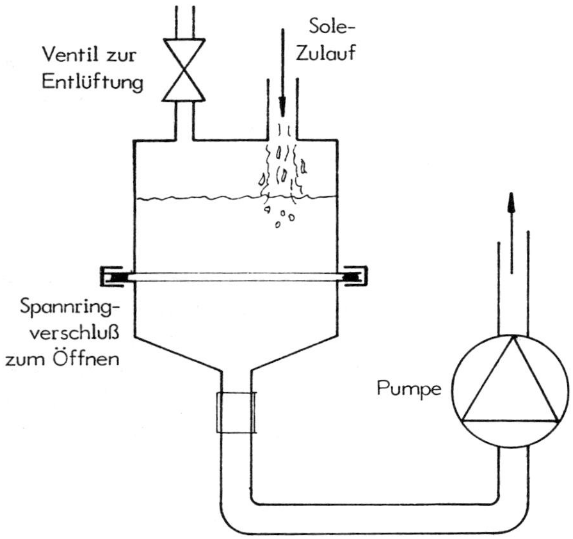

Abb. 5.1.9: Skizze des Sicherheitsabscheiders aus einer Melkanlage, der von seiner Form her gut als Entlüftungsgefäß geeignet ist.

haben sich blaue Schwimmbecken-Rippenrohre aus PVC, sie wurden nach 2 Jahren spröde und undicht.

Auf ein Ausdehnungsgefäß kann bei einem Rippenrohrabsorber verzichten werden, weil sich die Rohre in Längsrichtung ausdehnen und zusammenziehen können und dabei die durch Temperaturschwankungen bedingten Volumenänderungen der Sole ausgleichen.

Ein gewisses Problem stellt die Anbringung eines Entlüftungsgefäßes dar, welches verhindern soll, daß Luftblasen in die Umwälzpumpe gelangen. Luft in der Umwälzpumpe kann dazu führen, daß diese nicht mehr fördert und trockenläuft, was nach einiger Zeit infolge von Lagerschäden zum Pumpenstillstand und Durchbrennen der Motorwicklung führt. Am zweckmäßigsten wäre das Entlüftungsgefäß am Auslauf des oberen Verteilers angebracht, aber wer möchte schon ein 5 bis 10 l großes Gefäß am First seines Hauses anbringen und sturmsicher befestigen?

Nach langem Experimentieren hat sich bei mir folgende Konstruktion bewährt: Ein handelsübliches Plexiglasrohr mit 15 bis 20 cm Durchmesser und 30 bis 40 cm Länge wird an beiden Seiten mit Platten aus 4 bis 5 mm Stahlblech verschlossen. Der Durchmesser der Platten ist um etwa 5 cm größer zu wählen als der des Rohres, so daß man die Platten mit vier Löchern versehen und das Plexiglasrohr mittels Gewindestangen (8 mm Durchmesser) zwischen die Platten einspannen kann. Die Dichtungen zwischen Plexiglaszylinder und Stahlplatten können aus Gummi (z.B. LKW-Schlauch) geschnitten werden. Mit handelsüblichen Schraubflanschen an beiden Platten kann man am unteren Ende des senkrecht gestellten Plexiglasbehälters die Umwälzpumpe und am oberen Ende die Rohrleitung zum Dachabsorber anschließen, wobei ein Absperr- und ein Füllventil zwischengeschaltet werden sollte, um abgeschiedene Luft abzulassen und Wärmeträgerflüssigkeit nachzufüllen. Zweckmäßigerweise läßt man im oberen Teil des Gefäßes einige cm hoch Luft stehen, dann kann man leicht erkennen, ob und wie stark die Pumpe fördert.

Als Alternative zu diesem selbstgebauten Entlüftungsgefäß läßt sich auch ein sogenannter Sicherheitsabscheider aus Glas oder Plexiglas von Melkanlagen verwenden (bei Lieferanten von Melkmaschinen erhältlich), der für diesen Zweck genau die richtige Form und Größe hat (Abb. 5.1.9).

Außerdem vertreibt die Fa. Wilo Pumpenfabrik, Dortmund ein Plexiglasgefäß als Gehäuse für Wasserfilter, das ebenfalls für diesen Zweck geeignet erscheint.

5.2 Bau des Erdwärmespeichers

Bereits bei der Planung eines Erdspeichers müssen die vorliegenden Boden- und Grundwasserverhältnisse erkundet werden, notfalls durch eine Probebohrung. Ob eine wasserrechtliche Genehmigung erforderlich ist, erfährt man beim zuständigen Wasserwirtschaftsamt. Im allgemeinen, d.h. wenn der Erdspeicher nicht im Bereich eines Wassereinzugsgebietes liegt, wird bei der im folgenden beschriebenen Erdspeicheranlage, bei der die Bohrungen nicht sehr tief in den Grundwasserstock hineingehen, eine Genehmigung entfallen. Doch ist der Betreiber auf jeden Fall für Grundwasser-Verunreinigung haftbar. Deshalb dürfen im Erdspeicher nur korrosionsbeständige Werkstoffe und biologisch abbaubare oder unbedenkliche Wärmeträger-Flüssigkeiten verwendet werden.

Es gibt derzeit noch keine bundeseinheitlichen Richtlinien für die Genehmigung und Ausführung von Erdspeicheranlagen, wohl aber eine Schrift der Länder-Arbeitgemeinschaft Wasser über „Grundlagen zur Beurteilung des Einsatzes von Wärmepumpen aus wasserrechtlicher Sicht“, die vom ZIGW-Verlag (Postfach 901080, 60450 Frankfurt/M., Tel.: 069/770877) vertrieben wird.

Außerdem hat die Fa. Helmut Hund (Postfach 210163, 35550 Wetzlar), die Erdwärmeanlagen mit vertikalen Sonden baut, ein vierseitiges Informationspapier „Zur Frage der wasserrechtlichen Genehmigung von Wärmepumpenanlagen mit vertikalen Erdsonden“ zusammengestellt.

5.2.1 Erdarbeiten und Fertigung der Wärmetauschersonden

Als Standort für den Erdwärmespeicher wurde der Teil meiner Hofweide für Pferde und Schafe ausgewählt, der vor der Starrahmenhalle mit dem Dachabsorber liegt. Zuvor hatte ich überlegt, den Erdspeicher unter der Starrahmenhalle anzulegen (der Boden ist dort nicht betoniert), um die Wärmeverluste des Speichers nach oben zu verringern. Damals wußte ich aber noch nicht, ob nicht eventuell durch die zirkulierenden Wasserkreisläufe im Boden negative Einflüsse auf die in der Halle lebenden Tiere zu erwarten sind (ähnlich wie bei manchen Wasseradern). Außerdem glaubte ich damals, daß zum Bohren von 10 m tiefen Löchern auch ein ebenso hohes Bohrgerüst erforderlich sei. Heute weiß ich, daß man diesen Erdspeichertyp durchaus auch unter bestehenden Gebäuden anlegen kann, wenn im Freien zu wenig Platz sein sollte.

Das Bohren der Löcher

Ich entschloß mich also, den Erdspeicher „auf der grünen Wiese“ zu bauen, was den Vorteil hat, ihn später einmal leicht erweitern zu können. Außerdem wird er durch die Niederschläge auf natürliche Weise ausreichend feucht gehalten. Zum Bohren der Löcher für die Wärmetauschersonden wurde ein handelsüblicher Stihl-Erdbohrer verwendet, wie ihn Landwirte, Gärtner, Landschafts-

Abb. 5.2.1: Bohren der Löcher für den Erdwärmespeicher auf meinem Hof. Das Bohrgerüst kann mit der Schlepperhydraulik angehoben und dadurch leicht versetzt werden.

gestalter oder Waldbesitzer zum Setzen von Zaunpfählen und zum Ausheben von Pflanzlöchern verwenden. Er war in meinem Betrieb schon vorhanden. Von den verschiedenen Bohrern mit 90, 120 und 150 mm Durchmesser erwies sich der kleinste als ausreichend. Es mußten lediglich die Bohrverlängerungen zusätzlich beschafft bzw. ausgeliehen werden. Diese gibt es in zwei verschiedenen Ausführungen mit jeweils 1 m Länge: Verlängerungen mit Schneckengang oder mit glattem Rohr. Letztere haben sich bei diesen großen Bohrtiefen nicht bewährt, weil man damit nur 1 bis 3 m tiefer bohren kann, als der Schneckenbohrer reicht.

In blindem Eifer baute ich zunächst ein 10 m hohes Dreibock-Gerüst aus Rundhölzern, weil ich damals glaubte, den Bohrer an einem Stück mit einem Flaschenzug in den Boden hineinlassen und wieder herausziehen zu müssen. Dies ging dann aber nur bis 6 m Tiefe gut, dann wurde das Gewicht der Verlängerungen zu groß und die Konstruktion zu weich. Der Bohrer darf nämlich nicht zu schnell abgelassen werden, sonst frißt er sich fest bzw. der Motor wird überlastet. Deshalb ist es nötig, das ganze Bohrgerät in einer stabilen und unnachgiebigen Aufhängung mit einem Stahlseil oder einer Kette zu bewegen und nicht mit einem elastischen Hanf- oder Kunststoffseil.

Abb. 5.2.2: Freistehendes Bohrgerüst ohne Schlepper.

Da die Bohrverlängerungen relativ leicht und schnell an- und abzukoppeln sind, nämlich mit 3 Stiftschlüssel-Schrauben, wurde ein stabiles, nur 3 m hohes Rundholzgerüst aufgebaut, das ich wahlweise an meinem Schlepper befestigen als auch freistehend verwenden konnte (Abb. 5.2.1 und 5.2.2).

Das Auf- und Abbewegen des Bohrgerätes erfolgte mit einer ebenfalls schon vorhandenen Autoseilwinde (12 Volt.). Mit dieser Einrichtung ging das Bohren auf 9 bis 10 m Tiefe relativ leicht und schnell. Einige Bohrungen für Meßstellen wurden sogar auf 11 m Tiefe gebracht.

Das Drehmoment des Erdbohrers wurde durch zwei am Bohrkopf befestigte Rohrstücke aufgefangen, die an den senkrechten Pfosten des Bohrgerüstes entlang gleiten konnten. Beim Arbeiten erwies es sich als praktisch, die Bohrverlängerungen nicht einzeln, also meterweise, sondern immer in 2 m-Abschnitten an- und abzukoppeln.

Folgende Arbeitsschritte sind zum Bohren eines Loches nötig:

1. Bohrgerüst in die vormarkierte Position bringen und mit der Wasserwaage senkrecht ausrichten.
2. Benzinmotor anwerfen und Bohrkopf (Motor mit Getriebe und Schnellverschluß) mit der Seilwinde hochziehen. Den 1 m langen Erdbohrer zusammen mit einer 1 m-Verlängerung an den Motor ankoppeln.
3. Gas geben, dabei rückt die Fliehkraftkupplung den Antrieb ein und der Bohrer beginnt zu drehen (ca. 50 U/min); dann langsam und mit Gefühl die Seilwinde ablassen, bis der Bohrkopf den Boden erreicht hat und dort solange weiter drehen lassen, bis kein Bohraushub mehr gefördert wird.
4. Bohraushub zur Seite oder in eine Schubkarre räumen, Bohrkopf durch Drehen des Schnellverschlusses abkoppeln und etwa 2,2 m hochziehen. Zwei miteinander verbundene Bohrverlängerungen auf das im Boden steckende Stück setzen und die Schrauben fest anziehen. Ausreichendes Festziehen ist enorm wichtig, denn nichts ist schlimmer als ein steckengebliebenes Stück des Bohrgestänges, das wegen gelockerter Schrauben in größerer Tiefe steckt!

5. Bohrkopf an die Bohrverlängerung koppeln und weiterbohren wie unter 3. und 4. beschrieben. So weitermachen, bis die Endtiefe erreicht ist.
6. Bohrkopf mit dem ganzen Bohrgestänge etwa 2,2 m hochziehen, bis die Kupplungsstelle frei wird. Dabei den Motor laufen und das Bohrgestänge drehen lassen, dann geht das Herausziehen leichter. Nun den Motor in den Leerlauf zurücknehmen, so daß die Fliehkraftkupplung ausrückt und das Bohrgestänge steht.
7. Das noch im Erdboden verbliebene Bohrgestänge durch ein haarnadelförmig gebogenes Rundeisen mit 12 bis 20 mm Durchmesser, das an der Bohrlochoberkante aufliegt, so sichern, daß der Bohrer nach Lösen der Schrauben an der Kupplungsstelle nicht in das Loch fallen kann.
8. Seilwinde lockern und zwei Bohrverlängerungen herausnehmen; Bohrkopf mit der Seilwinde wieder absenken, ankoppeln und weitermachen, wie unter 6. und 7. beschrieben, bis die Bohrspitze erscheint.

Wenn alles klappt und man gut eingearbeitet ist (sowie die heute vorliegenden Erfahrungen nutzt), kann man ein Loch mit 10 m Tiefe bei Einmannarbeit in etwa 1,5 Std. schaffen, 2 Leute kommen mit etwa 1 Std. aus. Bei mir mußte nach ca. 10 Löchern der Schneidmeißel an der Bohrerspitze nachgeschliffen und nach weiteren 10 Löchern ersetzt werden. Er kostet ungefähr 10 DM, ist mit einer Schraube befestigt und läßt sich leicht auswechseln. An den Bohrverlängerungen konnte kein nennenswerter Verschleiß festgestellt werden.

Mein Boden erwies sich als gut bohrfähig, er besteht aus einem Gemisch aus Lehm, Sand und Kies, letzterer mit einem Durchmesser von maximal 30 mm. Kommen größere Steine vor, muß ein größerer Bohrdurchmesser gewählt werden. Allgemein dürfen die Steine im Durchmesser nicht größer sein, als der Durchgang der Schnecke, damit sie noch hochgefördert werden können.

Auch die Grundwasserverhältnisse müssen natürlich berücksichtigt werden. Bei mir spielten sie keine Rolle, da hier der Grund-

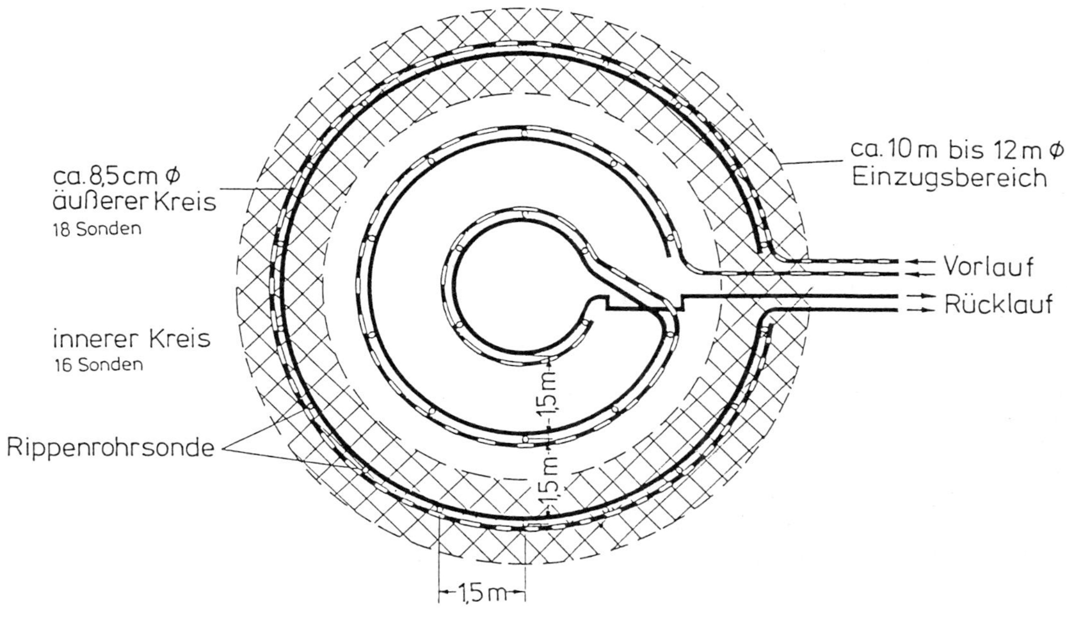

Abb. 5.2.3: Die Bohrlöcher sind in 3 konzentrischen Kreisen mit jeweils 1,5 m Abstand voneinander angeordnet. Vor- und Rücklauf für den inneren und den äußeren Kreis werden getrennt herangeführt, die Rippenrohrsonden sind nach dem System „Tichelmann" (gleichlange Fließwege für alle Sonden) angeschlossen.

wasserspiegel in ca. 60 m Tiefe liegt. Stehendes Grundwasser schadet nicht, es verbessert eher die Speicherkapazität und Wärmeleitfähigkeit des Bodens. Eine gute Wärmeleitfähigkeit des Bodens vergrößert aber leider auch die Wärmeverluste nach außen. Über die Grundwasserverhältnisse wissen die Wasserwirtschaftsämter Bescheid, die man um Auskunft bitten kann. Im Zweifelsfalle sind Probebohrungen niederzubringen und/oder Wünschelrutengänger zu beauftragen.

Wie aus Abb. 5.2.3 zu sehen ist, habe ich die Bohrlöcher ringförmig angeordnet, im Abstand von ca. 1,5 m zueinander. Dieser Abstand wurde mehr gefühlsmäßig gewählt als exakt berechnet, und zwar mit folgender Überlegung: Wenn der Frost in einem mittelstrengen Winter ca. 70 bis 80 cm tief in den Boden eindringt (und entsprechend später wieder herauszieht), dann muß auch die Wärme von einer Erdsonde im Zyklus der Jahreszeiten soweit eindringen und wieder zurückfließen. Tatsächlich hat sich dieser Abstand bei späteren Untersuchungen als guter Kompromiß zwischen Leistung und baulichem Aufwand erwiesen.

Nachdem die 34 Bohrlöcher fertiggestellt waren, wurden sie durch 3 kreisförmige, ca. 60 cm tiefe Gräben verbunden, die einfach mit dem Spaten ausgehoben werden konnten (Abb. 5.2.4). In diese Gräben werden die Vor- und Rücklaufleitungen (Verteiler und Sammler) zu den Erdsonden verlegt. Dabei ist natürlich darauf zu achten, daß keine Erde in die Löcher fällt.

Das Ausheben der Gräben und mehr noch das Anschließen der senkrechten Rohrsonden an die waagerechten Vor- und Rücklaufrohre erwies sich als zeitraubend und umständlich. Besser wäre es gewesen, den Boden über der Erdspeicherfläche vor dem Bohren der Löcher auf 60 cm Tiefe mit einem Frontlader, Radlader oder Bagger abzutragen und nach Fertigstellung der Anlage wieder aufzufüllen. Dieses Verfahren kam bei der später gebauten Pilotanlage „Schäfstall" (vgl. Kapitel 7) und anderen Projekten zur Anwendung.

Abb. 5.2.4: Das Ausheben der Verbindungsgräben erforderte erheblich mehr Erdbewegungen als das Bohren der Löcher.

Die Wärmetauschersonden

In die Bohrlöcher können nun die Wärmetauschersonden eingebracht werden. Lange habe ich überlegt, wie man die Sonden möglichst dauerhaft und preiswert bei optimaler Leistung bauen kann und habe hierzu auch einige Experimente gemacht. Soll man Kupferrohr, verzinktes Stahlrohr oder Kunststoffrohr nehmen? Ist eine Bauform mit zwei konzentrischen Rohren ineinander (großes äußeres Rohr mit einem kleineren Standrohr innen) günstiger als eine U-förmige Schleife? Da bei der Standrohr-Lösung ein aufwendiges Kopfstück und zusätzliche Verbindungsrohre zu den Vor- und Rücklaufleitungen notwendig sind, habe ich als Lösung schließlich die U-Sonde gewählt. Diese Lösung hat sich inzwischen weltweit bewährt (vgl. Kap. 2 und 3). Vom Material her schien mir Kunststoff wegen seiner leichten Verarbeitung, der Preiswürdigkeit und der Korrosionsbeständigkeit die beste Wahl, und zwar entweder glatte oder gerippte PVC-Rohre mit Klebeverbindungen, glatte PE-Rohre mit Spiegelverschweißung oder die schon erwähnten PP-(Polypropylen)-Rippenrohre mit Steckverbindungen. Da ich mit letzteren ja schon beim Bau des Dachabsorbers gute Erfahrungen gemacht hatte und sich die biegsamen Rippenrohre leicht in das Bohrloch einführen und direkt an die Vor- und Rücklaufleitungen anschließen lassen, entschied ich mich für die U-förmige Sonde aus Rippenrohr. Dieser Entschluß hat sich bei späteren Untersuchungen und Projekten als richtig herausgestelllt, ebenso wie die Wahl des Rohrdurchmessers von 25 mm außen.

Doch blieb ein Problem: Wie läßt sich die 180°-Biegung am unteren Ende der Sonde herstellen, und zwar bei einem Bohrlochdurchmesser von nur 90 mm? Das Rippenrohr zu erhitzen und das weiche Rohr dann scharf zu biegen, schien mir nicht ratsam; denn eine undichte Stelle in 10 m Tiefe würde den ganzen Erdspeicher gefährden. Schließlich habe ich die beiden Schenkel der Sonde am unteren Ende mit den bewährten Solarflex-Steckverbindungen und einem 90°-PP-Winkelfitting ausgeführt. Ein 180°-Fitting wäre natürlich besser, aber den gibt es bisher nicht.

Bei größeren Bohrlochdurchmessern ab 150 mm kann auf den unteren Winkel verzichtet werden, wenn das Rippenrohr an der zu biegenden Stelle in 110 bis 120°C heißem Glyzerin erwärmt und über eine Holzschablone geformt wird. Die Schablone sollte eine halbkreisförmige Rille haben, in der sich das Rohr gut abstützen kann. Damit die Biegung bis zum Einbringen der Rohrschleife hält, kann man die beiden Rohrschenkel mit einer Schnur zusammenbinden.

Als nächstes ist das Problem der wärmeschlüssigen Verbindung zwischen Rippenrohrsonde und Bohrlochwand zu lösen. Füllt man einfach wieder den Bohraushub ein, so entstehen leicht Hohlräume, und der Wäremübergang ist nicht sehr gut. Verlockend erschien es mir, die Sonden in ein Wasserbad zu stellen: Also habe ich eine PE-Schlauchfolie mit 0,2 mm Dicke und 10 cm Durchmesser beschafft, an einem Ende wasserdicht verschweißt bzw. zugebunden, ins Bohrloch praktiziert und mit Wasser gefüllt. Diese Anordnung machte zunächst einen hervorragenden Eindruck, aber schon am nächsten Tag war der Wasserspiegel abgesunken - Schuld war ein winziges Loch im Folienschlauch. Trotz weiterer Versuche auch mit 0,8 mm dicker PVC-Folie traten immer wieder Undichtigkeiten auf - es war zum Verzweifeln!

Auf der Suche nach besseren Lösungen experimentierte ich auch mit *Bentonit*. Durch mein Interesse am biologischen Landbau hatte ich von diesem Stoff gehört, daß er große Mengen Wasser binden kann und deshalb als Bodenverbesserungsmittel eingesetzt wird. Bentonit ist ein gelbliches, pulverförmiges Tonmineral-Produkt oder - einfacher ausgedrückt - der Extrakt von Ton in trockener Form. Es wird im Münchener Raum von der Fa. Südchemie München in Moosburg bei Freising, also nur 10 km von meinem Hof entfernt, in großen Mengen hergestellt. Die Einsatzgebiete sind außerordentlich vielfältig, so z.B. im Wasser- und Tiefbau für Abdichtungszwecke, im Gartenbau zur Herstellung von Mischerden zusammen mit Torf, Kompost und Sand, beim Bierbrauen als Klär- und Filtermittel, bei der Güllebehandlung und zur Feuchtigkeits- und Geruchsbindung in Spaltenboden-Ställen. Nach dem Reaktorunglück von Tschernobyl hat man entdeckt, daß Bentonit sogar radioaktives Cäsium bindet, und setzte es deshalb 1986/87 im Winter in der Rinderfütterung ein, um die radioaktive Belastung in der Milch zu senken.

Bentonit kann je nach Sorte eine bis zu 20-fache Wassermenge binden, wobei das Wasser zwischen die plättchenförmig aufgebauten Montmorillonit- und Glimmerkristalle kriecht. Der Bentonit zeigt dabei tixotrope Eigenschaften, d. h. beim Rühren wird er zu einem fließfähigen „Sol" und erstarrt in Ruhe zu einem pudding-

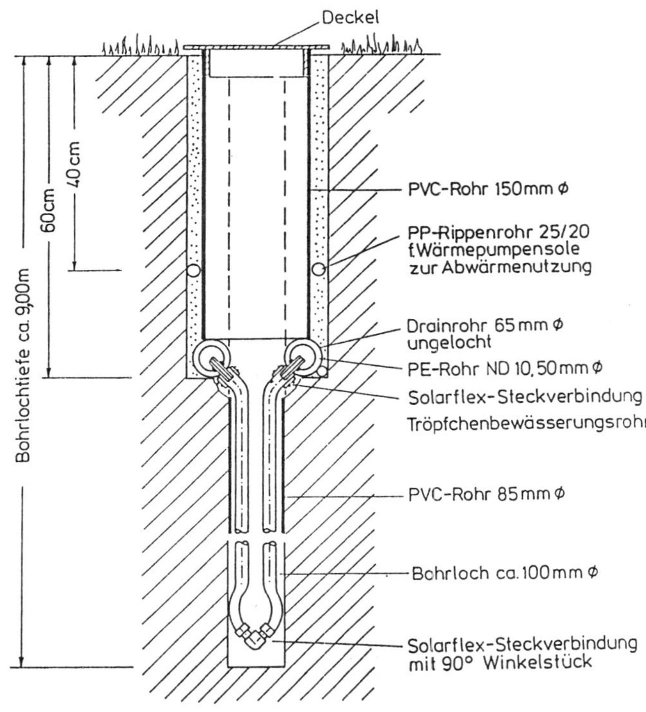

Abb. 5.2.5: Aufbau der Rippenrohr-Sonden im Schnitt.

ähnlichen „Gel“. Diese Tixotropie werden viele von den modernen, tropffreien Farben und Lacken her kennen.
In unserem Fall ist die Wahl der richtigen Bentonit-Sorte wichtig: Am aktivsten ist Natrium-Bentonit (Markenname: Tixoton), der ca. 20 DM/50 kg kostet und hier verwendet wurde. Etwas teurer, weniger wasserbindend, aber pflanzenverträglicher ist Calzium-Bentonit, den man verwenden sollte, wenn Pflanzenwurzeln in seinen Bereich gelangen können, beispielsweise bei Erdspeichern unter Gewächshäusern oder Wintergärten.
Der Bentonit muß gut mit dem Wasser vermischt werden, z.B. in einem Betonmischer oder mit einem Farbrührstab in der Bohrmaschine. Der angerührte Brei sollte über Nacht stehen bleiben und quellen. Bringt man ihn nämlich frisch in die Bohrlöcher, schwindet er zu stark und man muß mehrfach nachfüllen. Den durch Rühren fließfähig gemachten Bentonit-Brei kann man leider nicht einfach von oben her in die Bohrlöcher kippen in der Hoffnung, daß er wie Wasser 10 m tief hinunterläuft. Er geliert vielmehr schon vorher und läßt sich dann auch durch Stochern nicht genügend tief herunterbringen.
Deshalb habe ich den Bentonit mit Hilfe meiner zapfwellengetriebenen Zahnradpumpe am Schlepper (wie sie viele Bauern zum Abspritzen von verschmutzten Maschinen benutzen) angemischt und mit einem 1"-PE-Rohr in die Bohrlöcher gedrückt, in die vorher schon die Rippenrohrsonden eingesetzt waren. Dabei muß man unten beginnen und das Rohr dann langsam herausziehen. Der zum Schluß im Rohr verbleibende Bentonit muß sofort mit Wasser ausgespült werden, denn wenn es erst im Rohr geliert ist, bringt man es nicht mehr heraus. Das Spülwasser kann zum Anmachen der nächsten Mischung verwendet werden.
Um über dem Erdspeicher eine thermische Isolier- bzw. Pufferzone zu schaffen, wurde der Bentonit nur bis auf 2 m unter Erdoberkante aufgefüllt. Der obere Teil des Bohrloches bis zur Sohle der Verbindungsgräben wurde mit gelben PVC-Leerrohren ausgekleidet und zwecks Wärmedämmung mit Styroporflocken gefüllt. Auf diese Weise wird der Boden erst ab 2 m Tiefe aufgeheizt oder entwärmt. Das verringert die Wärmeverluste nach oben, läßt das Gras ungestört wachsen, die Regenwürmer und andere Bodenlebewesen gedeihen und macht somit die Oberfläche des Erdspeichers voll nutzbar.
Im Rahmen unseres BMFT-Forschungsprojektes (vgl. Literaturverzeichnis) konnten wir einige Jahre später in Labor- und Praxisversuchen feststellen, daß eine Mischung aus Bentonit und Wasser nicht ideal ist, weil beim Gefrieren unter tiefen Temperaturen und späterem Auftauen Wasser austreten kann. Es wurden daher verschiedene Mischungen aus Bentonit, Zement, Quarzsand und Wasser untersucht. Der Zement sollte das Ausfrieren verhindern und der Quarzsand die Wärmeleitung verbessern. Aus Abb. 3.4 (in Kap. 3) ist zu ersehen, daß trockener Bentonit eine sehr schlechte, feuchter Quarzsand eine sehr gute Wärmeleitfähigkeit hat. Günstige Werte in Bezug auf Wärmeleitfähigkeit, Frostbeständigkeit und Verarbeitung brachte folgende Mischung:

- 8,5 % Bentonit, 13 % Zement, 26,5 % feiner Quarzsand, 52 % Wasser, bezogen auf Volumen.

Diese Mischung wird am besten mit einer Handbohrmaschine und Farbmixer angerührt und mit einer Dickstoffpumpe eingebracht. Diese muß allerdings beständig gegenüber dem Quarzsand sein. Aber auch mit Druckluft könnte man die Mischung pumpen. Dazu benötigt man lediglich einen verschließbaren, ausreichend druckbeständigen Behälter, der mit der Mischung gefüllt und dann unter Druckluft gesetzt wird. Auch die unter dem Markennamen „Putzmeister“ weit verbreiteten kleinen Maschinen zum Mischen und Fördern von Mörtel und Putz sind geeignet.

Die Sammelrohre

Um zu verhindern, daß die waagerechten Vor- und Rücklaufrohre die Temperaturen in der obersten Bodenschicht allzu stark beeinflussen, wurden diese Rohre (50 mm Durchmesser) durch übergeschobene PVC-Leerrohre mit 85 mm Durchmesser gegenüber dem Erdboden isoliert. An den Anschlußstellen der Erdsonden wurden die Leerrohre mit einer Lochsäge ausgeschnitten, so daß die Sondenrohre dort über Solarflex-Steckverbindungen direkt an die Verteilerleitungen angeschlossen werden können. Es empfiehlt sich jedoch, die Sondenrohre vor dem Verfüllen des Loches und dem Anschließen an die Ringleitungen mit Wasser zu füllen und auf Dichtigkeit zu prüfen!
Um die Anschlüsse an die Ringleitungen auch später noch auf Dichtigkeit kontrollieren zu können, wurden die 60 cm tiefen Gräben über den Bohrlöchern nicht wie sonst überall mit Erde gefüllt, sondern an diesen Stellen durch Leerrohre von 150 mm Durchmesser offengehalten und mit Deckeln versehen.

Diese Vorsichtsmaßnahme hat sich als richtig erwiesen: Innerhalb von 8 Jahren wurden drei Anschlüsse undicht und mußten repariert werden. Bei der in Abb. 5.2.5 dargestellten Lösung zum Anschluß der Rippenrohrsonden auf die waagerechten Verteilerrohre besteht nämlich die Gefahr, daß bei nicht exakter Übereinstimmung der Positionen von Rippenrohr und Bohrung am Verteilerrohr der Fitting im Durchführungsgummi verkantet und durch die temperaturbedingten Bewegungn des Verteilers im Laufe der Zeit leck wird. Deshalb ist es besser, hier an Stelle des geraden Doppelnippels einen 90° Winkel zu verwenden und diesen in eine waagerechte Bohrung am Verteilerrohr anzubringen.
Bei unserer später gebauten Pilotanlage Schäfstall wurden immer mehrere Rippenrohrsonden an einer Stelle des Verteilers angeschlossen, um die Zahl der Kontrollschächte zu reduzieren (siehe Kap. 7). Auch dieses Verfahren hat sich bewährt.

Andere Bohrtechniken
Natürlich kann man die Löcher auch auf andere Weise bohren als es hier beschrieben wurde (vgl. Kap. 3.1.2). So hat der Gartenbaubetrieb Carl Gerd Compes (in Büttgen bei Neuss) sich ein fahrbares Bohrgerät gebaut, bei dem der Bohrer nicht mit einem lauten Benzinmotor angetrieben wird, sondern mit einem Elektromotor. Damit kann in den Gewächshäusern gebohrt werden, ohne daß Lärmbelästigungen auftreten. Ebenso ist es möglich, bei Brunnenfirmen leistungsfähige Bohrgeräte zu bekommen, die auf Unimogs montiert sind. Hier empfiehlt es sich, vorher eine verbindliche Preisabsprache zu treffen. In sandigen Böden können auch Spülbohrungen mit Druckwasser ausgeführt werden. In Nordamerika ist ein sogenannter Hydrodrill gebräuchlich, mit dem sogar durch Fels gebohrt werden kann. Auch die Fa. Hund in Wetzlar bohrt durch Felsgestein bis auf 50 m Tiefe. Die Kosten der infragekommenden Methoden sind für jeden Einzelfall neu zu ermitteln und miteinander zu vergleichen.
Im Rahmen unseres BMFT-Forschungsauftrages konnten wir ein Witte-Verikalbohrgerät VSB 60 für Schlepperanbau beschaffen und bei verschiedenen Bodenarten erproben (Abb. 5.2.6). Es wird hydraulisch über Ölmotoren angetrieben und verwendet die gleichen Schneckenbohrer wie mein Stihl-Gerät. Bohrtiefen von 14 m, unter sehr günstigen Bedingungen auch von 25 m bei 150 mm Bohrdurchmesser, konnten erreicht werden.

Dieses Gerät kann auch mit einer hartmetallbestückten Spitze ausgerüstet werden, um härtere Erdschichten zu durchbohren. Bei sehr harten Schichten oder großen Steinen kann als Zusatzgerät ein sogenannter Imlochhammer helfen. Dies ist ein hohler Spiralbohrer, der am unteren Ende ein pneumatisches Schlagwerk mit einem Hartmetallkopf hat. Durch das Innere der Schnecke wird von oben her Preßluft eingebracht, die das Schlagwerk vertikal auf- und abbewegt, wobei Steine zertrümmert werden. Die an der

Abb. 5.2.6: Das neue Erdbohrgerät, für den Schlepperanbau geeignet.

Bohrstelle ausgetretene Preßluft fördert das Gesteinsmehl am Schlagwerk vorbei nach oben zur Schnecke.
Da dieses Bohrgerät sehr kompakt ist und an übliche Schlepper mit Dreipunkthydraulik und Zapfwelle angebaut werden kann, konnte es gut für Probebohrungen an unterschiedlichen Stellen und zum Bau weiterer Erdspeicher eingesetzt werden. Dabei konnten zahlreiche Messungen über Leistungen und Arbeitsbedarf gemacht werden, die in Tab. 6.1 zusammengefaßt sind.
Es hat sich gezeigt, daß die Spiralbohrtechnik besonders gut für Lehm, Sand und bindige Lockergesteine geeignet ist. In reinem Kies ist das Bohrloch nicht genügend standfest. Auch Bohrungen unterhalb des Grundwasserspiegels sind meist nicht genügend standfest mit Ausnahme von stark bindigen Böden.

5.2.2 Die Installation

Wie aus Abb. 5.2.3 ersichtlich, werden die Rippenrohrsonden an die Vor- und Rücklaufleitungen parallel und nach dem Tichelmann-Prinzip (wie schon beim Dachabsorber erwähnt) angeschlossen. Dadurch erreicht man eine gleichmäßige Durchströmung aller Sonden, weil die Sole in den einzelnen parallelen Rohrabschnitten gleichlange Wege zurücklegen muß.
Weiterhin erkennt man in Abb. 5.2.3, daß die 3 Sondenringe in 2 Kreisläufe unterteilt sind. Der innere und mittlere Ring sind hintereinandergeschaltet und bilden den ersten Kreislauf, der äußere Ring bildet den zweiten Kreislauf. In einem gemeinsamen Graben werden die 2 Vor- und Rücklaufrohre vom Speicher zur Wärmepumpe geführt, die bei mir unter einem Vordach meiner Starrahmenhalle steht.

Die Aufteilung in 2 Kreisläufe ermöglicht es, zwei verschiedene Betriebsarten des Speichers zu „fahren“:

1. *Getrenntes Laden und Entladen der Kreise*: Dabei wird der innere Kreis geladen, wenn der Dachabsorber bei voller Sonne hohe Temperaturen liefert. Der äußere Kreis wird beschickt, wenn die Sole weniger warm ist. Beim Entladen wird die Wärmepumpe je nach benötigter Heizleistung und gewünschtem Temperaturniveau entweder an den wärmeren, inneren Kreis oder an den kühleren äußeren angeschlossen. Diese sicherlich effizienteste Betriebsweise hätte jedoch für einen automatischen Betrieb zwei temperaturdifferenzgesteuerte Dreiwegeventile à 250 DM und ein elektronisches Steuergerät für 2 Speicherkreise mit Vorrangschaltung zu 350 DM, also insgesamt 850 DM erfordert. In meinem Fall schien mir dieser Preis zu hoch.
2. *Gemeinsames Laden und Entladen der zwei Kreise*: Dabei werden die Verteilerrohre so hintereinandergeschaltet, daß die warme Sole beim Laden zuerst den inneren Kreis durchströmt und dort die „wertvolle“ Wärme mit hohem Temperaturniveau abgibt. Anschließend wird sie durch den äußeren Kreis geleitet, um dort auch noch Wärme mit niedrigerer Temperatur zu speichern. Beim Entladen des Speichers über die Wärmepumpe wird in umgekehrter Richtung gearbeitet. Diese Betriebsweise bedingt einen höheren Durchflußwiderstand der Leitungen im Erdspeicher, was bei gegebener Leistung der Umwälzpumpe zu niedrigeren Durchflußmengen und damit zu höheren Temperaturdifferenzen führt. Beim Laden des Speichers verschlechtern sich dadurch auch die Leistung und der Wirkungsgrad des Dachabsorbers. Ferner kann vor allem im Spätsommer und Herbst die Wärme auf niedrigem Temperaturniveau unter Umständen nicht mehr genutzt werden, wenn der innere Speicherkreis wärmer ist als der Rücklauf vom Dachabsorber.

Trotz dieser Nachteile habe ich mich für die zweite Lösung entschieden, da sie einfach, überschaubar und preiswert ist. Für die automatische Steuerung reicht bei dieser Lösung nämlich ein einfaches Temperaturdifferenz-Steuergerät für 80 DM.
Wie die Temperaturmessungen im Erdspeicher (vgl. Kap. 6.3) zeigen, gelingt es auch mit der zweiten Lösung recht gut, beim Laden den inneren Kreis wärmer zu halten als den äußeren (Meßwerte im Herbst). Beim Entladen wird diese Temperaturhierarchie allerdings abgebaut (Meßwerte im Frühjahr). Dies liegt vermutlich daran, daß die Wärmeleistung des Dachabsorbers beim Laden im Sommer wesentlich höher ist als die Kälteleistung der Wärmepumpe (d. h. die Leistung, die die Wärmepumpe dem Speicher entnimmt) im Winter. So wurden im Sommer (beim Laden) Temperaturdifferenzen zwischen der ein- und ausfließenden Sole von bis zu 12°C gemessen, während beim Entladen im Winter maximal 4°C Temperaturdifferenz auftreten.
Als Wärmeträgermedium (Sole) wird ein Gemisch aus Wasser und Äthylenglykol (Frostschutzmittel) verwendet. Dabei hatte ich zu-

nächst nur soviel Frostschutzmittel zugesetzt, um Frostschutz bis -10°C zu erreichen, da keine Bedenken bestanden, den Dachabsorber einfrieren zu lassen, und weil die Wärmepumpe in kalten Winternächten ja aus dem „warmen" Erdspeicher versorgt wird, wo so niedrige Temperaturen nicht auftreten. Es stellte sich aber schon im ersten Winter heraus, daß der Wärmepumpen-Verdampfer (d.h. der Wärmetauscher zwischen Erdspeicher und Wärmepumpe) das am meisten frostgefährdete Glied im Solekreislauf ist. In ihm können bei extremen Betriebsbedingungen (kalte Sole, d.h. niedrige Erdspeichertemperaturen, gleichzeitig aber hohe Anforderungen an die Heizleistung) im oberen Verdampferteil durchaus Temperaturen unter -10°C auftreten, die zur Vereisung der Kupferrohre führen. Deshalb sollte der Frostschutz wenigstens bis -15°C wirksam sein, was einen Frostschutzmittelanteil von ca. 30% (d.h. 70% Wasser, 30% Frostschutzmittel) erfordert. Mit einem handelsüblichen Frostschutzmittelprüfer läßt sich der Gefrierpunkt der Mischung leicht feststellen. (Weitere Informationen über Frostschutzmittel und spezielle Wärmeträgerflüssigkeiten finden sich z.B. in Ladener (1992) oder in den Produktdatenblättern der Hersteller.)

Das Frostschutzmittel sollte man übrigens nicht in kleinen Gebinden zu Apothekerpreisen an der Tankstelle oder im Supermarkt kaufen (dort sind sie noch mit speziellen Korrosionsschutzmitteln für Autokühler versetzt), sondern besser beim Mineralöl-Großhandel in 30, 55 oder 200 l Gebinden (Preise dort etwa 2,00 bis 2,50 DM/l). Auf Korrosionsschutz-Zusätze habe ich verzichtet, weil ja die meisten Teile aus Kunststoff sind und auch die wenigen metallischen Teile wie Messingventile und die Kupferspiralen im Verdampfer nicht korrodieren.

Vor dem Beimischen des Frostschutzmittels empfiehlt es sich, die Anlage erst einmal einige Tage oder sogar bis zum Eintreten der ersten Fröste mit Wasser laufen zu lassen. Falls noch undichte Stellen auftreten sollten oder etwas umgebaut werden muß, besteht keine Gefahr, daß Frostschutzmittel verloren geht oder in die Umwelt gelangt.

Aethylenglykol ist biologisch abbaubar, für die Entsorgung nicht gebrauchter Reste gelten aber besondere Vorschriften. Da es in größeren Mengen giftig ist, darf es nicht in Anlagen zur Brauchwassererwärmung verwendet werden, da im Falle eines Lecks im Boiler oder Wärmetauscher und Unterdruck in der Wasserleitung (Absperren des Hauptventils und Öffnen einer tiefergelegenen Zapfstelle) die Gefahr besteht, daß Sole ins Trinkwasser gerät. In solchen Fällen sollte das ungiftige Propylenglykol verwendet werden, das allerdings wesentlich teurer ist und etwas ungünstigere Eigenschaften im Hinblick auf Viskosität und Wärmekapazität hat.

Zum Abschluß der Arbeiten am Erdspeicher wurden noch sechs Löcher zur Aufnahme von Temperaturmeßfühlern gebohrt, deren Lage aus Abb. 6.6 zu ersehen ist. Leider konnten diese Löcher erst gebohrt werden, als die Rippenrohrsonden schon eingebaut waren. Daher mußten die Meßbohrungen aus Sicherheitsgründen (Beschädigung der Erdsonden, wenn der Bohrer schräg läuft) immer in die Mitte zwischen zwei Sondenringe gelegt werden. Für das Meßprogramm wären noch weitere Meßstellen in größerer Nähe zu den Sonden sinnvoll gewesen, aber Löcher auf 10 m Tiefe mit dem vorhandenen Gerät so exakt und ohne Gefahr der Sondenbeschädigung zu bohren, erschien mir nicht möglich.

Das Entlüften der Erdspeicherkreisläufe bereitete wegen der senkrechten Anordnung der Rippenrohrsonden keine Probleme. Auch aus den waagerecht gelegten Vor- und Rücklaufleitungen geht die Luft gut heraus, wenn man Wasser oder Sole erst einige Stunden in Laderichtung und anschließend dann in entgegengesetzter Richtung (Entladen) laufen läßt.

Als Umwälzpumpe reicht bei einem Erdspeicher und Dachabsorber meiner Größe mit den entsprechenden Leitungslängen eine normale wechselstrombetriebene Heizungsumwälzpumpe aus, z.B. Grundfos UPS 20/45 mit 4,5 m Förderhöhe, 110 W Aufnahme- und 44 W Abgabeleistung, oder UPS 20/60 mit 6 m Förderhöhe, 135 W Aufnahme- und 50 W Abgabeleistung. Mit diesen Pumpen konnten Förderleistungen von 16 bis 22 l/min erreicht werden, was bei dieser Anlagengröße ausreicht. Da die Höhe des oberen Verteilerrohrs am Dachabsorber größer ist als die Förderhöhe der Umwälzpumpe, kann die Anlage nur mit Wasserdruck aus dem Gartenschlauch ganz gefüllt werden. Über ein Temperaturdifferenz-Steuergerät (siehe Bezugsquellennachweis) wird die Umwälzpumpe automatisch eingeschaltet, wenn die Temperatur am Dachabsorber höher ist als die im Erdspeicher. Ich habe einfach einen Fühler des Gerätes außen an ein Rippenrohr des Dachabsorbers und den anderen an eine Sonde des mittleren Erdspeicherkreislaufes angelegt und mit weichem Kupferdraht

umwickelt. Besser wäre es natürlich, wenn die Fühler direkt in die Sonde tauchen würden, aber das erfordert zusätzliche Verbindungsstücke und ist entsprechend schwieriger zu montieren und ggf. auch wieder zu ändern.
Am Steuergerät (Temperaturdifferenzschalter) kann die für den Einschaltpunkt gewünschte Temperaturdifferenz mit einem schmalen Schraubenzieher an einem Potentiometer eingestellt werden. Ich arbeite mit einer Differenz von 5°C, d.h. wenn die Temperatur am Dachabsorber um diesen Betrag höher ist als im Erdspeicher, läuft die Umwälzpumpe an. Geht die Sonne unter oder zieht stärkere Bewölkung auf, schaltet die Steuerung die Pumpe ab. Da sie aus empfindlichen elektronischen Bauteilen aufgebaut ist, muß das Gerät an einem trockenen, schattigen Ort gegen Feuchtigkeit und starke Temperaturschwankungen geschützt angebracht werden. Als sehr wichtig hat sich ein Blitzschutz herausgestellt, den die Hersteller auf Wunsch liefern.
Bei der elektrischen Installation hat es sich als zweckmäßig erwiesen, die Umwälzpumpe nicht mit einem festen Kabel am Steuergerät anzuschließen, sondern eine Schukosteckdose zu legen und die Pumpe über einen entsprechenden Stecker anzuschließen. Dann kann man nämlich bei Probeläufen, Entlüftungs- und Kontrollarbeiten die Pumpe laufen lassen, ohne daß die Sonne gerade scheint oder jemand mit einem Streichholz oder der warmen Hand den Fühler am Dachabsorber aufheizt.

5.2.3 Kosten und Zeitaufwand

Was der Bau meines Erdwärmespeichers an Material und Arbeitszeit gekostet hat, geht aus Tab. 6.1 und 6.2 hervor. Es dürfte der billigste gut funktionierende Erdwärmespeicher in dieser Größe und diesem Temperaturbereich sein, der je gebaut wurde.
Nicht ganz so leicht ist es, das Volumen des Erdwärmespeichers exakt anzugeben. Im Gegensatz zu Wasserspeichern, deren Inhalt durch eine feste Wandung eng begrenzt ist, hat ja dieser nicht wärmegedämmte Erdspeicher keine feste Hülle. Er steht vielmehr mit dem umgebenden, nicht durch Wärmetauschersonden erschlossenen Erdreich in ständigem Temperaturaustausch. Je nachdem, wo man die Grenze für seine Wirksamkeit zieht, läßt sich für meinen Speicher ein Volumen von 850 bis 1000 m³ errechnen.
Eine weitere Unsicherheit bei der Volumenberechnung ergibt sich durch die nur annährend bekannte Tiefe der Bohrlöcher, für die ich immer nur eine ungefähre Angabe, nämlich 9 bis 10 m, machen kann. Zwar wurde auf 10 m Tiefe gebohrt, aber durch herabfallende Erde beim Hochziehen des Bohrers, durch hereingespülten Sand (z.B. bei Gewittern) und durch das Ausheben der Verbindungsgräben werden die Wärmetauschersonden diese Tiefe kaum erreichen.

5.2.4 Die Steuerung der Wärmeflüsse

Durch verschiedene Verbindungsleitungen und Ventile muß dafür gesorgt werden, daß der Wärmefluß je nach Energieangebot und -bedarf vom Dachabsorber in den Erdspeicher oder in den Verdampfer der Wärmepumpe bzw. vom Erdspeicher zum Verdampfer geleitet werden kann. In meinem Fall war dies besonders kompliziert, weil alle Wärmeflüsse, die zum Teil noch in verschiedener Richtung durch eine Leitung strömen, mit einem einzigen Wärmemengenzähler erfaßt werden sollten (siehe auch Kap. 6: Erfahrungen und Meßergebnisse).
Wenn solche Messungen nicht nötig sind, läßt sich die Anlage mit nur 2 Dreiwege-Ventilen bzw. 4 Absperrschiebern schalten. Wie Abb. 5.2.7 zeigt, lassen sich folgende Betriebszustände einstellen:

1. *Laden des Erdwärmespeichers im Sommer mit dem Dachabsorber*: Hierzu wird mit dem Dreiwegeventil 1 der Verdampfer abgesperrt und die Leitung zum inneren Erdspeicherkreis geöffnet. Das Dreiwegeventil 2 sperrt die Umgehungsleitung vom Erdspeicher zum Entlüftungsgefäß ab. Dadurch ist der Kreislauf vom Dachabsorber in den Erdspeicher und zurück geschlossen. An den Meßstellen 1 und 2 lassen sich die Vor- und Rücklauftemperaturen ablesen, Meßstelle 3 ist nicht in Betrieb.
2. *Entladen des Erdspeichers mit der Wärmepumpe*: Durch Umschalten des Dreiwegeventils 1 wird die Leitung zum Verdampfer geöffnet und die in den inneren Erdspeicherkreis gesperrt. Damit die Sole den Erdspeicher in umgekehrter Richtung wie beim Laden durchfließen kann, muß jetzt mit dem Dreiwegeventil 2 die Umgehungsleitung freigegeben und der Dachabsorber abgesperrt werden. An den Temperaturmeßstellen 1

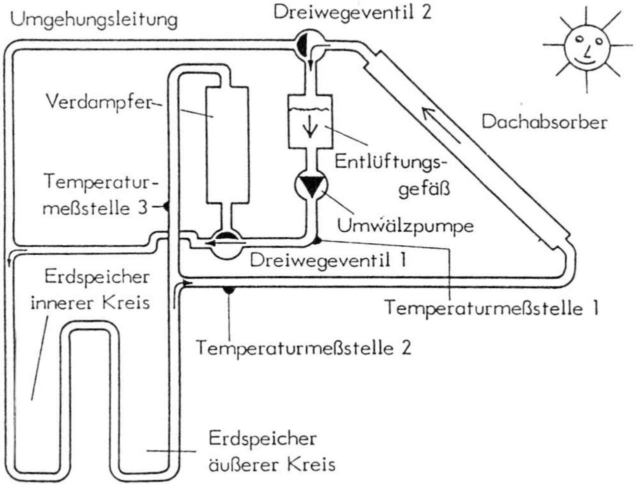

1. Laden des Erdspeichers mit dem Dachabsorber im Sommer.

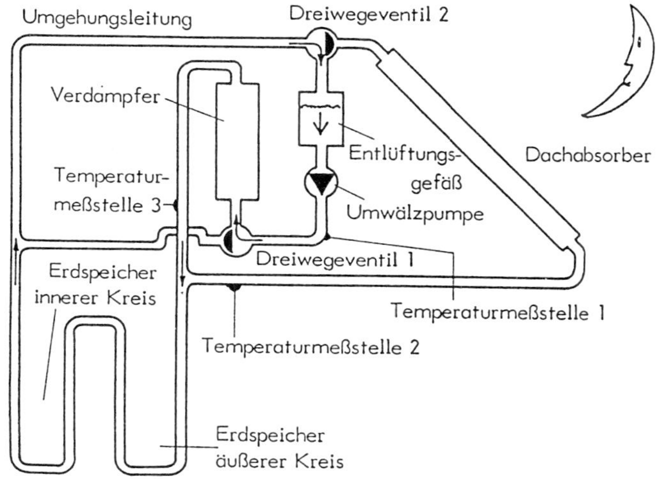

2. Entladen des Erdspeichers mit der Wärmepumpe.

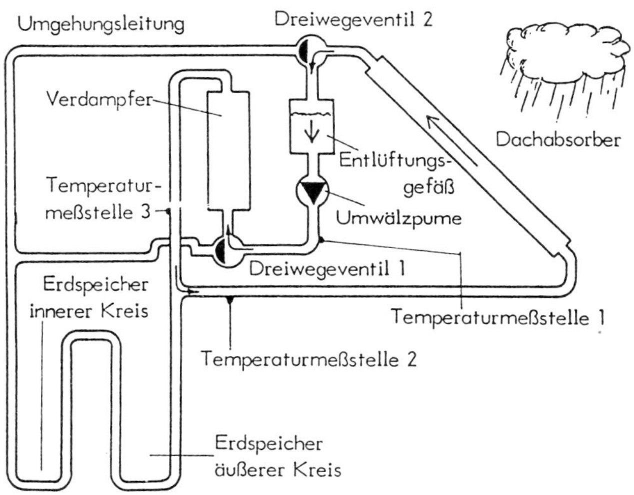

3. Nutzung von Umgebungswärme mit Dachabsorber und Wärmepumpe.

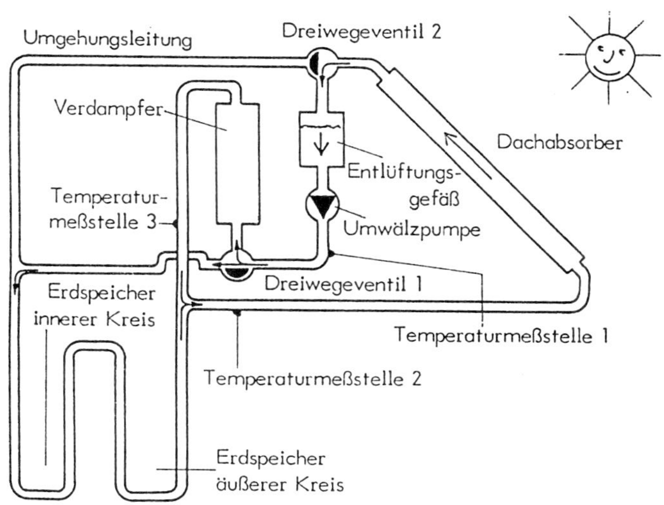

4. Gleichzeitiges Laden des Erdspeichers und Versorgung der Wärmepumpe im Winter und in der Übergangszeit.

Abb. 5.2.7: Steuerung der Wärmeflüsse durch die Anlage.

und 3 kann nun abgelesen werden, mit welcher Temperatur die Sole aus dem Erdspeicher kommt und nach Abkühlung im Verdampfer wieder in ihn hineingeht.

3. *Nutzung von Umgebungswärme mit Dachabsorber und Wärmepumpe*: Dieser in der Übergangszeit und an milden Wintertagen wichtige Betriebszustand erfordert es, daß das Dreiwegeventil 1 den Weg vom Dachabsorber zum Verdampfer öffnet und die Leitung zum inneren Erdspeicherkreis schließt. Mit dem Dreiwegeventil 2 wird die Umgehungsleitung abgesperrt und der Rücklauf vom Dachabsorber zum Entlüftungsgefäß freigegeben. Die Temperaturen vor und hinter dem Verdampfer können nun an Meßstelle 1 und 2 bzw. 3 abgelesen werden; Meßstelle 2 und 3 müssen dieselbe Temperatur anzeigen, sonst stimmen die Thermometer nicht.
4. *Gleichzeitiges Laden des Erdspeichers und Versorgung der Wärmepumpe im Winter und in der Übergangszeit*: Es hat sich herausgestellt, daß der Dachabsorber an milden, sonnigen Wintertagen und vor allem im Frühjahr mehr Wärme liefern kann als die Wärmepumpe benötigt. In dieser Zeit lohnt es sich, den Erdspeicher parallel mitlaufen zu lassen. Dies geht auf einfache Weise, wenn man das Dreiwegeventil 1 ganz öffnet, so daß ein Teil der Sole in den Verdampfer und der Rest in den inneren Erdspeicherkreis fließt. Dreiwegeventil 2 steht in der gleichen Stellung wie beim Laden des Erdspeichers im Sommer.

   Bei dieser Betriebsart sind alle 3 Temperaturmeßstellen wichtig, um zu kontrollieren, ob sich die Soleströme richtig auf Verdampfer und Erdspeicher verteilen. Die Durchflußmengen durch die beiden Teile des Kreislaufs richten sich nach dem jeweiligen Durchflußwiderstand des Zweigs. Deshalb kann es notwendig sein, mit den in Abb. 5.2.7 nicht eingezeichneten Absperrschiebern vor dem Verdampfer und dem Erdspeicher die Durchflüsse einzuregulieren.

5.2.5 Hinweise zur Installation

Wie bei jeder Heizungsinstallation ist es auch bei dieser recht weitverzweigten Anlage zweckmäßig, vor und nach den einzelnen Systemkomponenten (hier Dachabsorber, Umwälzpumpe, Verdampfer, Erdspeicher) handelsübliche Messing-Absperrventile anzubringen. Dadurch lassen sich Reparaturen oder Veränderungen an Einzelteilen durchführen, ohne daß gleich die ganze Anlage entleert und wieder gefüllt werden muß. Da der Druck im Rohrnetz relativ niedrig ist (der Druck ergibt sich aus der Höhe der Wassersäule: 10 m Wassersäule entsprechen 1 bar), sind für diesen Zweck sogenannte Muffenschieber völlig ausreichend und sogar angebracht. Sie schließen zwar nicht so dicht wie die Durchgangs- oder Schrägsitzventile mit Gummidichtung, haben jedoch einen niedrigeren Durchflußwiderstand und lassen sich feinfühliger regulieren; außerdem ist ihre Stopfbuchse beständiger gegenüber Frostschutzmittel.

Bei einer Größe von Erdspeicher und Dachabsorber wie in meinem Fall sollte die gesamte Installation möglichst mit 1¼" Rohren ausgeführt werden (Innendurchmesser 36 mm). Dann ist eine ausreichende Durchflußmenge und niedriger Stromverbrauch mit den oben empfohlenen Umwälzpumpen erreichbar. Nähere Hinweise zu Installationsarbeiten und Rohrnetzberechnungen finden sich in z.B. in den Berufsschul-Fachbüchern der Sanitär- und Heizungsbranche oder auch in Ladener: „Solaranlagen".

Sehr zu empfehlen ist die Installation einer Wasseruhr vor oder nach der Umwälzpumpe. Sie vergrößert zwar wie jedes eingebaute Meßgerät den Durchflußwiderstand und leider auch die Störanfälligkeit (Verstopfen des Siebes), aber sie ermöglicht andererseits die Kontrolle und Messung der Durchflußmengen. In Verbindung mit den Temperaturmeßstellen kann man sogar die jeweilige Leistung der Komponenten wie Dachabsorber, Erdspeicher und Verdampfer errechnen. Dazu sollte man allerdings nicht die üblichen Heizungsthermometer verwenden, sondern geeichte Quecksilberthermometer mit einer Skala zwischen -10 und +50°C. Sie werden in Tauchhülsen angebracht, die zur besseren Wärmeleitung mit Frostschutzmittel oder Wärmeleitpaste gefüllt werden.

Notwendig ist weiterhin eine Schwerkraftbremse (Rückschlagklappe oder federbelastetes Kugelventil), die verhindert, daß beim Pumpenstillstand warmes Wasser aus dem Erdspeicher per Schwerkraft zum höher gelegenen Dachabsorber strömt und sich dort auf Umgebungstemperatur abkühlt. Man bringt sie am besten direkt hinter der Umwälzpumpe an (es gibt auch spezielle Pumpenschieber mit eingebautem Rückschlagventil).

Die Steuerung der ganzen Anlage erfolgt am billigsten und sichersten von Hand. Für die heizfreie Zeit ist dies kein Problem:

Man stellt die Dreiwege-Ventile in Ladestellung und hängt die Umwälzpumpe an das Temperaturdifferenz-Steuergerät, das alles weitere erledigt. Bis auf eine gelegentliche Kontrolle des Wasserstandes im Entlüftungsgefäß kann man die Anlage in der heizfreien Zeit dann vergessen.
Mit Inbetriebnahme der Wärmepumpe muß man bei der manuellen Steuerung allerdings mitdenken und überlegen, ob man den Dachabsorber oder den Erdspeicher als Wärmequelle nutzen soll. Die Beobachtung der Temperaturmeßstellen liefert ja Hinweise über Leistungsfähigkeit des Dachabsorbers und den Ladezustand des Erdspeichers, so daß man sich je nach Witterung und Wärmebedarf für den einen oder anderen Betriebszustand entscheiden kann. Natürlich kann man das ganze auch stärker automatisieren, indem man elektrisch gesteuerte Dreiwege-Ventile einbaut und eine entsprechende „Computer"-Steuerung vorsieht, welche die Entscheidung für die richtige Betriebsart möglichst noch energetisch optimiert. Bei unserer Pilot-Anlage „Schäfstall" wurde so etwas realisiert; hier braucht nur noch 2mal im Jahr manuell von Sommer- auf Winterbetrieb und umgekehrt geschaltet werden.

5.3 Die Dieselmotor-Wärmepumpe

Meine Wärmepumpe habe ich mit schon vorhandenen, bzw. leicht zu beschaffenden Bauteilen an drei Wochenenden selbst gebaut, wobei mir bei den kritischen Arbeiten wie Einfüllen des Kältemittels, Einstellen des Expansionsventils und Ausführung wichtiger Hartlötverbindungen ein ortsansässiger, engagierter Kältetechniker half. Lange vor dem eigentlichen Bau hatte ich mich schon gedanklich mit der Wärmepumpe beschäftigt, die einschlägigen Entwicklungen verfolgt und preiswerte Bauteile besorgt und gehortet. So erfuhr ich per Zufall, daß bei einem Molkereiumbau drei noch betriebsfähige Kälteaggregate (in der sogenannten „offenen Bauweise") verschrottet werden sollten, weil „modernere", wartungsärmere Anlagen mit „Vollthermetic-Kompressoren" geplant waren.
Für unter 40 DM erwarb ich ein Aggregat, bestehend aus einem soliden Stahlrahmen, Kompressor, Kondensator, Sammelgefäß, Verbindungsleitungen, Ventilen und einem neuwertigen 4 kW-Drehstrommotor. Letzterer steht noch nutzlos herum, denn für den Betrieb derart starker Elektromotoren fehlt mir nicht nur der Anschlußwert, sondern auch der Sinn.
Damals war der Selbstbau einer Wärmepumpe für mich ein Abenteuer; ich glaubte nicht, daß sie jahrelang laufen würde und wollte sie eigentlich nur aufbauen, damit Herr Oeler für seine Diplomarbeit (vgl. Literaturverzeichnis) einige Meßreihen machen konnte. Deshalb wurde manches provisorisch, um nicht zu sagen, leichtsinnig gebaut. Dies führte später zu Störungen und Schwierigkeiten, aber auch zu ständigen Verbesserungen, neuen Erkenntnissen und handwerklichem Lernen. So sind Hartlöten, Kältemittel einfüllen oder wieder absaugen, Kupferrohre bördeln, Expansionsventil einstellen, Wasser aus dem Kältekreislauf entfernen und ähnliche Kunstfertigkeiten heute keine Probleme mehr für mich. Natürlich ist der Selbstbau einer Wärmepumpe keine Sache für „die Oma in der Stadtmansarde" und auch etwas anderes als der Bau einer Solaranlage, eines Kachelofens oder Stalluft-Wärmetauschers. Aber so schwierig, wie mancher vielleicht meint, ist es nun auch wieder nicht! Denn man baut ja schließlich nicht den Kompressor oder das Expansionsventil im do-it-yourself-Verfahren, sondern verarbeitet handelsübliche Bauteile und Materialien, die eigentlich „nur" miteinander verbunden werden müssen. Da man aber trotzdem vieles falsch machen kann, ist eine gründliche Vorinformation wichtig.
Über Wärmepumpen gibt es eine Fülle an Literatur, aber leider ist sie meist sehr theoretisch und oft von Leuten geschrieben, die weder eine Anlage gebaut noch betrieben haben. Was fehlt, ist eine leicht verständliche und nachvollziehbare Bauanleitung. Deshalb muß hier etwas ausführlicher auf die Technik der Wärmepumpe und die Voraussetzungen für einen sinnvollen Betrieb eingegangen werden.
Obwohl die Wärmepumpe nicht ganz unumstritten ist (vgl. Kap. 4), halte ich sie grundsätzlich für eine hervorragende Maschine, der in Zukunft große Bedeutung zukommt. Sie muß allerdings

richtig dimensioniert, konstruiert und eingesetzt werden. Man kann sie nicht ohne weiteres anstelle des bestehenden Heizkessels in den Keller stellen, denn jede Wärmepumpe ist nur so gut wie die für ihren Betrieb notwendige Wärmequelle. Und auch die angeschlossenen Verbraucher, d.h. die Niedertemperaturheizung, müssen auf die Wärmepumpe abgestimmt sein. Hier wurden und werden noch viele Fehler gemacht. So schadet der Ehrgeiz mancher Hersteller, aus -15°C Außentemperatur noch +55°C Heizwassertemperatur herauszuholen, der Wärmepumpenidee mehr als er nutzt. Kommen dann noch unterdimensionierte Verdampfer- und Kondensator-Wärmetauscher sowie eine schlechte Steuerung zum Einsatz, braucht man sich über ungünstige Leistungszahlen bzw. hohen Energieverbrauch nicht zu wundern.
Die Sünden der bisherigen Wärmepumpentechnologie (im Bereich der Haustechnik) sind aber heute bekannt und können daher bei der „neuen Wärmepumpengeneration" vermieden werden. Auch die Verbesserungen der baulichen Wärmedämmung, der Heizungstechnik und die Erschließung guter Wärmequellen begünstigen den zukünftigen Wärmepumpeneinsatz.

5.3.1 Funktion der Wärmepumpe

Jeder, der eine Wärmepumpe betreiben oder gar selbst bauen möchte, muß ihr Funktionsprinzip, die wichtigsten Bauteile und die Voraussetzungen für ihren sinnvollen Einsatz kennen. Deshalb will ich im folgenden zur Einführung und zum besseren Verständnis der Arbeiten beim Bau der Dieselmotor-Wärmepumpe auf die wichtigsten Grundlagen näher eingehen. Hinweise auf weiterführende Schriften finden sich im Literaturverzeichnis.
Bei jeder Wärmepumpe wird einer Wärmequelle (deren Temperatur so niedrig ist, daß man sie direkt nicht nutzen kann) „minderwertige" Wärme (Anergie) durch Abkühlung entzogen und zum Verdampfen des Kältemittels im Wärmepumpenkreislauf genützt. Diese Wärme wird dann mit Hilfe „hochwertiger" Energie (Exergie) in Form von mechanischer Arbeit oder hochtemperierter Wärme auf ein höheres und damit nutzbares Temperaturniveau gefördert bzw. „gepumpt". Bei Absorptionswärmepumpen erfolgt die Zufuhr der Antriebsenergie in Form von hochtemperierter Wärme, meist aus der Verbrennung von Gas. Als Antrieb für

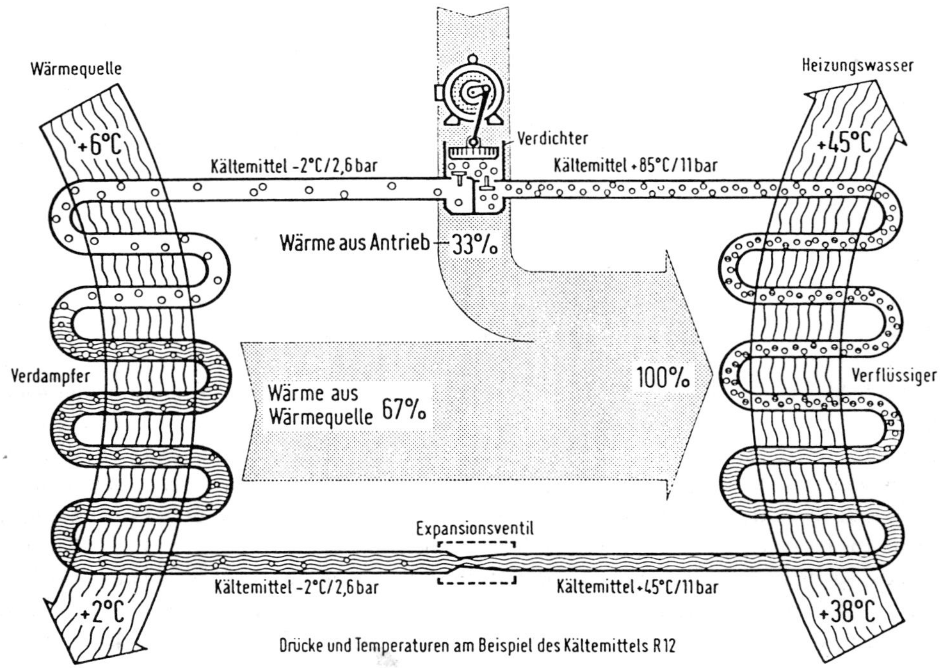

Abb. 5.3.1
Funktionsschema einer Wärmepumpe

Quelle
RWE: Wärmepumpen-Installation.
Essen 1981

Kompressionswärmepumpen kommen vielfach Elektromotoren und - bei Kleinanlagen heute noch seltener - Verbrennungsmotoren, Wasser- und Windkraftanlagen zum Einsatz. In fernerer Zukunft können hierfür vielleicht auch Sonnenenergie und Wasserstoff sowie Biomasse in Verbindung mit Stirlingmotoren genutzt werden.
Man kann diese Maschine, die Wärme auf niedrigstem Temperaturniveau nutzbar macht, nicht genug bewundern und beachten! Hilft sie uns doch, nicht nur wertvolle Primärenergieträger zu schonen und als Rohstoffe zu erhalten, sondern auch Umweltbelastungen zu verringern und im landwirtschaftlichen und gewerblichen Bereich die Produktionsbedingungen zu verbessern - und dies alles mit einfachen, überschaubaren physikalischen Vorgängen, die wir alle schon in der Schulde gelernt haben, aus dem täglichen Leben kennen oder in einem Physik-Lehrbuch nachlesen können.
So haben wir wohl alle schon einmal die Wärmeaufnahme beim Verdampfen einer Flüssigkeit gespürt, beispielsweise wenn Benzin oder Äther auf die Haut tropft, dort durch Wärmeentzug aus der Haut verdampft und dadurch „Kälte erzeugt". Auch die Temperaturerhöhung durch mechanische Arbeit kennen wir aus dem täglichen Leben, wo beim Aufpumpen eines Fahrradreifens das Ventil sehr heiß werden kann, ebenso die Wärmeübertragung eines kondensierenden Dampfes aus der Küche, wo der am Topfdeckel kondensierende Wasserdampf diesem so viel Wärme zuführt, daß man ihn nicht mehr anfassen kann. In der Wärmepumpe laufen Vorgänge dieser Art in einem geschlossenen Kreislauf ab, wobei es wenig Unterschied macht, ob es sich um die Wärmepumpe in einem Kühlschrank, in einer Klimaanlage oder einer Heizung handelt.
In der Wärmepumpen- und Kältetechnik nutzt man die Eigenschaft bestimmter Kältemittel (Arbeitsmittel, Arbeitsmedien) bei niedrigen Temperaturen und Drücken zu verdampfen, und dabei Wärme aufzunehmen sowie sich bei höheren Temperaturen und Drücken wieder verflüssigen (kondensieren) zu lassen und dabei Wärme auf höherem Temperaturniveau abzugeben.
In der Anfangszeit der Kältetechnik wurde meist Ammoniak (NH_3) verwendet. Wegen seiner Giftigkeit und Korrosivität gegenüber Kupfer wird es heute nur noch bei sehr großen Anlagen eingesetzt. Bis vor einigen Jahren galten die ab 1930 eingeführten Fluor-Chlor-Kohlenwasserstoffe (FCKW's) als ideale Kältemittel. Sie sind weitgehend ungiftig, langzeitstabil, preiswert, weder brennbar noch korrosiv und haben hohe Leistungen bei der Wärmeübertragung. Handelsnamen sind Frigen (Hoechst) oder Freon (DuPont). Besonders verbreitet waren bisher die Typen R11, R12, R22 und R502.
Anhand von Abb. 5.3.1 können wir den Weg des Kältemittels (die Temperaturen und Drücke gelten für das früher gebräuchliche R 12) durch die einzelnen Stationen des Wärmepumpenkreislaufs mit typischen Temperatur- und Druckverhältnissen recht gut verfolgen. Am besten beginnt man beim Verdampfer links: Hier siedet das nach dem Expansionsventil auf nur 2,5 bar entspannte, noch flüssige Frigen bei -2°C (Verdampfungstemperatur), kühlt dadurch die Wärmequelle von z.B. +6°C auf +2°C ab und nimmt dabei Wärme, die sogenannte Verdampfungswärme auf. Nun im gasförmigen Zustand wird es vom Kompressor angesaugt und auf 11 bar verdichtet. Dabei findet wie bei der Fahrradluftpumpe eine Temperaturerhöhung statt, in diesem Beispiel auf +85°C. Diese starke Verdichtung ist möglich, weil das Expansionsventil den Gasstrom bremst, wie etwa der Daumen auf dem Mundstück der Fahrradpumpe. Durch den hohen Druck wird das Kältemittel im Kondensator verflüssigt, wobei es bereitwillig die im Verdampfer aufgenommene Wärme ebenso wie die Wärme aus der Verdichtungsarbeit an das Heizungswasser abgibt. Das Heizungswasser wird dadurch im Beispiel von +38°C auf +45°C erwärmt.
Energetisch gesehen haben wir folgendes geschafft: Mit nur 33% Antriebsenergie sind 67% sonst nicht nutzbare Niedertemperaturwärme bei +6°C aufgenommen und einschließlich der fast vollständig in Wärme umgewandelten Arbeit des Verdichters in 100% Heizenergie umgewandelt worden, wobei diese Heizwärme mit 45°C für eine Niedertemperaturheizung durchaus ausreichend ist.
Das Verhältnis zwischen der momentan zugeführten Antriebsleistung (hier 33%) und der Wärme-Nutzleistung (hier 100%), beide in kW angegeben, wird als Leistungszahl der Wärmepumpe bezeichnet. Sie liegt im Beispiel, wie leicht nachzurechenen ist, bei 3. Diese Leistungszahl wird häufig verwechselt mit der Arbeitszahl, die sich aus dem Verhältnis zwischen der über einen längeren Zeitraum entnommenem nutzbaren Wärmeenergie zur aufgewendeten Antriebsenergie errechnet. Würde man unsere schematische Wärmepumpe an einem Tag 10 Stunden lang unter den dargestellten Bedingungen mit einer Antriebsleistung von 1 kW laufen lassen, dann hätte sie 10 kWh Antriebsenergie verbraucht und damit 30 kWh Nutzwärme erzeugt. In diesem Fall ist

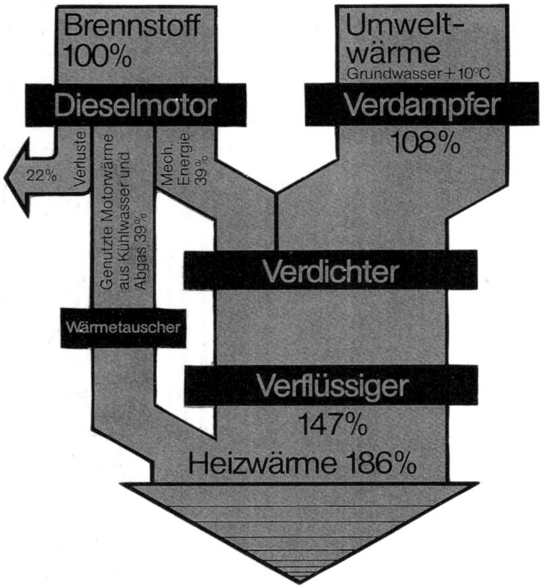

Abb. 5.3.2: Energiebilanz einer Dieselmotor-Wärmepumpe mit einer Heizzahl von 1,86. Quelle: MAN-Firmenprospekt

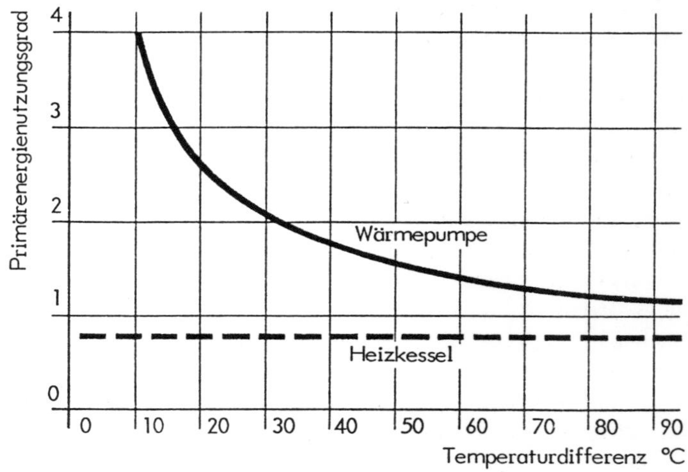

Abb. 5.3.3:
Primärenergienutzungsgrad von Wärmepumpen mit Verbrennungsmotoren in Abhängigkeit von der Temperaturdifferenz zwischen Vorlauftemperatur des Heizungskreises und der Temperatur der Wärmequelle hinter dem Verdampfer. Zum Vergleich ist als gestrichelte Linie der Nutzungsgrad eines Heizkessels eingezeichnet.
Quelle: MAN-Firmenprospekt

die Tagesarbeitszahl gleich der Leistungszahl, nämlich 3. In der Praxis ändert sich jedoch die Leistungszahl ständig, weil sie stark von den Temperatur- und Mengenverhältnissen der Wärmeströme abhängig ist. Deshalb wird häufig die Jahresarbeitszahl eingegeben, weil sie sich leicht mit einem Stromzähler (bei der elektrisch angetriebenen Wärmepumpe) und einem Wärmemengenzähler im Heizungskreislauf ermitteln läßt.
Bei Verbrennungsmotor-Wärmepumpen ist der Begriff der Leistungs- und Arbeitszahl nicht sehr aussagekräftig, da ja neben der von der Wärmepumpe erzeugten Wärmeleistung bzw. Wärmemenge auch noch die Abwärme aus der Motor- und Abgaskühlung nutzbar ist. (Abb. 5.3.2)
Hier verwendet man eher den Begriff des „Primärenergienutzungsgrad" (Abb. 5.3.3) oder den der „Heizzahl": Beide Begriffe stehen für das Verhältnis zwischen der nutzbaren Gesamtwärmemenge (also einschließlich der Motorabwärme) und der im Kraftstoff enthaltenen Energie an. Gute Werte für die Heizzahl liegen heute zwischen 1,6 und 1,9 je nach Anlagengröße, Temperaturverhältnissen und Wärmeverlusten. Manchem Besitzer einer Elektrowärmepumpe mit einer Arbeitszahl von 3 mag das wenig erscheinen, weil er nicht weiß, daß sich beide Begriffe nicht so einfach vergleichen lassen. Denn eine Verbrennungsmotor-Wärmepumpe mit einer Heizzahl von „nur" 1,6 nutzt die Primärenergie mindestens 1,5 mal besser aus als eine Elektrowärmepumpe mit einer Arbeitszahl von 3, deren Strom in einem Wärmekraftwerk ohne Abwärmenutzung erzeugt wird und etwa doppelt so gut wie ein Ölheizkessel (siehe auch Abb. 5.3.3). Aus Abb. 5.3.1 und 5.3.2 können wir im übrigen folgendes erkennen:

1. Die Wärmepumpe ist kein Perpetuum Mobile, denn sie muß mit Exergie, also hochwertiger Energie, angetrieben werden, damit sie ihr Wunderwerk vollbringen kann.
2. Die Flüssigkeitsströme der Wärmequelle und Heizung müssen im Verdampfer und Verflüssiger entgegen dem Strom des

Kältemittels geführt werden, um einen guten Wärmeaustausch bei niedrigen Temperaturdifferenzen zu ermöglichen (Gegenstrom-Wärmetauscher).

3. Trotz der großen Fortschritte auf dem Wärmepumpen- und Heizungssektor gibt es noch einiges zu verbessern. Denn um aus der Wärmequellentemperatur von +6°C die gewünschte Wohnraumtemperatur von 20°C zu erzeugen, also eine Temperaturdifferenz von „lumpigen" 14°C aufzubauen, muß bei unserem Schema im Kältemittelkreislauf eine Differenz von sage und schreibe 87°C geschaffen werden. Das kostet natürlich Kraft, sprich Antriebsenergie. Welchen entscheidenden Einfluß aber die Temperaturdifferenzen im Wärmepumpen- und Heizkreislauf haben, ist aus Abb. 5.3.3 ersichtlich. Um die Temperaturdifferenzen möglichst klein zu halten, müssen vor allem die Wärmetauscherflächen von Verdampfer, Verflüssiger und im Heizungssystem möglichst großzügig dimensioniert werden. Bei käuflichen Anlagen scheitert dies meist am höheren Preis, beim Selbstbau hingegen hat man die Chance, etwas mehr Material zu verarbeiten, ohne daß die Anlage gleich unwirtschaftlich wird, weil ja die teuren Lohnkosten entfallen.
4. Da der Verbrauch an Antriebsenergie für die Wärmepumpe bzw. ihr Primärenergienutzungsgrad schon aus rein physikalischen Gründen recht stark von der zu überwindenden Temperaturdifferenz (zwischen Verdampfer und Kondensator) abhängt, sollten wir uns bemühen, der Wärmepumpe von der Wärmequelle her schon möglichst hohe Temperaturen zur Verfügung zu stellen und ihr andererseits auf der Heizungsseite möglichst niedrige Temperaturen abzuverlangen. Mit Dachabsorber und Erdwärmespeicher als Wärmequellen haben wir bereits gute Voraussetzungen geschaffen. Wenn jetzt noch eine Niedertemperaturheizung mit maximal 45°C Vorlauftemperatur oder weniger hinzukommt, sind die äußeren Betriebsbedingungen optimal.

5.3.2 Kältemittel

Einige Veränderungen hat es - bedingt durch die FCKW-Problematik - bei den Kältemitteln für Wärmepumpen gegeben. Eine ganze Reihe von Verbindungen aus der Gruppe der Fluor-Chlor-Kohlenwasserstoffe (FCKW's) sind aufgrund ihrer Eigenschaften nicht nur als Kältemittel in Wärmepumpen hervorragend geeignet, sie wurden auch zum Schäumen von Kunststoffen und als Treibgas in Sprayflaschen in großem Maßstab eingesetzt. Bemerkenswert ist in diesem Zusammenhang, daß die Kältemittel bis vor einigen Jahren nur einen Anteil von etwa 10% am gesamten FCKW-Verbrauch hatten. Nun werden die FCKW's nicht nur als eine Hauptursache für den Abbau der Ozonschicht in der oberen Erdatmosphäre (der Schutz gegen zuviel UV-Strahlung) verantwortlich gemacht, sie tragen außerdem zu etwa 17% zum Treibhauseffekt bei, der das Klima auf der Erde derzeit nachhaltig verändert. Übrigens werden auch dem früher als unschädlich angesehenen, für die Assimilation von Pflanzen sogar lebensnotwendigen CO_2 50% und dem CH_4 (Methan) 19% Anteil am Treibhauseffekt zugeschrieben.

Nun gibt es bei den FCKW's Unterschiede in der Schädlichkeit: Die vollhalogenisierten Typen R11 und R12 haben eine weitaus größere Schadwirkung und Verweilzeit in der Atmosphäre als z.B. das teilhalogenisierte R22 (siehe auch Tab. 5.1). Deshalb dürfen nach der FCKW-Halon-Verbotsverordnung der Bundesregierung (seit dem 1.8.91 gültig) R11 und R12 in Neuanlagen nicht mehr eingesetzt werden, wohl aber noch in laufenden Anlagen bis zu deren Lebensende. Die Produktion soll zum 1.1.95 beendet werden. Bei R502 ist die Verwendungsfrist Ende 1994 abgelaufen und bei R22 läuft sie Ende 2000 ab.

Als unbrennbaren Ersatz für die bisherigen FCKW's R12, R22 und R502 kommt kurzfristig vor allem der chlorfreie, fluorierte Kohlenwasserstoff R134a für Neuanlagen in Frage. Es ist leider nicht möglich, Altanlagen, die für R11, R12 oder R22 konzipiert wurden, ohne weiteres mit R134a zu betreiben. Die notwendigen Umrüstungen sollen sich nur für große Anlagen lohnen. R134a hat zwar keine Ozonschädlichkeit, ist aber ein Gas mit sehr starkem Treibhauseffekt (Tab. 5.1). Außerdem wird als Übergangslösung mit Kältemittelgemischen gearbeitet.

Für die Zukunft dürften Kältemittel aus Naturstoffen eine größere Bedeutung erhalten. Dazu zählt das schon erwähnte Ammoniak, das aber wohl kaum in kleineren Anlagen zum Einsatz kommen wird, weil es sich nicht mit Kupfer verträgt und sehr giftig ist. Gute Chancen werden dagegen dem Propan und Gemischen aus Isobutan und Propan zugesprochen. Beide Kohlenwasserstoffe kommen im Erdgas vor bzw. fallen in der Erdölraffinerie an.

Kältemittel	lokale Effekte		globale Effekte				
	Entflammbarkeit Konzentration in % in Luft	Toxizitätsklasse	Lebensdauer in der Atmosphäre [a]	ODP, relatives. Ozon-Abbaupotential R11 = 1	Treibhauseffekt im Vergleich zu CO_2, in kg/kg CO_2 Zeithorizont		
					20 a	100 a	500 a
FCKW							
R11 ($CFCl_3$)	--	5a	60	1,0	4500	3500	1500
R12 (CF_2Cl_2)	--	6	130	1,0	7100	7300	4500
R502 (R22 + R115)	--	5a	--	ca. 0,2	4800	4300	4000
HFCKW: R22 (CHF_2Cl)	--	5a	15	0,055	4100	1500	510
HFKW: R134a ($C_2H_2F_4$)	--		16	0	3200	1200	420
Sonstige							
R717 (NH_3) Ammoniak	15,0 ... 25,0	2	--	0	--	--	--
R290 (C_3H_8) Propan	2,1 ... 9,5	5b	--	0	3	3	3
R600 (C_4H_{10}) Butan	1,5 ... 8,4	5	--	0	3	3	3

Tabelle 5.1: Umweltrelevante Eigenschaften von typischen Kältemitteln (Stand 2/93) (nach Halozan).

Beim Entweichen in die Atmosphäre richten sie nach gegenwärtigen Erkenntnissen kaum Schaden an. Propan (R290, C_3H_8) hat gute kältetechnische Eigenschaften und kann auch nach Rücksprache mit dem Kompressorhersteller in bestehenden Anlagen verwendet werden. Wie aus Abb. 5.3.4 zu ersehen ist, kann Propan vom Druck-Temperatur-Verhalten her gesehen vor allem R22 ersetzten, während für R12 ein Gemisch aus Propan und Isobutan infrage kommt.

Das Hauptproblem bei Propan und Isobutan ist die Brennbarkeit, weshalb man sie nicht zu den sogenannten Sicherheitskältemitteln zählen kann. Obwohl es so gut wie ausgeschlossen ist, daß eine Propanfüllung auf einmal entweicht und dadurch Brand- und Explosionsgefahr entsteht, müssen die Anlagen in gut belüfteten Räumen untergebracht werden. Durch konstruktive Maßnahmen, vor allem durch kleinvolumige Platten-Verdampfer und Kondensatoren kann man die Propanmenge in einer Wärmepumpe auf etwa die Hälfte der bisherigen Füllmenge reduzieren und mit Füllgewichten von weniger als 100 g je kW Wärmepumpen-Heizleistung auskommen. Dadurch wird die Brandgefahr weiter verringert. Und wenn man bedenkt, wie relativ gut wir heute mit brennbaren Flüssigkeiten und Gasen leben und umgehen (Benzin, Dieselkraftstoff, Heizöl, Alkohol, Erdgas, Flüssiggas, Biogas), müßte man eigentlich bei Beachtung einschlägiger Sicherheitsregeln mit Propan als Kältemittel gut zurechtkommen. In Tab. 5.1 sind die wichtigsten umweltrelevanten Eigenschaften typischer Kältemittel aufgelistet. Es ist ersichtlich, daß Propan und Butan nicht giftig sind, keine lange Lebensdauer in der Atmosphäre und kein Ozonabbaupotential haben. Der Treibhauseffekt ist nur 3 mal größer als bei CO_2, während R12 in den ersten 20 Jahren 7100 mal mehr Schaden anrichtet.

Die von Greenpeace geförderte Entwicklung des nun in Sachsen gebauten und mit Propan betriebenen „Öko-Kühlschrankes" hat gezeigt, daß es möglich ist, in der modernen Haushalts-Kältetechnik ohne FCKW's auszukommen.

Inzwischen werden auch Wärmepumpen ab 5,5 kW Heizleistung mit Propan als Kältemittel angeboten und zwar von der Fa. KVS Klimatechnik. Als positive Nebeneffekte beim Einsatz von Propan anstelle von R22 werden niedrigere Systemdrücke (= längere Haltbarkeit des Kompressors) und eine um 25% höhere Leistungsziffer (= geringerer Stromverbrauch) angegeben. Übrigens: Propan wurde neben Ammoniak vor dem Aufkommen der FCKW's bereits in der Kältetechnik eingesetzt und ist damit kein neues, sondern ein wiederentdecktes Kältemittel.
Weitere natürliche Kältemittel sind Kohlendioxyd (CO_2 = R744), Schwefeldioxyd (SO_2 = R764) und Wasser (H_2O = R718). Letzteres verdampft bei den für Wärmepumpen interessanten Temperaturen nur bei Unterdruck. Kohlendioxyd erfordert sehr hohe Systemdrücke und Schwefeldioxyd ist extrem giftig. Diese Verbindungen scheiden daher vorerst für den Hausgebrauch aus.

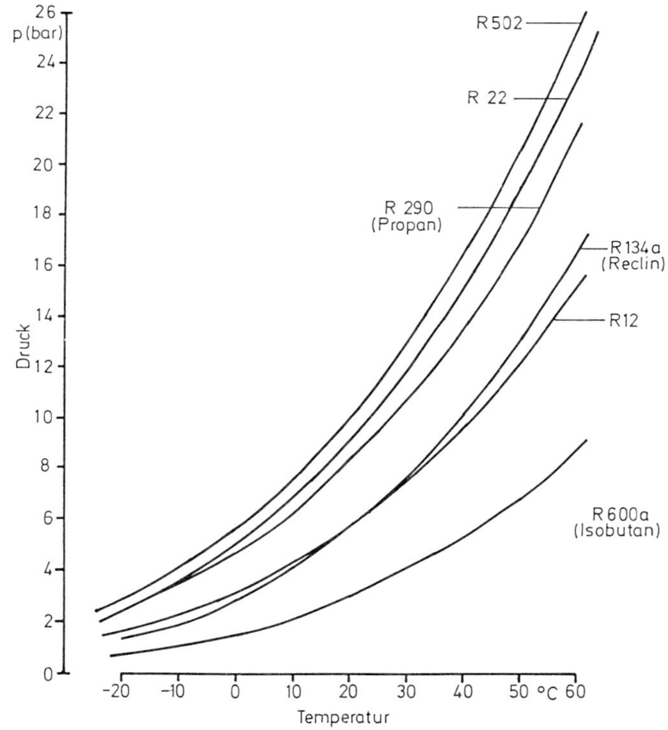

Abb. 5.3.4: Druck-Temperatur-Diagramm für einige Kältemittel: R12, R22, R502, R290, R134a, R600a.

5.3.3 Die Bauteile der Wärmepumpe

Abb. 5.3.5 zeigt in einer schematischen Ansicht den Aufbau einer Wärmepumpenanlage mit den zur Mindestausstattung gehörenden Bauteilen. Die folgenden Beschreibungen und Hinweise zur Auswahl und Dimensionierung dieser Bauteile werden dem erfahrenen Kältetechniker oder -ingenieuer genügen, um eigene Anlagen dieser Art selbst zu planen und zu bauen. Darüber hinaus werden an verschiedenen Stellen praktische Tips und Erfahrungen eingestreut, die ich bei meinen Experimenten mit Wärmepumpen und Verbrennungsmotoren gesammelt habe. Damit möchte ich vor allem den fortgeschrittenen Selbstbauern helfen, die über die grundsätzlich notwendigen Fertigkeiten zum Bau einer motorgetriebenen Wärmepumpe verfügen und vor den Risiken nicht zurückschrecken, die der Umgang mit dieser recht komplexen Technik mit sich bringt.

Der Kompressor
Das Herz der Wärmepumpe ist der Kompressor. Er verdichtet das Kältemittel im Wärmepumpenkreislauf und führt dem System dadurch mechanische Arbeit zu. Kompressoren werden in verschiedenen Größen und Ausführungen gebaut:

- *Vollhermetische Kompressoren* werden nur für Elektrowärmepumpen verwendet. Hier sind Motor und Kompressor gemeinsam in einem hermetisch abgeschlossenen Gehäuse untergebracht. Kältemittelverluste treten normalerweise nicht auf. Bei Haushalts-Kühl- und Gefrierschränken kommt fast ausschließlich diese Bauart zur Anwendung.
- Bei *halbhermetischen Kompressoren* sind Elektromotor und Kompressor in einem dichten Gehäuse eingeschlossen, so daß

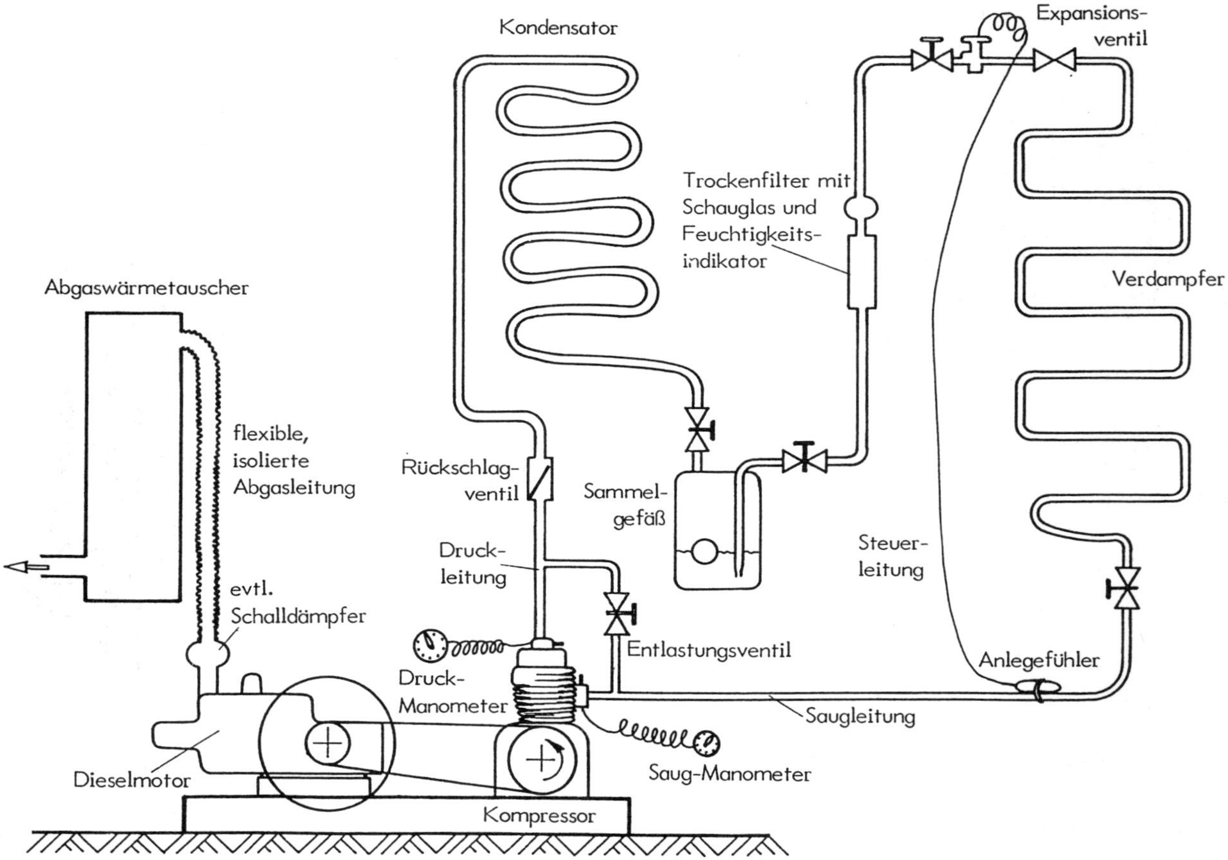

Abb. 5.3.5: Minimalausstattung einer Selbstbau-Wärmepumpe mit Antrieb durch einen Verbrennungsmotor.

eine Wellendichtung wie beim „offenen Kompressor" entfällt. Motor und Kurbelgehäuse sowie die Ventilplatten sind aber mit Deckeln verschlossen und für Reparaturen zugänglich. Durch die Deckeldichtungen können geringe Kältemittelverluste auftreten. Größere Wärmepumpen- und Kälteanlagen werden häufig mit solchen Kompressoren ausgerüstet.

- *Kompressoren in offener Bauweise* bestehen nur aus dem Verdichter, alle Anschlüsse und die Antriebswelle sind außen frei zugänglich. Der Antrieb erfolgt in der Regel über Keilriemen. An der Wellendichtung treten Kältemittelverluste auf. Für den Antrieb mit einem Verbrennungsmotor kommen nur „offene" Kompressoren infrage (Abb. 5.3.6 u. 5.3.7). Für elektromotorischen Antrieb werden offene Kompressoren in Neuanlagen kaum noch eingesetzt.

Unter den offenen Kompressoren am weitesten verbreitet sind Hubkolben-Kompressoren mit 1 bis 4 Zylindern, die in der heute noch üblichen Ausführung seit etwa 50 Jahren gebaut werden.

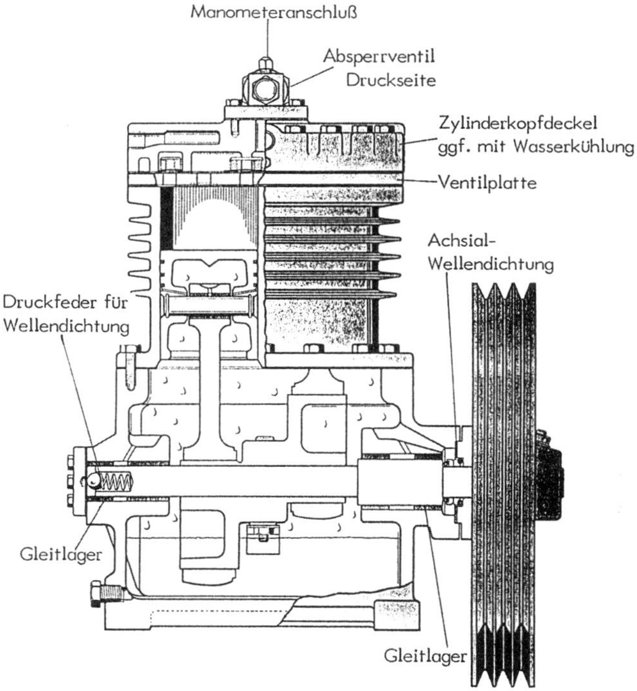

Abb. 5.3.6: Schnitt durch einen Zweizylinder-Kompressor.
Quelle: Firmenprospekt Fa. Bitzer, Sindelfingen

Abb. 5.3.7: Kompressor in offener Bauweise.
Quelle: Firmenprospekt Fa. Bitzer, Sindelfingen

Bekannte Fabrikate sind Bock, Bitzer, Sumac, Copelaweld, Thermoking, Carrier, York u.a. Die Drehzahlen liegen zwischen 750 und 1500 U/min.

Für ein gut wärmegedämmtes Einfamilienhaus kommt ein Zweizylinder-Kompressor mit 4 bis 6 kW Kälte-Nennleistung infrage (bezogen auf 0°C Verdampfungs- und 50°C Kondensationstemperatur).

Die Kompressoren werden mit einem besonderen Kältemaschinenöl geschmiert, das mit dem Kältemittel im Kreislauf verträglich ist. An der Wellendichtung können geringe Öl- und Kältemittelverluste auftreten. Deshalb sind einmal im Jahr die Füllstände von Öl und Kältemittel zu kontrollieren. Dafür sind entsprechende Schaugläser am Kompressor für das Öl und am Sammelgefäß für das Kältemittel vorhanden bzw. vorzusehen. Ein Ölwechsel kommt in der Regel erst dann in Betracht, wenn Reparaturen am Kompressor nötig sind. Zum Ölnachfüllen muß das Kältemittel aus dem Kompressorboden nach Bedienungsanleitung des Herstellers abgesaugt werden.

Der Kondensator

Der Kondensator (Verflüssiger) ist ein Wärmetauscher aus Kupfer oder Edelstahl, der die beim Kondensieren des Kältemittels freiwerdende Wärme an den Heizkreislauf überträgt. Die Bauform richtet sich danach, ob der Heizkreislauf mit Luft oder mit Wasser als Wärmeträger arbeitet.

Kondensatoren für den Wärmeträger Luft sind meist in Lamellenbauweise ähnlich wie ein Autokühler konstruiert; sie werden häufig bei Kühlanlagen zum Abführen der Wärme an die Außenluft

Der Umgang mit Kompressoren

Halbhermetische und vollhermetische Kompressoren kommen für den Selbstbau einer Diesel- oder Gasmotor-Wärmepumpe nicht infrage, weil sie keine nach außen führende freie Welle haben, wo der Verbrennungsmotor angeschlossen werden könnte. Es wäre zwar denkbar, solche Kompressoren mit Elektromotor über eine „elektrische Welle" anzutreiben, indem der Verbrennungsmotor auf einen Generator arbeitet, der dann Drehstrom für den Kompressormotor liefert; dabei treten jedoch höhere Verluste und Probleme bei der Drehzahlregelung auf, so daß diese Lösung nur sinnvoll ist, wenn der Verbrennungsmotor z.B. wegen der Geräuschentwicklung nicht direkt neben der Wärmepumpe aufgestellt werden kann oder wenn eine Wärme-Kraft-Kopplungsanlage zur Stromerzeugung betrieben wird.
Für den Selbstbau einer verbrennungsmotorgetriebenen Wärmepumpe sind offene Kompressoren genau das Richtige. In der heute üblichen Ausführung werden sie seit 40 Jahren hergestellt. Sie sind sehr robust gebaut und können Standzeiten von 40000 bis 50000 Stunden erreichen, was bei Wärmepumpenbetrieb zur Raumheizung einer Lebensdauer von 10 bis 15 Jahren entspricht. Verschleißteile wie Kolben, Pleuel, Ventilplatte, Kurbelwellenlager und Wellendichtung können bei offenen Kompressoeren leicht und ohne Spezialwerkzeug ausgewechselt werden.
Mit den in der Kältetechnik weitverbreiteten Fabrikaten Bock (Nürtingen) und Bitzer (Sindelfingen) habe ich gute Erfahrungen gemacht (siehe Bezugsquellenverzeichnis). Für ein gut wärmegedämmtes Einfamilienhaus passen in der Regel Zweizylinder-Kompressoren mit 4 bis 6 kW Kälte-Nennleistung. Bock-Kompressoren dieser Größenordnung sind Schnelläufer mit max. 1450 U/min., während Bitzer Langsamläufer mit max. 750 U/min baut. Bei mir lief 3 Winter lang ein „Bock Typ 3" mit einem Volumenstrom von max. 22 m^3/h, den ich später durch einen „Bitzer Typ IV W" ersetzt habe (Volumenstrom 13,5 m^3/h); letzterer besitzt einen wassergekühlten Zylinderkopf, wodurch Wärmeverluste verringert werden können.

Ölwechsel

Die Kompressoren haben saug- und druckseitig doppelt wirkende Absperrventile, so daß man den Kompressor öffnen oder ausbauen kann, ohne dafür den übrigen Kältemittelkreislauf zu entleeren. Muß z.B. Öl nachgefüllt werden, so schließt man bei laufender Anlage zuerst das Saugventil, damit der Kompressor das im Ölsumpf vorhandene Kältemittel absaugen und durch den Kondensator ins Sammelgefäß drücken kann. Müssen größere Mengen Kältemittel abgesaugt werden, wird der Kompressor außen am Gehäuseboden Reifansatz zeigen. Nach einigen Minuten kann dann der Motor abgeschaltet und das Ventil auf der Druckseite ebenfalls geschlossen werden. Jetzt wird die Öleinfüllschraube vorsichtig gelockert, um zu prüfen, ob noch Kältemitteldruck ansteht. Notfalls muß man ein zweites Mal absaugen und dabei den Kompressorboden vorsichtig mit lauwarmem Wasser oder Warmluft erwärmen, damit das Kältemittel besser verdampft. Das Schmieröl wird bis zur Mitte des Schauglases nachgefüllt, dabei sollte natürlich die gleiche Marke und Qualität verwendet werden, wie sie schon im Kompressor ist. Auf den Ölkanistern ist angegeben, für welche Kältemittel sich das Öl eignet. Ein Ölwechsel kommt in der Regel erst dann in Betracht, wenn Reparaturen am Kompressor nötig sind.

Der Antrieb

Der Antrieb des Kompressors erfolgt am besten über Keilriemen: Bei der für Einfamilienhäuser infrage kommenden Kompressorgröße sind 2 Keilriemen mit 13 mm Breite oder 1 Riemen mit 17 mm Breite ausreichend. Ein Direktantrieb über eine elastische Kupplung hat sich nicht bewährt, weil dabei die Kolben von Motor und Kompressor immer in der gleichen Winkelstellung zueinander arbeiten, so daß sich in bestimmten Drehzahlbereichen Schwingungen aufbauen können. Der Keilriemen wirkt hingegen durch seinen stets vorhandenen Schlupf ausgleichend. Außerden läßt sich durch Wahl der Riemenscheibengröße ein passendes Untersetzungsverhältnis (in meinem Fall ca. 2 : 1) einstellen.
Um den Handstart meines Dieselmotors zu erleichtern, habe ich den Kompressor nicht direkt mit der Fundament-Betonplatte verschraubt, sondern ihn auf einen Rahmen aus Winkeleisen gesetzt. Dieser Rahmen wird seitlich geführt, so daß der Abstand zum Motor mit einer Schraubspindel verändert werden kann. Dadurch läßt sich der Keilriemen zum Anwerfen des Motors lockern und nach dem Anlaufen in kürzester Zeit spannen. Mit gespanntem Keilriemen wäre ein Handstart meines Motors nicht möglich, da der Kompressor zusätzlichen Widerstand bringt und sich nicht schnell genug durchdrehen läßt. Natürlich müssen die Riemenscheiben von Motor und Kompressor gut fluchten und die Anschlußleitungen zum Kompressor so ausgeführt

sein, daß sie beim Bewegen des Kompressors keinen Schaden nehmen. Man könnte den Kompressor auch fest installieren und den Keilriemen mit einer verstellbaren Spannrolle spannen.

Gebrauchte Kompressoren

Bei den genannten offenen Kompressoren handelt es sich um „echte, deutsche Wertarbeit“ und es macht Spaß, damit zu arbeiten oder sie im Notfall auch zu reparieren. Ersatzteile bekommt man in kürzester Zeit, auch wenn der Kompressor schon 10 oder 20 Jahre alt ist. Sowohl bei Bitzer als auch bei Bock sowie bei den einschlägigen Vertriebsstellen findet man Leute, die gern weiterhelfen, wenn Probleme und Fragen auftauchen.

Der Neupreis von Kompressoren dieser Bauart liegt bei etwa 1500 DM. Wer soviel nicht aufwenden will, sollte sich auf „Edelschrottplätzen“ umschauen, denn dort findet man zuweilen solche Kompressoren und auch andere Teile von Kälteanlagen, die zum Teil gut erhalten oder gar neuwertig sind. Warum z.B. 20 funkelnagelneue Bitzer-Kompressoren auf einem Münchener Schrottplatz für 100 DM/Stück verschleudert wurden, ist mir ein Rätsel, das man sich nur mit den Gepflogenheiten unserer Wegwerf-Gesellschaft erklären kann.

Geeignete Kompressoren findet man übrigens auch in manchen Transport-Kälteaggregaten der Kühl-LKW's, wie sie die Firmen Thermo-King, Petter und BBC York herstellen. Bei den Niederlassungen dieser Firmen oder auch auf LKW-Schrottplätzen kann man sich einmal nach brauchbaren Kompressoren umschauen. Aber Vorsicht, ein gebrauchter Kompressor muß vor dem Einbau in die Wärmepumpenanlage gut geprüft werden, sonst ist der Ärger am Ende größer als die Ersparnis!

Durch Drehen an der Riemenscheibe stellt man zunächst einmal fest, ob die Kolben noch leicht beweglich sind und ob bereits Spiel in den Pleuellagern oder Kolbenbolzen vorliegt. Waren die Absperrventile nicht geschlossen, ist Vorsicht geboten, denn dann können die Zylinderlaufbahnen und Ventile durch Sauerstoff- und Feuchtigkeitszutritt verrostet sein. In diesem Fall sind Zylinderkopfdeckel und Ventilplatte abzubauen und auf Rostspuren hin zu untersuchen. Beim Zusammenbau unbedingt neue Dichtungen verwenden! Da Kältemittelreste im Zusammenwirken mit Luft stark korrosiv sind, darf ein geöffneter Kompressor nicht tagelang herumstehen, ohne daß die gefährdeten Teile wie Zylinderlaufbahnen und Ventile mit Kältemaschinenöl geschützt sind. Will man einen Kompressor längere Zeit lagern, sollte man ihn nach dem Verdrängen der Luft mit Kältemitteldampf füllen und den Innenraum durch Schließen der Absperrventile und Aufschrauben der Dichtungskappen gegen Luftzutritt schützen.

Ob ein Kompressor noch brauchbar bzw. schon verschlissen ist, läßt sich durch eine Messung des Kompressionsdruckes prüfen: Bei der niedrigsten auf dem Typenschild angegebenen Drehzahl und Verdichten gegen ein Manometer sollte er mindestens 20 bar Überdruck erzeugen, wenn Außenluft angesaugt wird. Ohne ein eingebautes Überdruckventil muß der Antrieb beim Erreichen dieses Druckes sofort ausgeschaltet werden, um eine Überlastung des Kompressors zu vermeiden. Bringt der Kompressor nicht mehr genügend Druck, so sind wenigstens neue Kolbenringe und Ventile fällig, besser ist es jedoch, gleich die ganze Ventilplatte auszutauschen, die etwa 100 DM kostet.

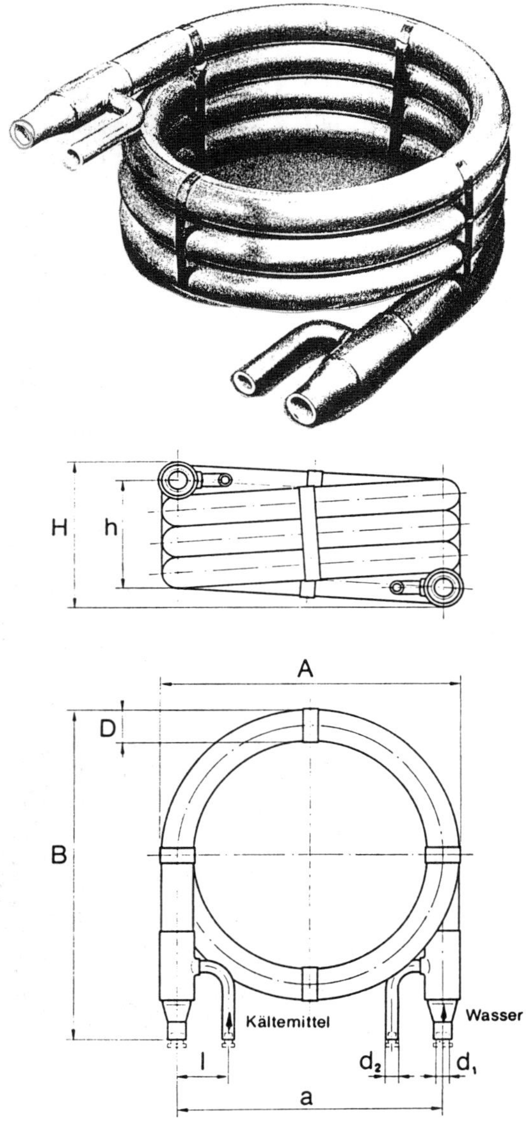

Abb. 5.3.8: Koaxial-Kondensatoren sind in vielen Größen und Bauformen mit Kondensationsleistungen von 1 bis 50 kW lieferbar. Quelle: Fa. Schmöle, Menden

eingesetzt. Für den Einsatz in Verbindung mit einer Warmluft- oder Hypokaustenheizung sind solche Kondensatoren recht günstig, weil sie den Umweg über einen kraftzehrenden Wasserkreislauf mit zusätzlichen Temperaturdifferenzen vermeiden. Die Wärmepumpe darf in diesem Fall allerdings nicht allzuweit entfernt vom Ventilator der Luftheizung stehen, da sich Kältemittel nicht über so große Entfernung wie warmes Wasser fördern läßt. Außerdem müssen Vorkehrungen getroffen werden, daß bei Undichtigkeiten am Kondensator das ausströmende Kältemittel nicht in die Heizungsluft gelangt.

Deshalb werden bei Heizwärmepumpen meist wasserdurchflossene Kondensatoren eingesetzt, auch wenn wie bei meiner Anlage eine Luftheizung vorhanden ist. Kondensatoren für den Wärmeträger Wasser im Heizkreis gibt es einbaufertig in verschiedenen Größen und Bauweisen.

Koaxial-Kondensatoren bestehen aus einem oder mehreren parallelgeschalteten Kupferrohren in einem übergeschobenen Mantelrohr (Abb.5.3.8). Zwecks Platzersparnis ist diese Anordnung zu einer Spirale aufgewickelt. Der Kältemitteldampf (Heißgas) strömt durch das Mantelrohr, und zwar im Gegenstrom zum Wasser im Innenrohr. Zur Vergrößerung der wärmetauschenden Oberfläche können die Innenrohre mit Rippen oder Lamellen versehen sein. Koaxial-Kondensatoren werden liegend eingebaut, und zwar so, daß das kondensierende Kältemittel am untenliegenden Ausgang abfließen kann.

Rohrschlangen-Kondensatoren sind sehr kompakt gebaut und bestehen aus gerippten Kupferrohrschlangen, die in einem zylindrischen, senkrecht stehendem Gehäuse untergebracht sind. Auch hier fließt das Heizwasser durch die Rohrschlangen, das Kältemittel wird im Gehäuse an den gerippten Rohroberflächen vorbeigeführt (Abb. 5.3.9.).

Außergewöhnlich platzsparende *Plattenwärmetauscher* aus Edelstahl hat die Fa. Alfa Laval Industrietechnik entwickelt. Es gibt eine breite Palette verschiedene Typen und Baugrößen mit Druckbelastungen bis 30 bar (Abb. 5.3.10 u. 5.3.11).

Wasserdurchströmte Kupferrohre können korrodieren und undicht werden. In einigen Bundesländern gibt es daher Vorschriften, die ein direktes Durchströmen des Kondensators mit Brauchwasser (Trinkwasser) verbieten. In solchen Fällen muß für die Brauchwassererwärmung ein zusätzlicher Wärmetauscher eingesetzt

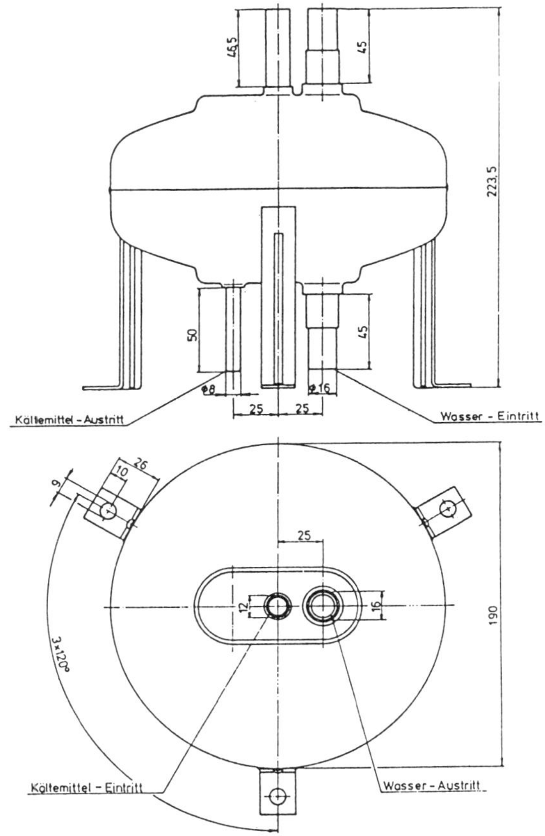

Abb. 5.3.9: Rohrschlangen-Kondensator in stehender Ausführung, Nennleistung in der dargestellten Ausführung: 2,8 kW. Quelle: Fa. Schmöle, Menden

Abb. 5.3.10: Plattenwärmetauscher aus Edelstahl mit 0,5 und 2,5 m² Tauscherfläche und 5 bis 7 kW/m²k Wärmeübertragungsleistung. Quelle: Alfa-Laval, Glinde

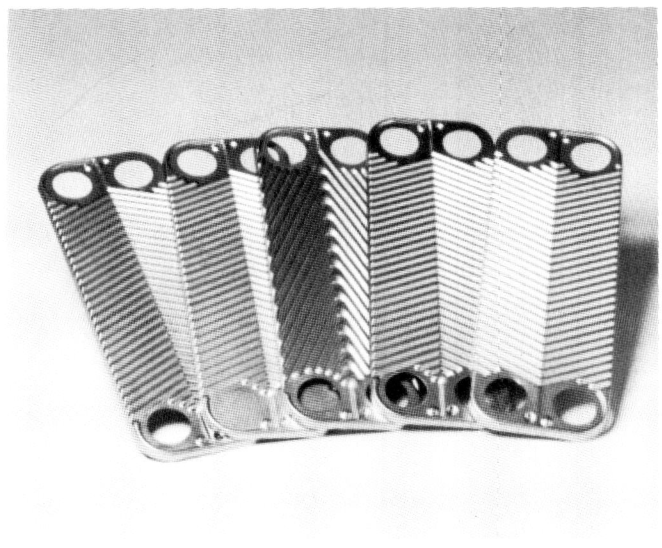

Abb. 5.3.11: Einzelelemente des Alfa-Laval-Plattenwärmetauschers. Quelle: Alfa-Laval, Glinde

werden, falls nicht sowieso ein Brauchwasser-Doppelmantelboiler vorhanden ist. Die Fa. H. D. Eichelberg (Menden) bietet ein Doppelmantel-Rippenrohr an, das speziell für solche Anwendungen konzipiert ist; bei einem Bruch des inneren, Kältemittel führenden Rohres strömt das Kältemittel über entsprechende Kanäle im Doppelmantel ins Freie (Abb. 5.3.12). Der Wärmeübergang vom Innenrohr auf den Doppelmantel erfolgt durch Wärmeleitung über entsprechende Kontaktstellen des gewellten und gerippten

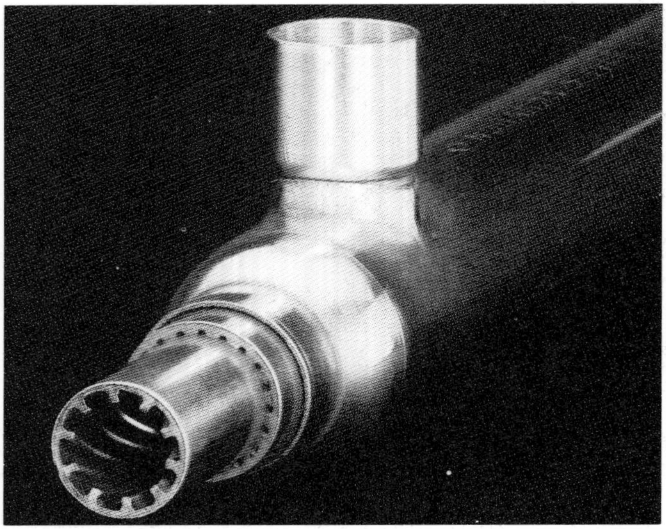

Abb. 5.3.12: Rippenrohr-Wärmetauscher aus Kupferrohr mit Sicherheitsmantel.

Außenrohres. Auf diese Weise wird auch verhindert, daß Heizungswasser nach Ausströmen des Kältemittels bis in den Kompressor dringen kann.
Da käufliche Kondensatoren (ebenso wie die Verdampfer) in der von mir gewünschten Größe nicht gerade billig sind (1200 bis 1500 DM), habe ich eine Methode zum Selbstbau entwickelt, die weiter unten beim Thema „Verdampfer" beschrieben wird.

Das Sammelgefäß

Das Sammelgefäß (Sammler) ist ein druckfester Behälter in liegender oder stehender Anordnung. Im Sammelbehälter sollen aus dem Kondensator entweichende Reste dampfförmigen Kältemittels von der flüssigen Phase abscheiden und in Ruhe kondensieren. Dies funktioniert aber nur, wenn der Sammler in der vorgesehenen Richtung durchströmt wird. Der Zufluß mündet oben in das Gefäß, während der Ablauf als Standrohr fast bis zum Boden reicht. Durch ein Schauglas kann man den Kältemittel-Füllstand kontrollieren.
Die Kontrolle führt man am besten bei laufendem Kompressor durch, weil der Flüssigkeitsspiegel dann durch das von oben herabplätschernde Kältemittel besser zu sehen ist. Je nach Druck- und Temperaturverhältnissen kann der Flüssigkeitsstand um mehrere Zentimeter schwanken. Die Größe des Sammelgefäßes richtet sich nach dem Füllvolumen der Anlage. Je größer die Leistung der Wärmepumpe und je voluminöser die verwendeten Bauteile, umso mehr Kältemittel muß eingefüllt werden. Meine Anlage faßt etwa 6 l Kältemittel und etwa so groß ist auch der Sammler, der ca. 1 bis 2 l Kältemittel in flüssiger Form bevorratet. Es lohnt sich, das Sammelgefäß gegen Wärmeverluste zu isolieren, z.B. durch Umwickeln mit Glaswolle, Schaumstoff, Wellpappe oder profimäßig mit „Armaflex", das in Platten- und Bandagenform im Kältetechnik-Handel erhältlich ist.

Der Filtertrockner

Der Filtertrockner nimmt Verunreinigungn (Lötmittelreste, Kompressorabrieb) und vor allem Wasser auf und verhindert so ein Verstopfen oder gar Vereisen empfindlicher Teile wie Expansionsventil oder Kompressorventile (Abb. 5.3.13). Am besten wird der Filtertrockner vor dem Expansionsventil angeordnet. Es gibt Wegwerffilter und solche, bei denen man das Gehäuse öffnen und neue Filtermasse einfüllen kann. Normalerweise kommt man mit einem Wegwerffilter jahrelang aus, da nur Spuren von Wasserdampf aus der Luft in das Innere des Kreislaufs diffundieren können.
Es ist zweckmäßig, hinter dem Filtertrockner ein Schauglas mit Feuchtigkeitsindikator anzubringen (Abb. 5.3.14). Der Indikator zeigt durch Farbumschlag, wann der Filter wassergesättigt ist und ausgetauscht werden muß. Das Schauglas ist außerdem ganz praktisch, um zu kontrollieren, ob der Strom des flüssigen Kältemittels frei von Gasblasen ist. Diese deuten nämlich darauf hin, daß entweder zu wenig Kältemittel im Sammler ist, oder daß die Einstellung des Expansionsventils nicht stimmt (zu geringe Überhitzung bzw. zu niedriger Kondensationsdruck).
Beim Selbstbau einer Wärmepumpenanlage kann es durch „Verkettung unglücklicher Umstände" vorkommen, daß größere Mengen an tropfbar flüssigem Wasser in den Kältekreislauf gelangen. In diesem Fall, der auch bei mir eintrat, ist man für einen Filter mit Wechselfüllung dankbar. Selbst mit List und Tücke (Auseinandernehmen der ganzen Anlage, Erhitzen der einzelnen Bauteile im Backofen oder mit dem Lötbrenner, Evakuieren vor dem Einfüllen des Kältemittels) ist es nicht möglich, die letzten Spuren von Wasser oder Wasserdampf zu entfernen. Dummerweise setzt

sich das Wasser bei der Inbetriebnahme der Anlage aber gerade dort ab, wo man es am wenigsten gebrauchen kann, nämlich im Expansionsventil oder an den Saugventilen im Kompressor. Dort kann es zur Eisbildung kommen, wobei im ungünstigsten Fall die ganze Anlage lahmgelegt oder in ihrer Leistung stark gemindert wird. Kein Wunder, daß jeder Kältetechniker Wasser im Kältekreislauf fürchtet wie die Pest.

Das Expansionsventil

Das Expansionsventil (Drosselventil, Einspritzventil) ist nichts anderes als eine kontrollierte Verengung der Leitung vor dem Verdampfer. Bei sehr kleinen Kälteanlagen (Kühlschrank u. ä.) oder Wärmepumpen verwendet man tatsächlich statt eines aufwendigen Expansionsventils ein Kapillarrohr (Kupferrohr mit sehr engem Innendurchmesser). In beiden Fällen wird durch die Engstelle der Durchflußwiderstand radikal erhöht, so daß der Kompressor den Kältemitteldampf vor dem Ventil auf Werte zwischen 8 und 20 bar verdichten kann.

Im Gegensatz zum Kapillarrohr ist der freie Querschnitt in der Düse des Expansionsventils aber verstellbar, und zwar durch eine Kugel oder einen Ventilkegel, die durch eine Nadel betätigt werden. Die Veränderung des Düsenquerschnitts hat einen großen Einfluß auf die Druck- und Temperaturverhältnisse in Verdampfer und Kondensator und somit auf die Leistung der Anlage.

Üblich sind *thermostatisch gesteuerte Expansionsventile* (Abb. 5.3.15), die durch Verstellen der Ventilspindel beim Einfahren der Anlage mit Hilfe der Manometer am Kompressor so eingestellt werden, daß die gewünschten Temperaturen am Kondensator und Verdampfer erreicht werden. Der Temperaturfühler wird mit Schlauchschellen an der Saugleitung des Verdampfers angebracht. Er ist mit einer Flüssigkeit gefüllt und betätigt in Abhängikeit von der Fühlertemperatur über ein Kapillarrohr die Membran des Expansionsventils. Diese wiederum bewegt die Nadel des Ventils und verändert damit den Düsenquerschnitt so, daß die Temperatur am Fühler konstant bleibt. Expansionsventile gibt es in verschiedenen Größen, je nach Kälteleistung der Anlage und Art des Kältemittels. Hauptmerkmal für Größe bzw. Leistungsbereich des Expansionsventils ist die genormte Düsenkennzahl. Es gibt auch Expansionsventile mit austauschabaren Steckeinheiten für unterschiedliche Düsengrößen.

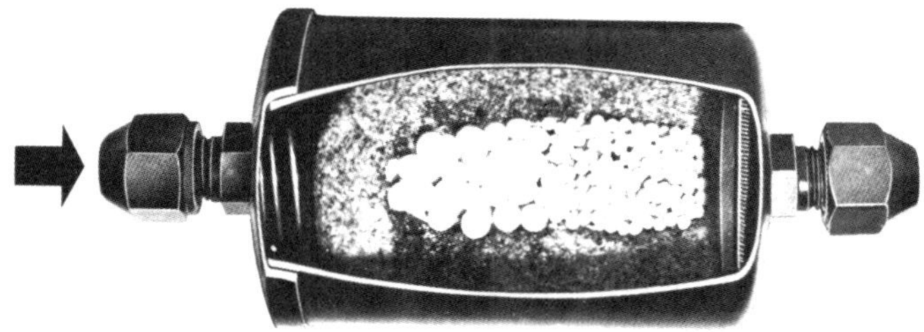

Abb. 5.3.13:
Filtertrockner zum Schutz gegen Feuchtigkeit, Schmutz und Säuren; die Füllung besteht aus Silikagel-Körnern und einem Kern aus Molekularsieven. Quelle: Fa. Ernst Flitsch, Fellbach

Schaugläser zeigen den Zustand des durchströmenden, flüssigen Kältemittels an, d.h. es kann damit festgestellt werden, ob das Kältemittel frei von Gasblasen ist. Diese entstehen hauptsächlich durch Kältemittelmangel oder fehlende Unterkühlung. Ferner wird durch den Indikator Feuchtigkeit im Kältemittel aufgespürt und angezeigt: grün = feuchtigkeitsfreies Kältemittel; gelb = Feuchtigkeit im Kältemittel, Austausch des Trockners erforderlich.

Abb. 5.3.14: Schauglas mit Feuchtigkeitsindikator.
Quelle: Fa. Ernst Flitsch, Fellbach

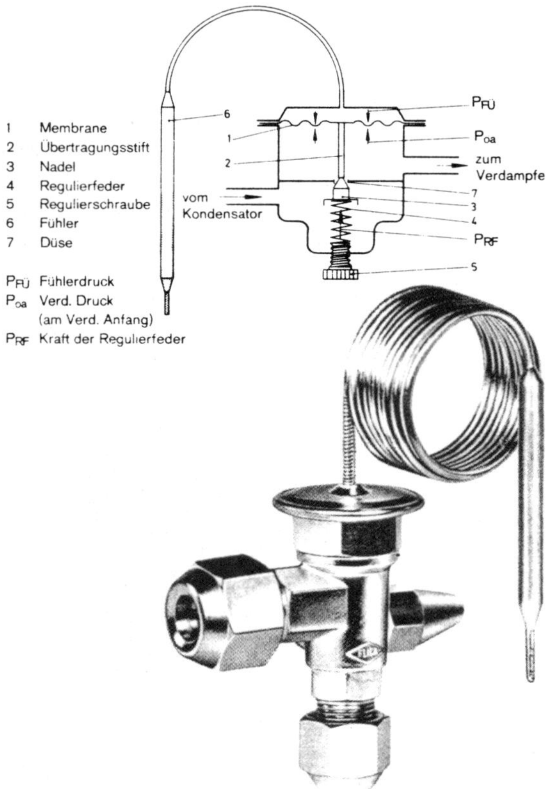

Die Arbeitsweise der thermostatischen Expansionsventile wird sowohl durch den Verdampferdruck (genauer: den Druck am Anfang des Verdampfers), als auch durch den Steuerdruck im Fühler des Ventils bestimmt. Der Fühler wird am Ausgang des Verdampfers gut wärmeleitend am Saugrohr montiert und tastet damit ständig die Temperatur des den Verdampfer verlassenden Kältemittelgases ab.

Die Funktion: Auf das Steuerorgan (1) - das als Membrane oder Wellrohr ausgebildet sein kann - wirkt von oben der von der Fühlertemperatur abhängige und daher veränderliche Fühlerdruck $P_{Fü}$, während der Verdampferdruck P_{oa} diesem entgegen auf die Unterseite der Membrane (1) einwirkt. Zwischen dem Steuerraum unter der Membrane und dem Eintritt in den Verdampfer besteht im Ventilinneren eine Verbindung, so daß immer der Anfangsdruck im Verdampfer P_{oa} unter der Membran liegt. Man spricht daher bei dieser Ausführung vom inneren Druckausgleich.

Eine Bewegung der Membran nach unten hebt über den Übertragungsstift (2) den Dichtkegel der Nadel (3) aus der Düse (7) ab und gibt damit einen bestimmten Durchflußquerschnitt frei, während die Aufwärtsbewegung des Steuerorgans (1) durch den Druck der Feder (4) den Durchfluß bis zum Schließen drosselt. Bei steigender Fühlertemperatur und damit anwachsendem Fühlerdruck $P_{Fü}$, ebenso wie bei fallendem Verdampferdruck P_{oa} öffnet das Ventil und läßt mehr Kältemittel zum Verdampfer strömen, während fallender Fühlerdruck und steigender Verdampferdruck die Nadel in Schließrichtung bewegen und damit den Durchfluß drosseln. Schaltet die Maschine nach Ende der Kühlperiode ab, so steigt der Verdampferdruck an und schließt das Ventil, wenn nicht durch übermäßige Erwärmung des Fühlers dessen Druck diese Schließkraft überwiegt.

Abb. 5.3.15: Thermostatisches Expansionsventil. Quelle: Fa. Ernst Flitsch, Fellbach

Die thermostatische Regelung ist ausreichend, wenn die Anlage mit gleichbleibender Kompressordrehzahl und nicht zu stark veränderlichen Verdampfungstemperaturen gefahren wird, so vor allem bei Elektrowärmepumpen mit Grundwasser als Wärmequelle. Auch ich habe zuerst mit einem derartigen Ventil gearbeitet, bis ich darauf kam, daß diese Art der Regelung für eine verbrennungsmotorgetriebene Wärmepumpe mit ihrer variablen Motordrehzahl und Kompressorleistung nicht optimal ist, zumal der Verdampfer ja auch noch wechselnde Temperaturen aus Dachabsorber und Erdspeicher verarbeiten muß. Besonders unangenehm ist die Tatsache, daß das Thermostatventil oft „verkehrt herum" regelt: So macht es beispielsweise bei lange anhaltenden Kälteperioden, wenn auch die Temperatur im Verdampfer zurückgeht, immer mehr zu und drosselt den Kältemittelstrom gerade dann, wenn man die größte Heizleistung braucht. Scheint hingegen die Sonne auf den Dachabsorber und steigen dadurch Temperatur und Druck im Verdampfer, macht es auf und läßt so viel Kältemittel durch, daß der Dieselmotor abgewürgt wird.

Automatische Expansionsventile (Abb. 5.3.16) arbeiten unabhängig von der Verdampfertemperatur und werden vom Druck auf der Verdampferseite gesteuert. Ein derartiges Ventil sperrt „automatisch" beim Stillsetzen des Motors durch den Druckabfall hin-

Automatische Expansionsventile arbeiten nach dem Prinzip des Druckreduzierventils. Sie halten den Verdampferdruck während der ganzen Laufzeit der Maschine konstant auf dem eingestellten Wert - unabhängig von den Temperaturverhältnissen - und schließen den Kältemittelzustrom zum Verdampfer bei Stillstand der Maschine durch den entstehenden Druckanstieg ab.
Das Steuerorgan (1), das eine Membran oder ein Wellrohr sein kann, steht von oben her unter dem atmosphärischen Druck der Außenluft P_{at} und der Kraft der fest eingestellten Gegenfeder P_{Gf}. Auf der Unterseite des Steuerorgans wirken der Verdampferdruck P_{oa} und die Kraft der Regulierfeder P_{Rf}, deren Vorspannung durch Verstellen der Regulierschraube (5) verändert werden kann. Bei einer bestimmten Regulierfedereinstellung biegt sich also - sobald der Verdampferdruck etwas absinkt, die Membran (1) etwas nach unten durch, und der Übertragungsstift (2) drückt dann die Nadel aus ihrem Sitz in der Düse (7) heraus, so daß ein Durchflußspalt zwischen Nadel (3) und Düse (7) entsteht. Es strömt dann soviel Kältemittel in den Verdampfer ein, bis dessen Druck wieder ansteigt, und damit die Membran wieder in ihre ursprüngliche Lage zurückkehrt.
Je geringer die Spannung der Regulierfeder, desto höher also der Verdampferdruck und umgekehrt. Für jede Regulierfedereinstellung ergibt sich damit ein bestimmter Verdampferdruck, der dann automatisch konstant gehalten wird, ohne daß das Ventil auf die Temperaturverhältnisse am Kondensator bzw. Verdampfer Rücksicht nimmt.

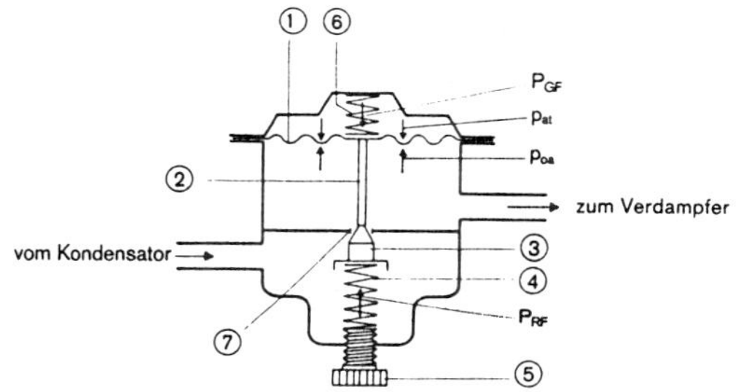

① Membrane
② Übertragungsstift
③ Nadel
④ Regulierfeder
⑤ Regulierschraube
⑥ Gegenfeder
⑦ Düse

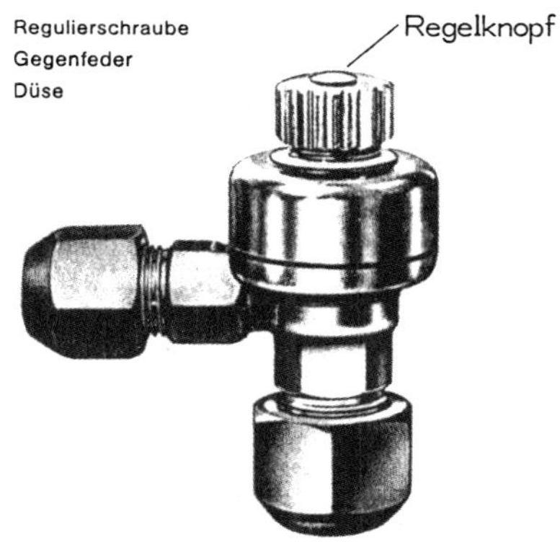

Abb. 5.3.16: Automatisches Expansionsventil. Quelle: Fa. Ernst Flitsch, Fellbach

ter dem Kompressor den Verdampfer ab und macht eine Saugdrossel entbehrlich. Außerdem läßt sich damit die Leistung der Wärmepumpe zwischen Leerlauf und voller Leistung so fein regeln, daß der Motor immer im richtigen Lastbereich mit relativ niedrigem Kraftstoffverbrauch und Rußausstoß laufen kann. Gleichzeitig wird eine Überlastung des Motors vermieden, wenn die Sole beispielsweise bei Wintersonne einmal mit 30°C in den Verdampfer strömt (ein thermostatisches Ventil würde dann voll öffnen und den Motor überlasten).

Der Verdampfer
Die Wärmetauscherfläche eines Verdampfers sollte etwa doppelt so groß sein, wie die des zugehörigen Kondensators.

Der Verdampfer wird bei den meisten Wärmepumpen wie schon beim Kondensator beschrieben in Koaxialbauweise ausgeführt. Im Gegensatz zum Kondensator wird hier das Kältemittel jedoch durch die inneren Rohre geführt, während das Wasser oder die Sole der Wärmequelle im äußeren Mantelrohr fließt. Auch die im Kapitel „Kondensator" beschriebenen Plattenwärmetauscher eignen sich als Verdampfer.

Sehr preiswerte und gut funktionierende Verdampfer und Kondensatoren (Abb. 5.3.17) kann man aus handelsüblichem Kupferrohr, einem Verteilerkopf und einem Plexiglasrohr in Spiralbauweise nach einem von mir entwickeltem Prinzip herstellen (vgl. Kasten: Selbstbau eines Wärmepumpenverdampfers).

Selbstbau eines Wärmepumpenverdampfers

Neben dem hohen Preis industriell hergestellter Koaxialverdampfer haben diese meines Erachtens einige weitere Nachteile:

- Der Durchflußwiderstand für die Sole ist relativ hoch.
- Vereisungsvorgänge lassen sich von außen nicht erkennen.
- Es gibt keine Möglichkeit, sie bei Bedarf zu reinigen.

So war beispielsweise bei einer Wärmepumpenanlage in der Nachbarschaft, die Grundwasser als Wärmequelle verwendet, schon nach einjähriger Betriebszeit ein Koaxialverdampfer durch feinen Sand und Schwebstoffe so verstopft, daß er ersetzt werden mußte.
Nach einigen Experimenten und Überlegungen baute ich mein erstes Modell eines Selbstbau-Verdampfers, das sich für den Verdampfer zwar als zu klein erwies, heute aber als Kondensator genutzt wird. Die Wärmetauscherfläche eines Verdampfers sollte nämlich etwa doppelt so groß sein, wie die des zugehörigen Kondensators.
Für den zweiten Prototypen, der sich inzwischen gut bewährt hat, wickelte ich Kupferrohr mit 12 mm Durchmesser auf einen Kern aus Stahlrohr mit 60 mm Durchmesser und ca. 1 m Länge. Jede Spirale erhält 23 Windungen, die zunächst dicht nebeneinander liegen sollten. Pro Spirale werden dafür etwa 4,8 m Kupferrohr gebraucht, für den Verdampfer müssen 8 solcher Spiralen gewickelt werden (ergibt eine wärmetauschende Oberfläche von etwa 1,45 m^2).
Um das Wickeln zu erleichern, ist es vorteilhaft, sich eine einfache Vorrichtung zu bauen. Das Stahlrohr wird an dem einen Ende mit einer aufgeschweißten Kurbel versehen und mit dem anderen Ende auf ein passendes, dünneres Rohr geschoben, das man in den Schraubstock einspannt. Das äußere Rohr sollte sich nun leicht drehen lassen. Während eine Person mit der Kurbel das äußere Rohr dreht, führt eine andere das Kupferrohr beim Aufwickeln (Lederhandschuhe anziehen!). Der Anfang des Kupferrohrs wird mit Draht an der Kurbel befestigt, damit er nicht wegrutscht. Beim Aufwickeln formt sich der Querschnitt des Kupferrohrs oval. Das ist nicht weiter schlimm, sondern sogar vorteilhaft, weil das Rohrvolumen (und damit das Füllvolumen des Kältekreislaufs) bei gleicher Oberfläche kleiner wird. Natürlich muß man für diese Arbeit weiches Kupferrohr in Ringbunden (Kühlschrank- oder Kälterohr) verwenden. Hartes Kupferrohr in Stangen ist absolut nicht geeignet.
Vier Spiralen werden links herum gedreht, die anderen vier rechts herum. Dies ist wichtig, damit die Spiralen beim späteren Zusammenbau platzsparend zusammengeschoben werden und ineinandergreifen können. Nach dem Abziehen der Spirale vom Rohr muß diese noch wie eine Feder auseinander gezogen werden - dazu braucht man Kraft in Händen und Armen. Der Abstand zwischen den Windungen muß 16 mm betragen. Zur Kontrolle fährt man mit einem 16 mm dikken Rundeisen oder Spiralbohrerschaft die Windungen entlang und bringt gegebenenfalls einzelne Teilstücke der Spirale auf den richtigen Abstand. Jetzt sollten sich zwei gegenläufige Spiralen leicht von der Seite her zusammenschieben lassen. Hat man alle 8 Spiralen zu einem Bündel nach Abb. 5.3.17 zusammengesteckt, sollte sich das Bündel in ein Plexiglasrohr mit 20 cm Außendurchdurchmesser und 3 bis 4 mm Wandstärke schieben lassen (Beschaffung des Plexiglasrohres: siehe Bezugsquellenverzeichnis). Ist das der Fall, kann man das Bündel durch Umwickeln mit Klebeband provisorisch fixieren und ans Verlöten gehen.
Damit das Kältemittel gleichmäßig auf alle Rohre verteilt wird, bedient man sich eines handelsüblichen Verteilerkopfes für Mehrfach-Einspritzung (Flüssigkeitsverteiler). Er muß stehend angeordnet werden. Für meinen Verdampfer trieb ich einen Verteilerkopf mit 8 Abgängen bzw. Löchern mit jeweils 6 mm Durchmesser auf. Die Zahl der Abgänge muß schon stimmen, denn lötet man an einem Verteiler mit 10 Abgängen einfach 2 zu, ist die gleichmäßige Verteilung des Kältemittels auf die 8 angeschlossenen Abgänge gestört. Die Verbindungen zwischen den oberen Enden der Spiralen und dem Verteilerkopf werden mit gleichlangen Kupferrohrstücken (Länge 10 bis 15 cm, Querschnitt 6 x 1 mm) hergestellt, die sich sehr leicht biegen lassen. Alle Verbindungen müssen hartgelötet werden! Wer das Hartlöten nicht gelernt hat, sollte diese Lötarbeiten ggf. von einem ortsansässigen Kältetechniker ausführen lassen. Hinweise zur Ausführung fachgerechter Hartlötverbindungen geben die Schriften „Verbindungstechnik Teil 1 + 2" des Deutschen Kupfer-Instituts (Knesebeckstr. 96, 10623 Berlin); empfehlenswert sind außerdem die Schriften „Trennen, Kalibrieren, Biegen" sowie „Kupfer - Eigenschaften, Anwendungsgebiete, Lieferformen", die ebenfalls dort erhältlich sind.
Vor dem Verlöten sind die einzelnen Leitungsstücke mit Preßluft von Kupferspänen zu säubern. Besser ist es, erst gar keine Späne hineinzubringen und statt der Eisensäge einen Rohrabschneider zum Ablängen der Rohre zu verwenden.
Auch an den unteren Enden der Spiralen werden Kupferrohrstücke 6 x 1 mm eingelötet, die man so biegt und formt, daß sie sich gebündelt in einen 90° Kupferrohrbogen (22 mm Durchmesser) schieben und

Die Abbildung zeigt einen Flüssigkeitsverteiler für Mehrfach Einspritzung mit zentraler Drosseldüse.
Der Flüssigkeitsverteiler oder Verteilerkopf hat die Aufgabe, das im Expansionsventil entspannte Kältemittel gleichmäßig auf die einzelnen Verdampferstränge oder -abschnitte zu verteilen, um deren gleichmäßige Beaufschlagung zu erreichen. Es sind verschiedene Ausführungen und Größen mit einer unterschiedlichen Zahl von Abgängen lieferbar.
Um eine gleichmäßige Anströmung des Verteilers zu gewährleisten, dürfenzwischen Expansionsventil und Verteiler keine Absperrventile, Bögen oder längere Leitungsstücke angeordnet werden.
Quelle: E. Flitsch, Fellbach

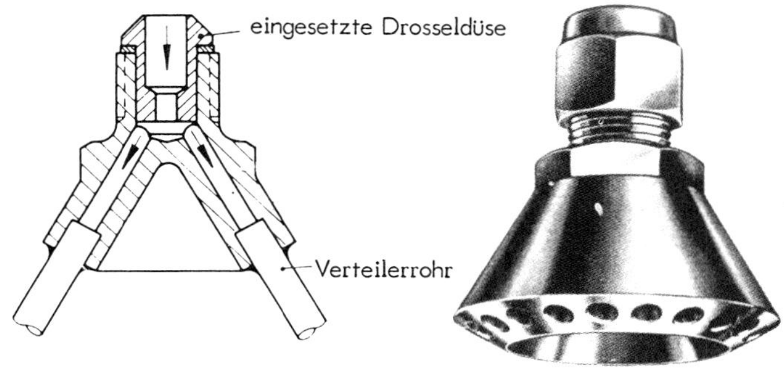

dort gemeinsam verlöten lassen. Vom Bogen aus führt ein Kupferrohr (22 mm Durchmesser) durch das Innere des Spiralbündels nach oben. Als Deckel für das Plexiglasrohr werden nun noch 2 Scheiben mit 25 cm Durchmesser aus 3 bis 4 mm dickem Edelstahl- oder 4 bis 5 mm dickem Kupferblech benötigt, die am äußeren Rand 6 Bohrungen mit 10,5 mm Durchmesser zur Aufnahme der Gewindestangen erhalten. Außerdem müssen in den oberen Deckel 2 Löcher zur Durchführung der Kältemittelleitungen (Verteilerkopfschaft und Steigrohr) gebohrt werden. Zusätzlich erhalten der obere und untere Deckel je eine 1" Bohrung zum Anlöten der Rohrstutzen für den Anschluß der Soleleitungen. Um zu verhindern, daß die Sole nur durch den mittleren Teil des Verdampfers strömt, müssen die Einmündungen der Soleleitungen entweder in radialer Richtung abgewinkelt oder mit Prallblechen versehen werden.
Wenn der Schaft des Verteilerkopfes und das Steigrohr mit dem oberen Deckel verlötet und dieser danach wieder plan gerichtet ist (der Deckel kann sich beim Löten etwas verziehen), gibt man Preßluft mit 8 bis 10 bar auf das Röhrenbündel und legt es zur Dichtigkeitskontrolle in Wasser. Die Prüfung sollte ruhig ein paar Stunden dauern, damit eventuell vorhandene, durch Lötschlacke verklebte, undichte Stellen erweichen und aufmachen können. So ist mein erster Verdampfer nach einigen Tagen Betriebszeit undicht geworden, weil eine Lötstelle bei kurzzeitiger Prüfung zwar dicht erschien, aber bei der längeren Einwirkung von Wasser auf die Schlacke dann doch nachgab. Und dies war nicht einmal mir selbst, sondern einem erfahrenen Kältetechniker passiert. Es dauert einige Zeit, bis durch eine so kleine, mit dem bloßen Auge kaum erkennbare Undichtigkeit das ganze Kältemittel entwichen ist. Anschließend kann dann Wasser in den Kältemittelkreislauf eindringen. Wasser im Kältekreislauf hat eine ähnliche Wirkung, wie wenn beim Automotor Wasser durch eine undichte Zylinderkopfdichtung in den Verbrennungsraum gelangt - nichts geht mehr! Nur ist das Wasser aus einem Motor sehr viel leichter zu entfernen als aus einem Kältekreislauf.
Dieser wiederholte Hinweis soll aber niemanden entmutigen, sondern nur vor vermeidbarem Schaden bewahren und zu sorgfältigem Arbeiten mahnen. Erweist sich der Verdampfer als dicht, wird das Röhrenbündel mit dem Schweißbrenner vorsichtig auf etwa 150°C erhitzt (mit feuchtem Finger prüfen, ob es zischt), damit Restfeuchte aus dem Rohrinneren verdampfen kann. Dann werden zwei 3 bis 4 mm dicke Gummiringe geschnitten, die als Dichtung zwischen das Plexiglasrohr und die Deckel gelegt werden. Notfalls kann man hierzu einen alten LKW-Schlauch verwenden, den man beim Reifenhändler umsonst bekommt - aber bitte prüfen, ob er nicht porös ist! Wenn die ganze Anordnung dann richtig zusammengesetzt ist, kann man mit 6 Gewindestangen (10 mm Durchmesser) die Deckel dicht ans Plexiglasrohr drücken. Nach einer Dichtigkeitsprüfung kann der Einbau in stehender Lage erfolgen. Beim Anschluß an den Solekreislauf ist darauf zu achten, daß die warme Sole vom Dachabsorber oder Erdspeicher

unten eingeleitet wird, damit ein Gegenstrom zum Kältemittelfluß entsteht.
Mein Verdampfer hat an Material etwa 500 DM gekostet. Er bringt bis zu 8 kW Kälteleistung bei niedrigen Temperaturdifferenzen (effektive Wärmetauscherfläche ca. 1,5 m^2) und hat einen extrem niedrigen, so gut wie nicht meßbaren Durchflußwiderstand für die Sole. Von unschätzbarem Vorteil ist das durchsichtige Plexiglasrohr: Eine beginnende Vereisung durch zu geringen Frostschutzmittelanteil oder durch zu niedrige Durchflußgeschwindigkeit der Sole kann man leicht erkennen. Ich bin mir allerdings nicht ganz klar darüber, ob die jetzige Anordnung mit der Einleitung des Kältemitteldampfes von oben und dem Solestrom von unten nach oben optimal ist. Zwar entlüftet jetzt der Soleraum gut, aber vielleicht würde der Verdampfer noch besser arbeiten, wenn der Kältemitteldampf von unten nach oben steigen kann..
Sollte der Verdampfer bei Experimenten oder durch Ausfall der Sole-Umwälzpumpe total vereisen, passiert auch nichts weiter, denn das Plexiglasrohr gibt dem Eisdruck genügend nach. Nachteilig gegenüber handelsüblichen Verdampfern und Kondensatoren ist eigentlich nur der größere Platzbedarf, was aber bei einer Selbstbauanlage kaum eine Rolle spielt. Auch darf das Plexiglasrohr natürlich nicht mit so hohen Drücken belastet werden wie ein Kupferrohr. Die Grenze liegt schätzungsweise bei 1,5 bis 2 bar, was aber bei einer offenen Solarabsorber-Anlage so gut wie nie erreicht wird. Denn der obere Verteiler des Dachabsorbers müßte dazu um 15 bis 20 m über dem Verdampfer liegen.

Armaturen
Um die Anlage zusammenbauen zu können, werden noch einige Armaturen gebraucht. So sollten im Kältekreislauf vor und nach den einzelnen Bauteilen an den in Abb. 5.3.5 gekennzeichneten Stellen *Absperrventile* angeordnet sein. Sie ermöglichen Reparaturen und Änderungen an der Anlage, ohne daß der gesamte Kältekreislauf entleert werden muß. Dazu gehört auch ein Ventil in einer Verbindungsleitung zwischen Druck- und Saugleitung, mit dem der Kompressor beim Anfahren der Anlage entlastet werden kann. Zwischen Kompressor und Kondensator wird noch ein *Rückschlagventil* eingebaut, welches das Zurückfließen von flüssigem Kältemittel in den stehenden Kompressor verhindert.
Manometer, die mit Kapillarrohr an den Gewindeanschlüssen der Kompressorventile angebracht werden, dienen der Einstellung und

Abb. 5.3.17:
Selbstgebauter Verdampfer für eine größere Wärmepumpenanlage; wie im Text beschrieben, wurden hier 8 Kupferspiralen ineinandergesteckt und in einem Plexiglasrohr untergebracht.

Kontrolle der Anlage. Sie zeigen den Verdampfungs- und Kondensationsdruck bzw. die dazu gehörenden Temperaturen an.
Kupferrohr, Lötfittings und Verschraubungen braucht man zur Verbindung der einzelnen Bauteile. Ihre Nennweite und Größe richtet sich danach, ob sie stark komprimiertes Heißgas und flüssiges Kältemittel oder aber schwach verdichtetes Sauggas transportieren müssen. Man sollte nur weiches, also geglühtes Güterohr nach DIN 1786, das sogenannte Kühlschrankrohr, verwenden.
Auf keinen Fall darf weich gelötet werden. Außerdem ist für Kälteanlagen geeignetes Hartlot zu verwenden, das man nicht im Eisenwarenladen oder Baumarkt, sondern im Kältefachhandel kaufen sollte. Zum Hartlöten mit der für Anlagen dieser Art erforderlichen Qualität und Sicherheit eignen sich nur Autogen-Hartlötbrenner (Schweißbrenner), die mit Sauerstoff und Azetylen oder Sauerstoff und Propan arbeiten. Man lasse sich nicht auf Geräte ein, die ohne Sauerstoff auszukommen versuchen! Damit kann man allenfalls Wasserinstallationen hartlöten, aber keine Kältemittelleitungen mit der ungleich höheren Druck- und Schwingungsbelastung!
Hinweise zur Verarbeitung von Kupferrohr und zum Hartlöten finden sich in der Schriftenreihe des Deutschen Kupferinstituts (vgl. Literaturverzeichnis).

Zubehör

Neben diesen unbedingt notwendigen Bauteilen für die Wärmepumpe gibt es noch einige nützliche Dinge:

Anaconda-Schwingungsdämpfer sind flexible Metallrohre, mit denen man den Kompressor an die Druck- und Saugleitung anschließen kann; sie verringern die Übertragung von Kompressorvibrationen auf das Rohrnetz. Eine ähnliche Funktion haben Aeroquipschläuche, die allerdings geringe Kältemittelmengen durchlassen.
Ein *Muffler* in der Druckleitung wirkt ebenfalls geräuschmindernd und verhindert ein „Hämmern" des Rückschlagventils.
Ein *Flüssigkeitsabscheider* in der Saugleitung des Kompressors verhindert, daß nicht verdampftes Kältemittel angesaugt wird und im Kompressor zu Flüssigkeitsschlägen führt. Diese können in ungünstigen Fällen die Kompressorventile zerstören oder gar Schäden an Kolben und Pleuel bewirken.
Pressostate, die an den Absperrventilen des Kompressors angeschlossen werden, sollten den Motor bei zu niedrigem Druck in der Saugleitung (zu geringe Verdampfungstemperatur) oder bei zu hohem Druck in der Druckleitung (zu hohe Kondensationstemperatur) abschalten und vor Überlastung schützen. Sie arbeiten aber mit einem elektrischen Schutz bzw. Impuls, weil sie für Elektromotoren vorgesehen sind. Bei einem Gasmotor kann man damit ein Magnetventil betätigen, das die Gaszufuhr absperrt und so den Motor stoppt.
Beim Dieselmotor ist eine solche automatische Abstellvorrichtung etwas schwieriger zu realisieren, da beim Absperren der Kraftstoffzufuhr die Einspritzpumpe trockenlaufen würde. Man muß daher mit dem elektrischen Impuls der Pressostaten eine Magnetspule steuern, die auf die Reglerstange der Einspritzpumpe wirkt.

5.4 Der Verbrennungsmotor

Der Verbrennungsmotor war bisher das größte Problem beim Bau kleiner Diesel- und Gasmotor-Wärmepumpen. Bekanntlich gibt es genügend deutsche Hersteller, die große, langsamlaufende und langlebige Stationärmotoren herstellen, wie z.B. MAN, MWM, Deutz, Vaupel und Herford-Motoren. Diese Motoren haben sich bei großen Wärmepumpen und Kraft-Wärme-Kopplungsanlagen gut bewährt.

Bei kleineren Motoren im Leistungsbereich unter 10 kW, wie sie für Ein- und Zweifamilienhäuser benötigt werden, ist es jedoch bisher nicht gelungen, einen Motor aus deutscher Fertigung zu finden, der folgende Anforderungen erfüllt:

1. Schwere robuste Bauweise mit überdimensionierten Lagern.
2. Niedrige Drehzahlen (Höchstdrehzahl 2000 bis 2500 U/min).
3. Großer Drehzahlbereich von mindestens 1:3, um durch Verändern der Drehzahl einen Taktbetrieb (Ein- und Ausschaltbetrieb zu vermeiden.
4. Große Schwungmasse, um auch bei niedrigen Drehzahlen (600 - 800 U/min) einen ruhigen Lauf zu ermöglichen und Drehmomentspitzen des Kompressors abzufangen.
5. Verbrennung bei Dieselbetrieb möglichst nach dem Wirbelkammer- oder Vorkammerprinzip; diese sind zwar nicht ganz so kraftstoffsparend wie die Direkteinspritzung, bringen aber einen weicheren Verbrennungsablauf mit geringerer Geräuschentwicklung und Belastung der Motorbauteile sowie weniger Schadstoffe im Abgas.
6. Wasserkühlung zur Geräuschdämpfung und Nutzung der Motorabwärme.
7. Leichte Reparaturmöglichkeit ohne Spezialwerkstatt und -werkzeuge, wobei möglichst genormte Ersatzteile (Lager, Kolben, Kolbenringe, Zylinderlaufbuchsen, Ventile und Ventilführungen) verfügbar sein sollten.
8. Niedriger Kraftstoffverbrauch und günstige Abgaswerte.
9. Leichtes Anspringen ohne Zündhilfe auch bei Handstart.
10. Druckumlaufschmierung mit Filter und Zwangsschmierung der Ventilführungen.
11. Großer Schmierölvorrat, der lange Ölwechselintervalle ermöglicht.

Die Problematik, solch einen Motor zu finden, wird klar, wenn man bedenkt, daß dieser von Mitte Oktober bis Mitte April, also 6 Monate lang bei monovalentem Wärmepumpenbetrieb 24 Stunden am Tag laufen muß und damit auf etwa 4000 Betriebsstunden im Jahr kommt. Bei einem Auto, das mit einer durchschnittlichen Geschwindigkeit von 75 km/h fährt, würde das einer Fahrstrecke von 300000 km im Jahr entsprechen! Automotoren sind daher für solche Zwecke völlig ungeeignet, da sie viel zu leicht und nur für Fahrstrecken von maximal 200000 km gebaut sind. Außerdem haben sie für unsere Zwecke eine viel zu große Leistung.

5.4.1 Welcher Motor ist geeignet?

In den Jahren 1930 bis 1970 wurden bei uns kleine Dieselmotoren für stationäre Zwecke gebaut, die so einfach und robust waren, daß problemlos Standzeiten von 50000 Stunden und mehr erreicht wurden. Die Bauweise war immer die gleiche - liegender Einzylinder mit Verdampfungskühlung und zwei schweren Schwungrädern. Diese Motoren im Leistungsbereich von 3 bis 20 PS (2,2 bis 14,7 kW) hatten einen legendären Ruf und laufen bei manchen Landwirten und in vielen Entwicklungsländern heute noch. Bekannte Fabrikate waren: Deutz (MAH-Motor), Schlüter (SDL-Motor), Sendling („blaues Wunder"), Hatz, Güldner, Fendt und Wachalowski. Diese Motoren, nicht zu verwechseln mit dem Zweitakt-Glühkopfmotor von Lanz, wurden sogar in Schlepper eingebaut.

Mit einem 6 PS-Sendling-Motor (Abb. 5.4.1) fing ich an zu basteln, bis ich per Zufall erfuhr, daß solche Motoren in modernisierter Ausführung als Bootsmotoren und für stationäre Antriebe immer noch in großen Stückzahlen hergestellt werden und zwar vor allem in Japan, China, Indien und Südamerika. Weltweit bekannte Hersteller sind Yanmar, Mitsubischi, Kubota, Nigata, Ishikawajima-Shibaura, Kirloskar und Yangtze.

Diese Motoren werden für einen weltweit wachsenden Markt produziert und es ist erstaunlich, daß die deutschen Motorenhersteller diesen so kampflos aufgegeben haben. Der japanische Hersteller Yanmar hat von den kleinen Einzylinder TS-Motoren al-

Abb. 5.4.1: Mein erster Sendling-Diesel (anno 1936), hier zwecks Erprobung zusammen mit einem Asynchrongenerator auf eine Holzpalette montiert.

Abb. 5.4.2: Kleine, langsam laufende Dieselmotoren: vorne 2 Yanmar-Motoren aus laufender Fertigung, hinten ein Sendling-Motor aus alten Ersatzteilen von Häusler neu zusammengebaut.

lein an die 8 Millionen Stück produziert (Abb. 5.4.2 bis 5.4.4). Zum Teil werden solche Motoren sogar in Einachsschlepper eingebaut, außerdem kommen sie zum Antrieb von Booten, Wasserpumpen, Mühlen und Generatoren zum Einsatz. Einige Hersteller bieten sogar Zubehör für den Betrieb mit Biogas an.

Gegenüber den alten deutschen Kleindieselmotoren haben diese modernisierten Typen folgende Vorteile:

- Wesentlich ruhigerer Lauf durch bessere Auswuchtung, Druckumlaufschmierung statt Schleuderschmierung mit Indikator für den Ölkreislauf, Zwangsschmierung der Ventilsteuerung.
- Die Andrehkurbel wirkt nicht auf die Kurbelwelle, sondern auf die Nockenwelle; dadurch kann der Motor bei Handstart auf höhere Drehzahlen gebracht werden und ohne Zündhilfe anspringen.
- Leichte Verstellbarkeit der Motordrehzahl durch Handhebel.
- Exakt arbeitender Drehzahlregler.
- Gute Zugänglichkeit der rechten Motorseite, da wegen der guten Auswuchtung ein Schwungrad ausreicht.
- Lieferbar mit verschiedenen Nennleistungen zwischen 5 und 23 PS (3,7 und 17 kW).
- Wälzlager für die Kurbelwelle, die leichter und billiger auszutauschen sind als Gleitlager, bei deren Ersatz die Kurbelwelle geschliffen werden muß.
- Elektrischer Anlasser als Zubehör lieferbar (Abb. 5.4.5).
- Statt Verdampfungskühlung (ständiges Nachfüllen von Kühlwasser) wartungsfreie Kondensationskühlung oder sogar die für Wärmerückgewinnung gut geeignete Umlaufkühlung mit Wasserpumpe und Thermostat (Abb. 5.4.6).

Abb. 5.4.3: Der Yanmar TS-Dieselmotor.
Quelle: Yanmar Diesel Engine, Tokyo, Japan

Mit einem Yanmar-TS6-Motor habe ich mehrere Jahre lang Erfahrungen gesammelt (vgl. Kasten: Erfahrungen mit dem Yanmar-TS-Motor).
Als Hauptnachteile haben sich der geringe Schmierölvorrat (Ölwechsel jede Woche), der Umstand, daß Ölstandskontrolle nur bei Motorstillstand erfolgen kann und die für Einzylinder typischen Schwingungen und Geräusche herausgestellt.
Leider sind die Yanmar-Einzylinder-Dieselmotoren (neuerdings mit Direkteinspritzung) heute nur noch über Boot- und Jachtausrüster wie z. B. die Fa. Marx in Hamburg zu erhalten und wesentlich teurer geworden. Es liegen aber inzwischen positive Erfahrungen mit den in Poona/Indien gefertigten *Kirloskar-Dieselmotoren* vor. Es gibt diese ungemein schweren und auch für Dauerbetrieb geeigneten Motoren mit Wasser- und Luftkühlung als stehende Ein- und Zweizylinder. Der Einzylinder hat eine Dauerleistung von 4,6 PS (3,4 kW) bei 1200 U/min und von 7,5 PS (5,5 kW) bei 2000 U/min (Abb. 5.4.6). Das Gewicht beträgt 164 kg, er ist damit doppelt so schwer wie ein Yanmar-Motor vergleichbarer Leistung! Vorteilhaft für unsere Zwecke ist eine eingebaute Wasserpumpe mit Thermostat, nachteilig hingegen die englische Norm von Schrauben und Gewinden.
Die *Fa. Kubota* hat in letzter Zeit den europäischen Markt mit kleinen Mehrzylinder-Dieselmotoren erobert, die vor allem in kleinen Baumaschinen, Schleppern und Geräten zur Landschaftspflege eingebaut werden. Ich selbst habe meinen Yanmar-Motor ausgewechselt gegen einen Kubota-Motor vom Typ Z 400 B, um einmal Erfahrungen mit dem wesentlich ruhiger laufenden Zweizylinder-Motor zu sammeln. Er hat 400 cm³ Hubraum und erreicht eine Maximalleistung von 11 PS (8,1 kW) bei 3600 U/min (Abb. 5.4.7). Ich betreibe ihn natürlich mit gedrosselter Drehzahl bei 1400 bis 1600 U/min. Diese „Super-Mini-Diesel" baut Kubota mit 2, 3, 4 und 6 Zylindern in gut abgestuften Leistungsklassen bis 36 PS (26,5 kW). Elektrischer Anlasser, Generator mit Permamentmagneten, Ölfilter, Öldruckschalter, Thermostat, Kühlwasserpumpe, Luftfilter und Laderegeler für die Batterie sind serienmäßig.
Eine ähnliche Motorenreihe hat die *Fa. Perkins* unter der Bezeichnung „100 Series" herausgebracht. Es gibt 2-, 3- und 4-Zylindermaschinen zwischen 5 und 55 PS (3,7 bis 40,5 kW).
Bei der Pilotanlage „Schäfstall" hat sich bis jetzt ein *4-Zylinder-Thermoking Dieselmotor* Typ TK di 2.2 gut bewährt. Er wird von Yanmar speziell für den Einsatz in Thermoking-Transportkälteaggregaten gefertigt. Dazu hat er eine übergroße Ölwanne von 15 l und einen Getriebeanlasser, der den Motor mit angekuppeltem Kompressor anwerfen kann. Für diesen Motor wird eine Lebensdauer von über 20000 Std. angegeben. Bei einem Hubraum von 2,24 l leistet er maximal 34 PS (25 kW) bei 2200 U/min. Damit ist er mit einer Wärmepumpen-Heizleistung von etwa 60 kW zwar nicht für Ein- oder Zweifamilien-Wohnhäuser geeignet, wohl aber für größere Wohn- oder Gewerbegebäude.
Eines der Hauptprobleme beim Einsatz kleiner Dieselmotoren in Kraft-Wärmekopplungs-Anlagen oder als Wärmepumpenantrieb ist die Ablagerung großer Rußmengen im Abgaswärmetauscher. Trotz erheblicher Anstrengungen ist es uns bei der Pilotanlage Schäfstall nicht gelungen, keramische Rußfilter für diese kleinen Leistungsbereiche zu einer befriedigenden Funktion, das heißt zur

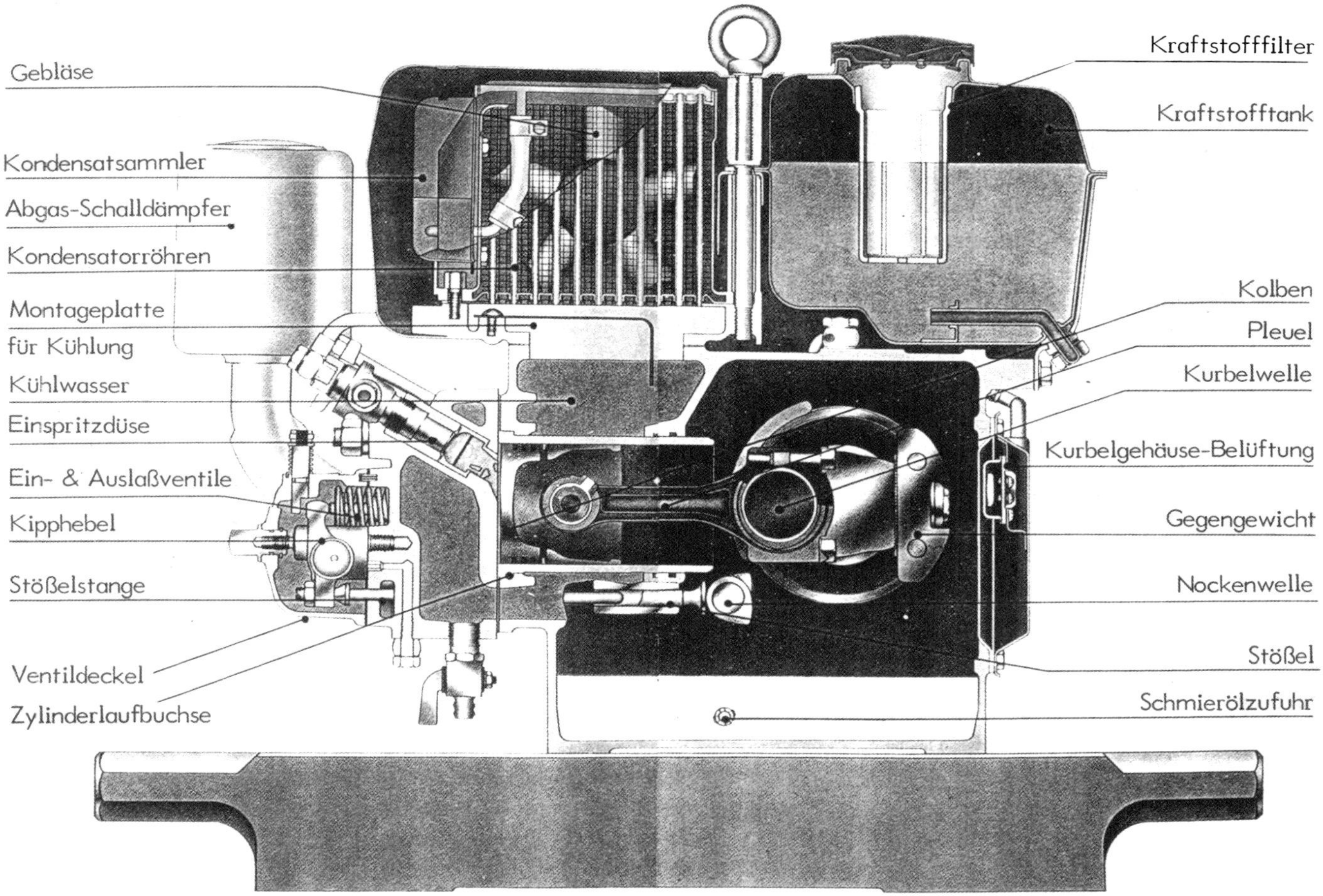

Technische Daten des TS 60 C

Hubraum:	331 cm^3
Bohrung x Hub:	80 x 75 mm
Dauer-Leistung:	5 PS bei 2000 U/min
Kraftstoffverbrauch:	210 g/h·PS
Kompression:	1 : 23,1
Gewicht:	67 kg
Kraftstoffvorrat:	6,5 l
Ölvorrat:	1,7 l

Abb. 5.4.4: Der Yanmar-Diesel im Schnitt.
Quelle: Yanmar Diesel Engine, Tokyo, Japan

Abb. 5.4.5: Der Kubota-Motor mit Wasserkühlung und elektrischem Anlasser als Option. Quelle: Kubota Ltd, Osaka, Japan

Abb. 5.4.6: Der indische Kirloskar-Dieselmotor. Quelle: Kirloskar Oil Engines Ltd., Poona, Indien

periodischen Reinigung durch Abbrand der ausgefilterten Rußpartikel, zu bringen.
Gasmotoren haben bekanntlich kein Ruß im Abgas, so daß die Abwärme hier relativ leicht genutzt werden kann. Während es kein Problem ist, große Gasmotoren für den Stationärbetrieb zu finden (z. B. bei MAN oder Henkelhausen), gibt es im Leistungsbereich unter 10 kW nur ein unzureichendes Angebot.
Zwar hat die *Fa. Honda* in ihren Notstromaggregaten einen sehr ruhig laufenden, wassergekühlten 4-Takt-2-Zylinder-Gas-Ottomotor vom Typ GX 360 mit 395 cm^3 Hubraum und 12 PS (8,8 kW) Leistung bei 3600 U/min, der neuerdings von der Fa. Pro Solar in Ravensburg auch für kleine Kraft-Wärme-Kopplungsanlagen verwendet wird, aber die angegebenen Standzeiten von 3000 bis 6000 Stunden sind für Wärmepumpenbetrieb zu gering. Man muß daher auf die robusteren Dieselmotoren zurückgreifen und diese auf Gasbetrieb umstellen.
Die einfachste Möglichkeit bietet das Zündstrahl-Verfahren (dual-fuel-system). Hier wird gerade soviel Diesel- oder Heizöl (10 bis 15% des Gesamtkraftstoffes) eingespritzt, wie der Motor für den Leerlauf braucht, während die Leistung über Beimischen des Gases erbracht wird. So arbeitet der in Abb. 5.4.6 gezeigte Kirloskar-Motor bei Biogasbetrieb. Vorteilhaft sind die geringen Zusatzkosten für den Gasmischer und der durch die hohe Verdichtung des Dieselmotors bedingte gute Wirkungsgrad. Nachteilig ist, daß

Der Yanmar-TS-Motor als Wärmepumpenantrieb

Der TS-Motor bietet fast alle der im Text genannten Vorzüge moderner Kleindieselmotoren und ist daher als Wärmepumpenantrieb gut geeignet. Folgende Nachteile sind allerdings zu beachten:

- Der Schmierölvorrat ist für einen Dauerbetrieb sehr gering (1,7 l beim 6 PS- bzw. 4,4 kW-Motor).
- Zur Ölstandskontrolle und zum Nachfüllen muß der Motor stillstehen, da im Gegensatz zu Mehrzylindermotoren im Kurbelgehäuse ein ständiger Wechsel zwischen Über- und Unterdruck stattfindet, der ein Öffnen der Ölnachfüllschraube verbietet (Herausspritzen von Öl).
- Die Einspritzdüse ist als Zapfendüse ausgeführt; sie neigt bei Verwendung von Heizöl als Kraftstoff eher zur Verkokung und Verharzung, als Drossel- oder Kegeldüsen, die vorwiegend bei Motoren mit problematischeren Kraftstoffen (z.B. Pflanzenöle) eingesetzt werden.
- Yanmar-Motoren werden zwar in 130 Länder der Welt exportiert, in Deutschland ist aber gerade der TS-Typ nicht immer auf Lager.

Yanmar-Motoren sind nicht nur gut, sie waren auch ausgesprochen preiswert. Mein TS60C mit 6 PS (4,4 kW) Spitzenleistung und 5 PS (3,7 kW) Dauerleistung hat 1981 etwa 1200 DM zuzüglich Mehrwertsteuer gekostet. In diesem Preis war sogar noch ein Ersatzteilset inbegriffen, bestehend aus Einspritzdüse, Ventilator-Keilriemen, einem Satz Kolbenringe und der Zylinderkopfdichtung. Auch das wichtigste Werkzeug sowie eine Keilriemenscheibe war dabei. 1983 kostete derselbe Motor nach einer Preiserhöhung 1550 DM, was immer noch sehr günstig ist, und 1984 konnte ein TS105C mit 10,5 PS (7,7 kW) Spitzenleistung für nur 2850 DM erworben werden. Bei solchen Preisen können nur die indischen Kirloskar-Dieselmotoren mithalten (vgl. Abb. 5.3.23).

So wie der Motor geliefert wird, kann er allerdings noch nicht für den Wärmepumpenbetrieb eingesetzt werden. Die Yanmar-Motoren der C-Serie haben nämlich einen „Condenser“ zur Kühlung. Dieses Kühlsystem ist eine Weiterentwicklung der früheren Verdampfungskühlung und nicht mit der vom Automotor bekannten, thermostatgeregelten Wasser-Umlaufkühlung zu verwechseln. Im Yanmar-Motor verdampft vielmehr Wasser oder ein Gemisch aus Wasser und Frostschutzmittel. Der entstehende Wasserdampf steigt durch den natürlichen Auftrieb in die senkrecht angeordneten Röhren des Kondensators. Der gibt die Wärme an den von einem Ventilator durchgeblasenen Luftstrom ab und kondensiert den Dampf zu Wasser, das dann wieder in den Motorblock zurücktropft. Dieses einfache, aber raffinierte Kühlsystem kommt ohne Thermostat und Umwälzpumpe aus und hält den Motor immer exakt auf der Siedetemperatur des Wassers, und die hängt nur von der Höhe des Einsatzortes über dem Meeresspiegel ab.
Ideal für die Nutzung der Motorabwärme wäre es nun, wenn man die Wärme am Kondensator nicht mit Außenluft, sondern mit dem Heizungswasser abführen könnte. Ich war jedoch im Zweifel, ob es mir gelingen würde, das Gehäuse um den Kondensator wasserdicht zu machen, und ob andererseits der dünne, äußere Stahlblechmantel nicht über kurz oder lang durchrosten würde. Deshalb habe ich den Kondensator samt Ventilator abgeschraubt und die freiwerdende Öffnung mit einer Aluminium-Platte mit angebautem Autokühler-Thermostat verschlossen. Nun wird über einen Plastikschlauch ein Teil des Heizungswassers, dort wo es in den Wärmepumpenkondensator strömt, abgezweigt und über den Kühlwasser-Ablaßhahn am Boden des Motorblocks zur Motorkühlung eingeführt. Das heiße Kühlwasser fließt dann zum Ausgang des Wärmepumpenkondensators zurück und mischt sich dort mit dem erwärmten Heizungswasser (vgl. Kapitel 5.4.5).

Abb. 5.4.7: Der Kubota-Dieselmotor Z 400 B.

zwei Brennstoffe bevorratet werden müssen. Das typische „Nageln" des Dieselmotors bleibt, außerdem sind im Abgas geringe Mengen Ruß enthalten.
Wesentlich aufwendiger und im Selbstbau kaum zu bewältigen ist die Umstellung eines Dieselmotors auf „Ottobetrieb". Hierzu müssen vor allem Einspritzpumpe und -düsen ausgebaut und eine Zündanlage nebst Zündkerzen eingebaut werden. Da man nach dem Umbau im reinen Gasbetrieb fahren kann, gibt es keinen Ruß im Abgas, auch die Ölwechselintervalle werden länger.
Andere unkonventionelle Motorentwicklungen, insbesondere der mit Pflanzenöl zu betreibende Elsbett-Motor, der Mederer-Knickpleuelmotor sowie die immer wieder angekündigten, mit äußerer Verbrennung arbeitenden Stirlingmotoren sind bisher - zumindest im Leistungsbereich unter 10 kW - leider nicht zur Anwendungsreife gelangt.

5.4.2 Der Zusammenbau von Motor und Wärmepumpe

Motor und Wärmepumpenkompressor werden am besten auf einer ca. 15 cm dicken, armierten Betonplatte montiert, die vom Boden und gegebenenfalls auch von den Wänden des Aufstellungsraumes durch 4 bis 5 cm dicke Korkplatten isoliert ist (Abb. 5.4.8). Die Einzylinder-Yanmar- und Kubota-Motoren sind werkseitig auf zwei Schwellen aus exotischem Hartholz geschraubt. Wenn man diese Schwellen mit 4 gesonderten, außerhalb der Motorbefestigung angeordneten M12-Gewindestangen am Betonblock festschraubt, werden die hochfrequenten Motorschwingungen vom Holz gedämpft, da der Motor keinen direkten Kontakt mit dem Beton hat. Anfangs müssen die Muttern öfter nachgezogen werden; außerdem sollte man sie durch Kontermuttern sichern. Man versuche nicht, den Motor über „Silent-Blocks" (Schwingmetall-Puffer) mit der Bodenplatte zu verbinden; sie lassen dem Motor zuviel Bewegungsspielraum (Keilriemenflattern).
Der Kraftstofftank ist für einen Dauerbetrieb viel zu klein und wird am besten abgebaut und durch einen gesondert angebrachten Heizöltank ersetzt. Wegen der leichteren Entlüftung von Kraftstoffleitung und Einspritzpumpe wäre es vorteilhaft, wenn der Öltank höher steht als der Motor. Nach den in Deutschland geltenden, neueren Vorschriften über die Anlage von Heizöltanks und -leitungen ist eine solche Anordnung jedoch nicht zulässig, um bei Undichtigkeiten in der Heizölzuleitung ein Leerlaufen des Öltanks und das Eindringen großer Ölmengen in das Gebäude und/oder das Erdreich prinzipiell auszuschließen.
Nun ist die Einspritzpumpe eines Dieselmotors durchaus in der Lage, den Kraftstoff aus einem etwas tieferliegenden Behälter anzusaugen, es sollte jedoch vor der Einspritzpumpe eine wirksame Entlüftungsvorrichtung angebracht werden. Die Leckölleitung von der Einspritzdüse wird, wie bei der Ölheizung auch, zum Entlüftungsgefäß zurückgeführt. Wenn man zwischen dem Heizöltank und dem Motor eine schwimmergesteuerte Heizölpumpe mit kleinem Vorratstank (ca. 2 l Inhalt) anordnet, erfüllt man die Sicherheitsvorschriften, kann das Öl auch aus einem mehrere Meter tieferliegenden Tank ansaugen und obendrein die Ölzufuhr sicher entlüften. Es gibt diese kompakten Geräte für etwa 150 DM im Heizungsfachhandel; sie werden vor allem zur Versorgung von Öl-Einzelöfen mit Schalenbrenner eingesetzt.

Gelingt es, Motor und Wärmepumpe in einem frostgeschützten Raum unterzubringen, kann man auf die Beimischung von Frostschutzmitteln zum Heizungswasser verzichten. Einen Einzylinder-Dieselmotor wird man jedoch nur in Ausnahmefällen im Keller eines Wohnhauses aufstellen, da selbst bei bester Schalldämmung Geräusche und Schwingungen durchdringen.
Zur Wärme- und Schalldämmung baut man um den Motor einen zur Wartung leicht wegnehmbaren Kasten aus Dämmplatten. Den besten Schallschutz erreicht man durch PU-Weichschaumplatten mit Pyramidenprofil zur Motorseite hin. Der Motor darf die Verbrennungsluft aber nicht aus diesem Kasten ansaugen; er braucht vielmehr möglichst kalte, also nicht vorgewärmte Außenluft, um gute Leistungen und Wirkungsgrade zu erreichen. Wenn man die Saugleitung aus einem Stück PU-Rohrschalenisolierung herstellt, wird das Ansauggeräusch stark reduziert.

5.4.3 Wärmerückgewinnung aus Kühlwasser und Abgas

Bei offenen, also nur unter dem statischen Druck des Wasserkreislaufes stehenden Heizungsanlagen ist die Gewinnung der Motorabwärme aus der Kühlung kein großes Problem. Am einfachsten ist es, wenn man einen Teil des Heizungswassers, dort wo es in den Wärmepumpenkondensator strömt, abzweigt und über den Kühlwasser-Ablaßhahn am Boden des Motorblocks zur Motorkühlung einführt. Das heiße Kühlwasser fließt dann zum Ausgang des Wärmepumpenkondensators zurück und mischt sich dort mit dem erwärmten Heizungswasser.
Heizungsseitig sind also Wärmepumpenkondensator und Motorkühlung parallel geschaltet (Abb. 5.4.9 oben). Diese Lösung ist einfach zu realisieren und erfordert keine Umwälzpumpe für die Motorkühlung. Sie hat aber den Nachteil, daß im Motorblock ein starkes Temperaturgefälle entsteht, denn das Heizungswasser strömt ja unten mit etwa 30°C ein und oben mit ca. 85°C wieder aus. Ein Motorfachmann hört das nicht gern und wird darauf hinweisen, daß im Kühlsystem möglichst gleichmäßige Temperaturen herrschen sollten.
Für eine lange Lebensdauer des Motors ist es sicherlich besser, mit einer eigenen kleinen Umwälzpumpe das Kühlwasser ständig im Kreislauf zu führen und das Thermostatventil zwischen diesen Kreislauf und den Wärmepumpenkondensator-Ausgang zu setzen (Abb. 5.4.9 unten). Dann wäre die Temperatur des in den Motor fließenden Wassers nur wenige Grad Celsius niedriger als die des ausströmenden.
Wesentlich aufwendiger als die beschriebene Lösung wird die Nutzung der Motorabwärme, wenn das Heizungswasser nicht wie in meinem Fall drucklos als „offenes System" umgewälzt wird, sondern unter einem Druck von mehr als 1 bar steht. In einem Heizungssystem für ein mehrstöckiges Haus läßt sich dies jedoch kaum vermeiden. In diesem Fall ist ein zusätzlicher Wärmetauscher zwischen Motor und Heizungssystem notwendig, der die Wasserkühlung des Motors vor zu hohen Druckbelastungen schützt.

Abb. 5.4.8:
Meine Wärmepumpenanlage: auf einer Betonplatte montiert sieht man im Vordergrund den Yanmar-Motor mit abgenommener Verkleidung, rechts daneben Teile der Wärmepumpe, im Hintergrund der Verdampfer im Plexiglasrohr.

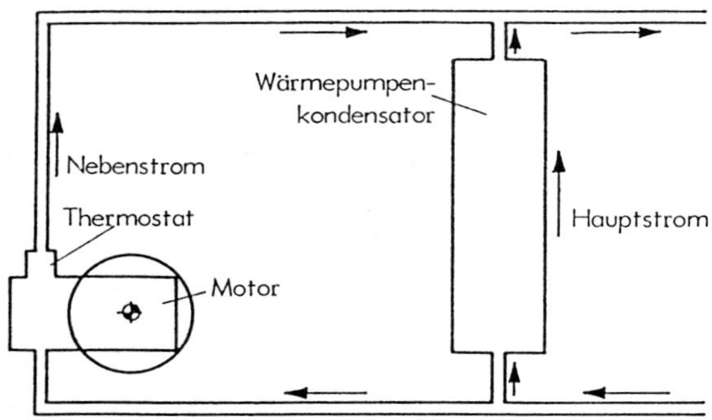

einfaches System ohne zusätzliche Umwälzpumpe

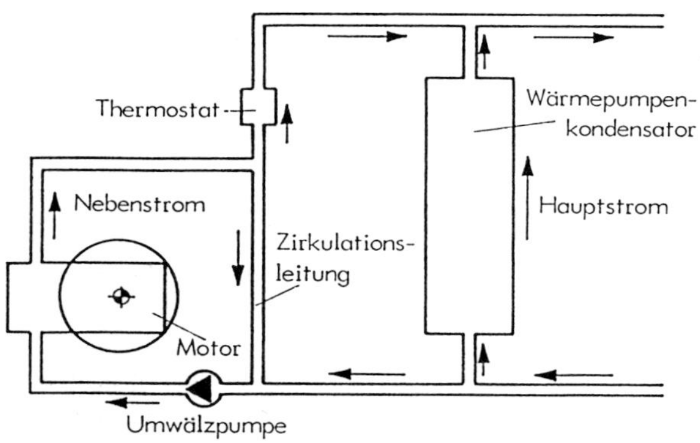

besseres System mit zusätzlicher Umwälzpumpe

Abb. 5.4.9: Kreislauf zur Nutzung der Kühlwasserabwärme des Motors.

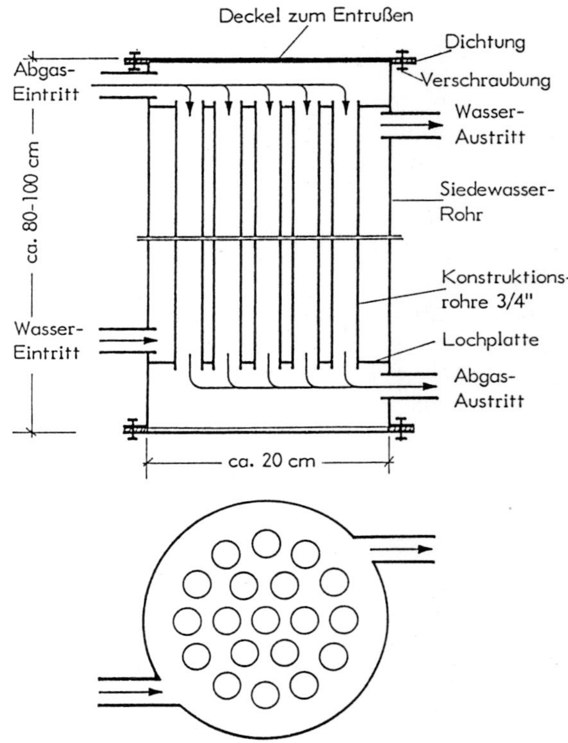

Abb. 5.4.10:
Schema eines selbst geschweißten Röhrenbündel-Abgaswärmetauschers aus Stahlrohr; korrosionsbeständiger wäre eine Ausführung aus hartgelötetem Kupfer- oder geschweißtem Edelstahlrohr.

Schwer zu entfernende Kalkablagerungen im kühlwasserdurchflossenen Teil des Motors lassen sich vermeiden, wenn Regenwasser oder entkalktes Leitungswasser für den Heizkreislauf verwendet wird.
Die Wärmerückgewinnung aus dem Abgas ist bei kleineren Dieselmotoren ein noch unbefriedigend gelöstes Problem. Im Abgas sind nämlich immer geringe Rußanteile vorhanden, die sich im Abgaswärmetauscher zusammen mit Kondenswasser niederschlagen und bei den langen Betriebszeiten zu dicken Belägen führen, die den Wärmeübergang verschlechtern und den Strömungswiderstand für das Abgas vergrößern.
Chemische Zusätze, die dem Kraftstoff beigegeben werden und eine rußarme Verbrennung bewirken sollen, haben sich nicht bewährt. Empfehlen kann ich deshalb nach langjährigen Erfahrungen nur Röhrenwärmetauscher, die sich von Zeit zu Zeit auf mechanischem Wege leicht reinigen lassen.

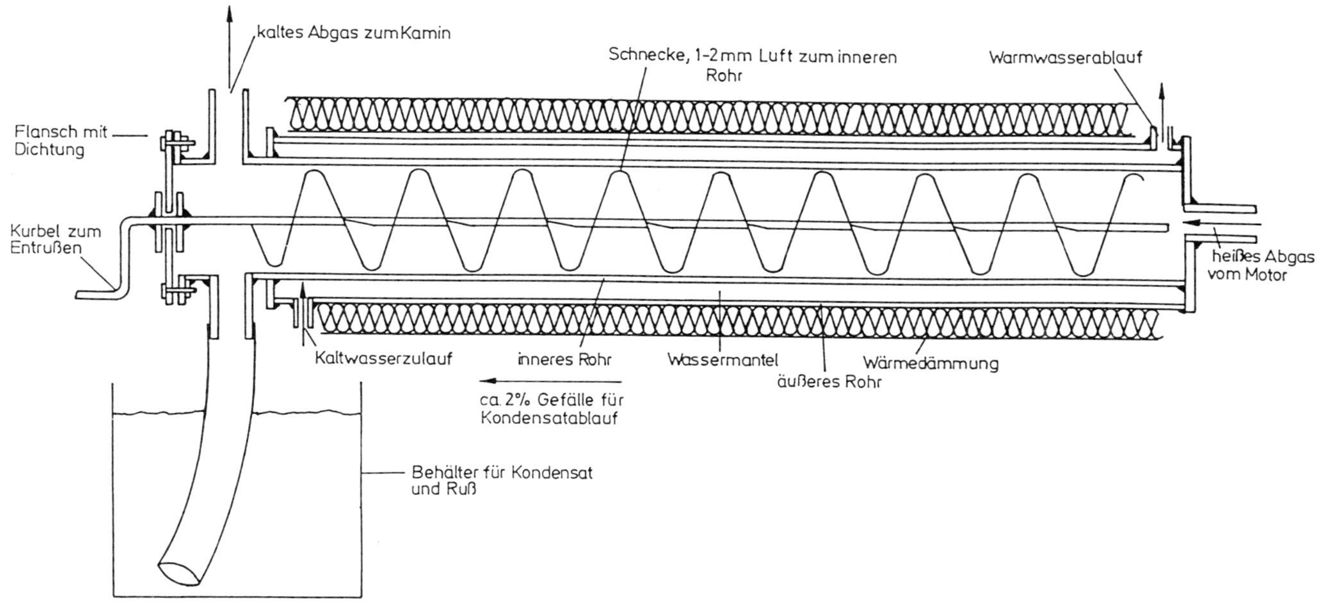

Abb. 5.4.11: Gegenstrom-Abgaswärmetauscher aus Doppelmantelrohr mit Schnecke zur Schalldämmung, Abgasverwirbelung und Reinigung.

Abb. 5.4.10 zeigt einen stehenden Röhrenwärmetauscher, dessen Deckel zur Reinigung geöffnet werden kann, ohne daß dafür das Heizungswasser abgelassen werden muß. Mit einem Eisenstab wird der Ruß im Innern der Röhren nach unten gestoßen und mit einem Staubsauger am Abgasaustrittsstutzen abgesaugt.

Um das Entrußen zu erleichtern, ohne den Wärmetauscher zu öffnen, habe ich einen liegenden Schneckenwärmetauscher konzipiert (Abb. 5.4.11), der aus einem wasserdurchflossenen Doppelmantelrohr und einer Edelstahlschnecke besteht. Im Gegenstrom zum Wasser wird das Abgas durch die Schneckenwindungen geführt, um durch Verlängerung des Weges und Verwirbelung einen guten Wärmeübergang sowie eine ausreichende Schalldämpfung zu erreichen.

Am äußeren Ende der Schnecke ist eine Kurbel angebracht, mit der man den Ruß von der Wärmetauscherfläche abschaben und herausfördern kann. Er fällt an dem unteren Schenkel eines Winkelstücks heraus, das bei laufendem Motor durch den Wasserspiegel des Kondenswasserabscheiders verschlossen ist, während das Abgas durch den oberen Schenkel entweicht. Diesen Wärmetauscher kann man leicht selbst bauen oder vom örtlichen Handwerker fertigen lassen.

Der Fachverband Biogas, 74592 Kirchberg/Jagst-Wechselweiler hat meine Idee aufgegriffen und diesen Wärmetauscher bei einigen Biogasanlagen mit Erfolg erprobt. Herr Beck vom Fachverband Biogas fertigt auf Anfrage solche Wärmetauscher an.

6. Erfahrungen und Ergebnisse

6.1 Material und Arbeitsaufwand

Über den Aufwand beim Bau der gesamten Anlage wurden im Rahmen der Diplomarbeit von Oehler umfangreiche Arbeitszeitmessungen gemacht und der gesamte Materialverbrauch festgehalten. Sinn dieser detaillierten Auflistung war es, später auch Kalkulationen für andere Fälle zu ermöglichen. In die Aufwandsbetrachtung wurden allerdings Zeit und Material für fehlgeschlagene Experimente und notwendige Lernprozesse nicht mit einbezogen. In Tab. 6.1 ist der Arbeitszeitaufwand für Dachabsorber, Installation und Erdspeicher getrennt aufgeführt. Man sieht, daß der Bau des Dachabsorbers und die Installationsarbeiten relativ wenig Zeit beansprucht haben. Beim Erdspeicher fällt das Bohren der Löcher und das Ausheben der Verteilergräben besonders ins Gewicht, was in Anbetracht der sehr einfachen Bohrvorrichtung nicht verwunderlich ist. Mit unserem später angeschafften schleppergetriebenen Erdbohrgerät konnte eine etwa viermal so hohe Bohrleistung erbracht werden.

Tabelle 6.2 zeigt den Materialaufwand für Dachabsorber, Installation und Erdspeicher. Von den angeführten Werten kann man den Aufwand für die Tröpfchenbewässerungsrohre und für die Rippenrohre zur Wärmerückgewinnung in den Verbindungsgräben noch abziehen; beide haben sich nämlich als unnötig erwiesen, da der Erdspeicher durch Regen und Schnee ausreichend feucht gehalten wird und durch die oberste, 2 m dicke, isolierende Erdschicht nur geringe Wärmeverluste nach oben entstehen. Nicht in den Tabellen enthalten sind die Aufwendungen zum Bau der Wärmepumpe, die einschließlich Dieselmotor in der ersten Ausführung ca. 4800 DM gekostet hat, inclusive 350 DM für Handwerkerarbeiten. Hinzu kommt die eigene Arbeitszeit von drei Wochenenden. Da die Wärmepumpe aber zunächst provisorisch zusammengebaut wurde und nur für einen Versuchsbetrieb gedacht war, mußten in den folgenden Jahren noch häufig Veränderungen und Verbesserungen vorgenommen werden, die schlecht in Zeit und Geld bewertet werden können.

6.2 Allgemeine Betriebserfahrungen

Der Erdwärmespeicher

Der Erdwärmespeicher hat sich bisher im Prinzip sehr gut bewährt, das gilt auch für andere, später gebaute Anlagen. Durch die senkrecht angeordneten Rippenrohrsonden gibt es keine Probleme mit der Entlüftung. Die Luft aus den waagerechten Verteilerrohren bringt man am besten heraus, indem die Sole mal in die eine und dann in die andere Richtung gepumpt wird. Auf einen verbesserten Anschluß der Rippenrohrsonden an die waagerechten Verteiler wurde schon in Kap. 5.2.2 hingewiesen.

Negative Auswirkungen im ökologischen Sinne sind nicht erkennbar geworden. Der erste Schnee im Oktober oder November bleibt auf dem Boden über dem Erdspeicher genauso liegen wie in der Umgebung, ein Zeichen dafür, daß nach oben keine großen Wärmeverluste auftreten. Im Frühjahr weicht der Frost aus dem Erdspeicherbereich genauso schnell wie daneben, was bei der Schneeschmelze erkennbar wird. Bei den bisher üblichen, flachen Erdspeichersystemen mit nur 1 bis 2 m Speichertiefe sind die Auswirkungen auf den Temperaturverlauf in den oberen Boden-

Arbeitsaufwand für Dachabsorber und Erdwärmespeicher

Ausgeführte Arbeiten	Personenarbeitsstunden
1. Dachabsorber 6 x 8 m	
• 2 Verteilerrohre ablängen, Bohrungen anreißen, bohren, entgraten, 160 Durchführungsgummis und Doppelnippel einsetzen	16 Std
• 160 Hülsen schneiden und entgraten, 80 Rippenrohre ablängen, Lippendichtungen einsetzen und Hülsen darüberziehen, fertige Rippenrohre auf die Doppelnippel am Verteilerrohr schieben	14 Std
• Endkappen auf Verteilerrohre aufschweißen, Absorber auf das Dach schaffen, befestigen; Krümmer und Anschluß an Verteilerrohr montieren; Dichtigkeitsprobe und schadhafte Rippenrohre auswechseln	12 Std
Arbeit am Dachabsorber:	**42 Std**
2. Installation	
• Vorbereitung des Ausgleichsbehälters	2 Std
• Anschluß Ausggleichsgefäß-Pumpe-Erdwärmespeicher-Absorber	5 Std
• Entlüften (mehrere Male) der Anlage und Prüfen auf Dichtigkeit	3 Std
• Temperaturdifferenzsteuerung verlegen und anschließen	1 Std
Arbeit an der Installation:	**11 Std**
3. Erdspeicher	
• Vorbereitungsarbeiten: Bohrgestell, Seilwindenmontage, Stromzufuhr, Bohrplatte usw.	10 Std
• 35 Löcher mit 9 m Tiefe bohren	70 Std
• Graben ausheben: 70m lang, 30cm breit	24 Std
• 35 Erdsonden anfertigen, 70 Rippenrohre ablängen, 280 Hülsen schneiden, 140 Lippendichtungen einsetzen, 35 Winkelnippel einsetzen	12 Std
• 35 Erdsonden in die Bohrungen einführen	6 Std
• 4 Verteilerrohre (a 40 m) vorbereiten, ablängen, anreißen, bohren, entgraten (72 Bohrungen), 72 Durchführungsringe einsetzen, 4 PVC-Leerrohre ablängen, 36 Löcher für Nippelabgänge aussägen, 72 Doppelnippel einsetzen	24 Std
• Bentonit für 35 Bohrungen anmischen, einfüllen u. nachfüllen	22 Std
• 4 Verteilerrohre in die Gräben legen und an die 35 Erdsonden anschließen (70 Anschlüsse)	28 Std
• Dichtigkeitsprobe und Ausbesserungsarbeiten	4 Std
• Styropor in den Graben einfüllen, Rohr für die Tröpfchenbewässerung verlegen	4 Std
• Graben schließen, 4 Wärmetauscherrohre herrichten und auf halber Höhe verlegen	16 Std
• Aufräumarbeiten	10 Std
Arbeiten am Erdspeicher:	**230 Std**

Tab. 6.1: Arbeitsaufwand für Dachabsorber und Erdwärmespeicher.

Materialkosten für Dachabsorber und Erdwärmespeicher

Menge	Bezeichnung	Einzelpreis DM	Gesamt DM
1.	**Dachabsorber** 6 x 8 m^2	Alle Preise ohne MwSt	
640 m	Rippenrohr Solarflex PP 25/30	1,30	832,-
80 Stück	Solarflex-Steckverbindungen	2,55	204,-
12 m	Verteilerrohr PE 50 x 2,8	3,00	36,-
1 Stück	Entlüftungsnippel	3,00	3,-
	Gesamt Posten 1		1075,-
2.	**Installation**		
25 m	PE-Rohre 40 x 3	2,50	62,50
	Anschlüsse und Verbindungen		150,-
10 m	Schwimmbadschlauch	2,50	25,-
1	Pumpe Super Selectric 35W	165,-	165,-
1	Ausgleichsbehälter + Anschluß	20,-	20,-
1	Temperaturdifferenzsteuerung	65,-	65,-
4	Absperrventile	20,-	80,-
15	Schlauchschellen	0,80	12,-
3 Rollen	Teflonband	2,50	7,50
	verschiedene Schlauchstücke		10,-
	Gesamt Posten 2		597,-
3.	**Erdspeicher**		
860 m	Rippenrohr Solarflex PP 25/30	1,30	1118,-
160 m	Verteilerrohr PE 50 x 4,6	3,50	560,-
160 m	PVC-Leerrohr, 65 mm ø	0,85	136,-
80 m	Tröpfchenbewässerungsrohr	1,00	80,-
2 Säcke	Styroporflocken (1 m^3)	12,50	25,-
10 Säcke	Bentonit (a 50 kg)	20,-	200,-
70	Solarflex-Steckverbindungen	2,55	178,50
10 m	PE-Rohr, 30 mm ø	2,50	25,-
35	Winkelnippel	0,90	31,50
70	Schlauchschellen	0,80	56,-
4	Endkappen	1,00	4,-
157 l	Frostschutzmittel	2,40	376,-
	Gesamt Posten 3		2790,-
4.	**Sonstiges** (Verbrauchsmaterial)		
60 l	Benzin, Zweitaktmischung 1:25	1,60	99,60
3	Ersatzstarterseile	2,-	6,-
10	Madenschrauben	1,-	10,-
4	Ersatzschneiden	10,-	40,-
2	Bohrerspitzen	15,-	30,-
1 Rolle	Klebeband	15,-	15,-
	Gesamt Posten 4		190,60
	Posten 1 - 4: Gesamt		**4652,60**

Tab. 6.2: Materialaufwand für Dachabsorber und Erdwärmespeicher.

Abb. 6.1: Das Gras über dem Erdwärmespeicher fressen die Schafe genauso gern, wie das auf anderen Wiesen ...

Abb. 6.2: Der Reifansatz auf dem Dachabsorber als Indikator für die Durchströmung der Rippenrohre: an den Rändern ist er wegen der besseren Durchströmung stärker als in der Mitte des Absorbers.

schichten naturgemäß viel stärker, was sich entsprechend negativ auf die Vegetation über dem Speicher auswirkt. Bei mir hat sich die Vegetation praktisch nicht verändert (Abb. 6.1).

Der Dachabsorber

Der Dachabsorber hat sich bisher als leistungsfähig und haltbar erwiesen. Nur nach den berüchtigten Münchener Hagelschlägen im Juli '84 wurde ein Rippenrohr undicht. Dank der lösbaren Steckverbindungen konnte es leicht ausgewechselt werden.

Nicht ganz zufriedenstellend ist die ungleichmäßige Durchströmung des Absorberfeldes. Beim Wärmepumpenbetrieb an feuchtkalten Tagen ist erkennbar, daß der Dachabsorber nicht gleichmäßig vereist; vielmehr bleibt eine halbeliptische Fläche unterhalb des oberen Sammelrohres im mittleren Teil des Absorbers ohne Reifansatz. Dies deutet darauf hin, daß hier weniger Sole durchströmt als in den seitlichen Zonen (Abb. 6.2). Wie schon in Kapitel 5.1 beschrieben, liegt dieser Effekt an einem zu hohen Durchflußwiderstand bzw. zu dem zu geringen Durchmesser der 6 m langen Verteilerrohre, die besser 80 statt 60 mm Durchmesser haben sollten. Man könnte natürlich auch beim Bau einer neuen Anlage das Absorberfeld in 3 m breite Felder unterteilen, die wiederum nach dem Tichelmann-Prinzip getrennt an Vor- und Rücklauf angeschlossen werden.

Die Dimensionierung des Dachabsorbers mit ca. 48 m^2 überdeckte Fläche hat sich als ausreichend erwiesen, um einerseits den ca. 1000 m^3 großen Erdspeicher genügend aufzuladen und um andererseits die Wärmepumpe mit Umgebungs- und Solarwärme zu versorgen.

Der Dieselmotor

Der Dieselmotor hat sich als das am meisten verschleiß- und wartungsanfällige Teil der gesamten Anlage erwiesen. Eine Ölstandskontrolle alle 2 bis 3 Tage und einen Ölwechsel spätestens alle 2 bis 3 Wochen sollte man nicht versäumen, wenn der Motor pausenlos durchläuft. Außerdem gehört zur Wartung ein gelegentliches Einstellen und Einschleifen der Ventile, sowie Reinigen der verkokten Einspritzdüse. Nach etwa 20000 Betriebssstunden sind außerdem neue Kolbenringe, Ventilführungen und Kurbelwellenlager fällig.

Vorteil des 2-Zylinder-Kubota-Motors gegenüber meinem ersten 1-Zylinder-Yanmar-Motor: beim Mehrzylinder kann man wegen des Druckausgleichs im Kurbelgehäuse den Ölstand kontrollieren und Öl nachfüllen, während der Motor läuft. Auf die Probleme mit dem Abgaswärmetauscher wurde schon in Kap. 5.4.5 hingewiesen.

Die Installation

Als Schwachstellen haben sich hier PVC-Schlauchverbindungen, die Stopfbuchsen von Messing-Absperrschiebern, die Wärmemengenzähler, das Temperaturdifferenz-Steuergerät (Blitzschutz erfoderlich) und die elektronische Temperaturmessung erwiesen. Außerordentlich wichtig ist das in Kap. 5.1 beschriebene Entlüftungsgefäß vor der Umwälzpumpe, wie die praktische Erfahrung zeigt. Denn handelsübliche Unwälzpumpen laufen leer und können nach längerem Trockenlauf auch durchbrennen, wenn zu viel Luft im Förderstrom ist.

Die Wärmepumpe

Elektrowärmepumpen in der vollhermetischen Bauweise sind wartungsfrei, wenn keine Verunreinigungen von der Wärmequelle in den Verdampfer gelangen.

Bei Wärmepumpen mit „offenem" Kompressor muß einmal jährlich der Kältemittel-Füllstand kontrolliert und monatlich die Keilriemenspannung geprüft werden. Wenn nicht wie bei meiner Anlage durch eigene Schuld Wasser in den Kältekreislauf gerät oder Störungen im Heizkreislauf (Luft in der Umwälzpumpe) auftreten, arbeitet die Wärmepumpe zufriedenstellend.

6.3 Messungen und Ergebnisse

Im Sommer des ersten Betriebsjahres wurden ab Juli erste Messungen über die Leistungsfähigkeit des Dachabsorbers, die Wärmeaufnahme des Erdspeichers und die Temperaturverhältnisse in verschiedenen Erdspeicherzonen und -tiefen sowie im unberührten Erdreich gemacht. Um wegen der schon fortgeschrittenen Jahreszeit noch möglichst viel Wärme in den Erdspeicher zu bringen, wurde neben dem Absorber noch eine 18 m^2 große Serpentinenkollektor-Anlage zum Aufladen benutzt; sie arbeitet auf einen 5000 l großen Warmwasserspeicher und liefert im Sommer eine Menge Überschußwärme.

Bis Anfang November wurde das Wasser aus dem Serpentinenkollektor-Speicher Tag und Nacht durch den inneren Erdspeicherkreis gefördert, während der Dachabsorber direkt auf den äußeren Erdspeicherkreis arbeitete. In der darauffolgenden Zeit wurden die beiden Erdspeicherkreise in Reihe geschaltet und nur mit dem Dachabsorber allein aufgeladen, wie es ja auch dem Gesamtkonzept entspricht.

Im Rahmen des Meßprogrammes wurden folgende Daten ermittelt und aufgezeichnet:

- Die Solarstrahlung in Absorberebene mit einem Solarimeter und einem Schreiber.
- Die Umgebungstemperatur sowie die Vor- und Rücklauftemperaturen in dem inneren und äußeren Speicherkreis mittels Thermoelementen; sie wurden mit einem Punktdrucker registriert.
- Die täglich von den 2 Speicherkreisen aufgenommene Energie mit 2 Pollux-Wärmemengenzählern.

Erfahrungen mit dem Yanmar-TS-Motor

Der Yanmar-Dieselmotor hatte nach 4 Heizperioden insgesamt etwa 18000 Betriebsstunden hinter sich und war nach dieser Betriebszeit noch längst nicht verschlissen. Obwohl in der Betriebsanleitung nach jeweils 100 Stunden ein Ölwechsel vorgeschrieben ist, habe ich im Winter nur alle 2 bis 3 Wochen das Öl gewechselt und mein Gewissen damit beruhigt, daß der Motor ja keinen Staub schlucken muß, gleichmäßig belastet wird, meist im niedrigen Drehzahlbereich läuft und beim Ölnachfüllen ja immer etwas frisches Öl bekommt. Wegen des geringen Ölvorrats ist allerdings eine regelmäßige Ölstandskontrolle wichtig, sie sollte möglichst alle 2 - 3 Tage durchgeführt werden.

Da diese Art von regelmäßiger Verrichtung recht lästig wurde, habe ich mir eine Lösung einfallen lassen, wie man einen größeren Tank mit Schmieröl, der für die ganze Heizperiode reicht, außerhalb des Motors anordnen kann. Durch einen dünnen Silikonschlauch mit ca. 6 mm Durchmesser wird das Frischöl über die Ölpumpe des Motors aus dem Tank angesaugt, durch einen größeren Schlauch mit ca. 14 mm Durchmesser läßt man das Öl aus dem Kurbelgehäuse wieder in den Tank zurücklaufen, und zwar so, daß der Ölstand im Motor auf konstantem Niveau gehalten wird. Wenn man beide Schläuche ineinander verlegt, kann man sie beide am Ölablaßstutzen an den Motor anschließen.

Vor diesem Umbau ist es mir nämlich zweimal passiert, daß der Motor zu wenig Öl hatte, trocken lief und stehen blieb, also meine eigene Schuld! Nachdem ich Öl aufgefüllt hatte, sprang er sofort wieder an, zeigte allerdings eine schlechtere Kompression und Geräusche von Kurbelwellenlager. Ersteres konnte ich durch Auswechseln der Kolbenringe, die im Ersatzteilset enthalten sind, beheben. Die beeindrukkend schweren Kugel- und Rollenlager für die Kurbelwelle gab es anstandslos im örtlichen Kraftfahrzeugzubehör-Fachgeschäft. Außerdem habe ich zweimal die Ventile eingeschliffen, und zwar das erste Mal nach ca. 12000 Betriebsstunden und später nach 17000 Stunden. Während an Kolben, Zylinderlaufbahnen, Kurbelwellen- und Pleuellagern sowie an der Ventilsteuerung kein größerer Verschleiß erkennbar ist, haben die Ventilführungen etwas zuviel Luft. Sie wurden bei passender Gelegenheit ausgewechselt.

Als sehr wichtig hat es sich herausgestellt, beim Abstellen des Motors vor einer längeren Betriebspause darauf zu achten, daß beide Ventile geschlossen sind. Man erreicht dies durch Drehen der Anwerfkurbel, solange bis der Kompressionsdruck spürbar wird. Bleibt der Motor hingegen in einer Stellung stehen, bei der die Ventile geöffnet sind, können Luft und Luftfeuchtigkeit eindringen, so daß durch Korrosion am Ventilsitz während der langen Sommerpause die Kompression nachläßt. Im Herbst läßt sich der Motor dann schlecht starten, weil er zuwenig Kompression aufbaut. In solchen Fällen und im Winter hilft eine Sprühflasche mit „Startpilot“: Bevor man den Motor ankurbelt, sprüht man eine kleine Menge in das Luftfilter bzw. den Ansaugstutzen und kann dann leichter starten.

Wenn der Vorratsbehälter für den Kraftstoff wie in meinem Fall dem Frost ausgesetzt ist, gibt es bei Temperaturen unter 0°C Paraffinabscheidungen im Heizöl, die den Kraftstoffilter blockieren und zu den bei Diesel-PKW's gefürchteten Störungen führen. Hier hat sich zur Abhilfe „Diesel-Detergen“ (Hersteller: Optimol) bewährt, das aber schon vor der Frosteinwirkung zugesetzt werden muß.

Durch den Schwefelgehalt im leichten Heizöl und vermutlich auch durch andere Verunreinigungen, die im Dieselkraftstoff fehlen, bilden sich im Dauerbetrieb nach einigen Monaten Ablagerungen in der Einspritzdüse, die zum Klemmen der Düsennadel und damit zum schlechteren Zerstäuben des Kraftstoffs führen. Ich erkenne den Zeitpunkt zum Säubern der Einspritzdüse am unruhigen Lauf des Motors. Da eine zweite Düse (Serienfabrikat Bosch) im Ersatzteilset des Motors mitgeliefert wird, läßt sich die Düse in ca. 5 Minuten auswechseln und die verschmutzte anschließend in Ruhe säubern. Dazu wird die Düsennadel herausgezogen; ist sie schon stark verschmutzt und sitzt fest, wird sie an dem aus dem Düsenkörper herausragenden Federschaft vorsichtig im Schraubstock festgeklemmt und durch Hebeln mit 2 Schraubenziehern, die am Bund des Düsenkörpers angesetzt werden, freigemacht. Auf keinen Fall darf man natürlich den dichtenden Teil der Nadel mit ihrer polierten Oberfläche in den Schraubstock spannen! Notfalls muß man den Düsenkörper mit der Lötlampe oder Heißluftpistole anwärmen, aber bitte nicht auf Rotglut, sondern höchstens auf etwa 150°C, so daß es beim Berühren mit dem nassen Finger gerade zischt. Der teer- und koksartige Belag an der Düsennadel wird am besten durch Abreiben mit feiner, benzingetränkter Stahlwolle entfernt, keinesfalls aber mit Schleifpapier. Stahlwolle schadet der glasharten Oberfläche der Nadel nicht. Die Bohrung im Düsenkörper läßt sich gut mit einer zweischneidigen Ahle reinigen, wie sie beim Nähen von Leder verwendet wird. Wenn der

gröbste Dreck herausgeschabt ist, kann man den letzten Rest entfernen, indem man ein Stückchen feinen Baumwoll- oder Seidenstoff mit Benzin tränkt und um die Spitze der Ahle wickelt. Mit einer starken Lupe kann man in den Düsenkörper hineinschauen, wenn man ihn mit dem Düsenloch gegen das Licht hält. Anschließend werden beide Teile in Benzin ausgewaschen; dabei ist darauf zu achten, daß keine Reste der Stahlwolle oder des Stoffes hängen bleiben. Die Nadel muß sich in der Bohrung leicht und ohne zu klemmen hin- und herschieben lassen. Baut man die Düse nicht gleich wieder ein, werden die Teile mit Dieselöl gegen Rosten leicht eingefettet und trocken aufbewahrt.
Ich habe diese Arbeiten, die man natürlich auch noch fachgerechter bei einem Bosch-Dienst machen lassen kann, deshalb so ausführlich beschrieben, weil sie neben Ölwechsel und dem Einstellen des Ventilspiels zu den wichtigsten Wartungsarbeiten am Motor gehören, aber nicht in der Betriebsanleitung erläutert werden.

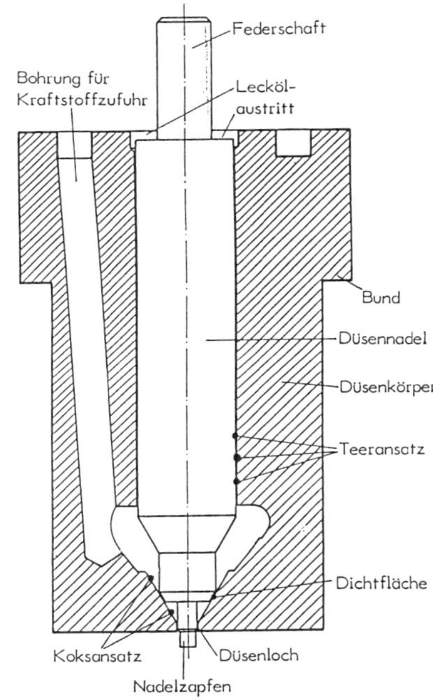

Abb: Die Zapfen-Einspritzdüse des Yanmar-TS-Dieselmotors.

- Die Temperaturen im Erdwärmespeicher und im unberührten Erdreich an 26 Stellen mittels Thermometern; die Thermometer stecken in 1" PE-Rohren, die mit Äthylenglykol gefüllt sind, und wurden in wöchentlichen Abständen abgelesen. Wegen der großen Trägheit des Speichers war eine laufende Temperaturerfassung unnötig.

Temperaturen und Energiebilanz

Interessant ist zunächst einmal der Temperaturverlauf in den Kreisläufen in Abhängigkeit von Solarstrahlung und Außentemperatur. Es wurden zwei typische Sommertage mit sehr günstigen und sehr ungünstigen Witterungsbedingungen gewählt (Abb. 6.3). An einem schönen, wolkenlosen Tag, dem 12. August mit bis zu 900 W/m² Solarstrahlung in der Absorberebene, einer Tageseinstrahlungssumme von 6,9 kWh/m² und maximal 29°C Umgebungstemperatur, stieg die Vorlauftemperatur vom Dachabsorber in den äußeren Erdspeicherkreis auf maximal 42°C bei einer Rücklauftemperatur von 36°C. Ein derart hohes Temperaturniveau erscheint zwar auf den ersten Blick eindrucksvoll, ist aber mit einem schlechten Wirkungsgrad des Dachabsorbers verbunden. Mit anderen Worten: der Erdspeicher kann das Wärmeangebot dieses relativ großen Absorbers in der Mittagszeit nicht schnell genug aufnehmen. Hier wäre ein zwischengeschalteter Wasser-Pufferspeicher günstig, wie er zusammen mit dem Serpentinenkollektor betrieben wird. Wie aus den Temperaturkurven für den Serpentinenkollektor ersichtlich ist, stieg hier die Vorlauftemperatur nicht über 33°C bei einer Rücklauftemperatur von 25°C. Die zwischengespeicherte Energie wurde dadurch bis in die Nacht hinein an den Erdspeicher abgegeben, so daß ein stärker ausgeglichener Temperaturverlauf entsteht. Ob sich der Aufwand für einen zusätzlichen Wasserspeicher indessen lohnt, ist zu bezweifeln.
Erstaunlich ist, daß auch noch an einem Tag mit sehr ungünstiger

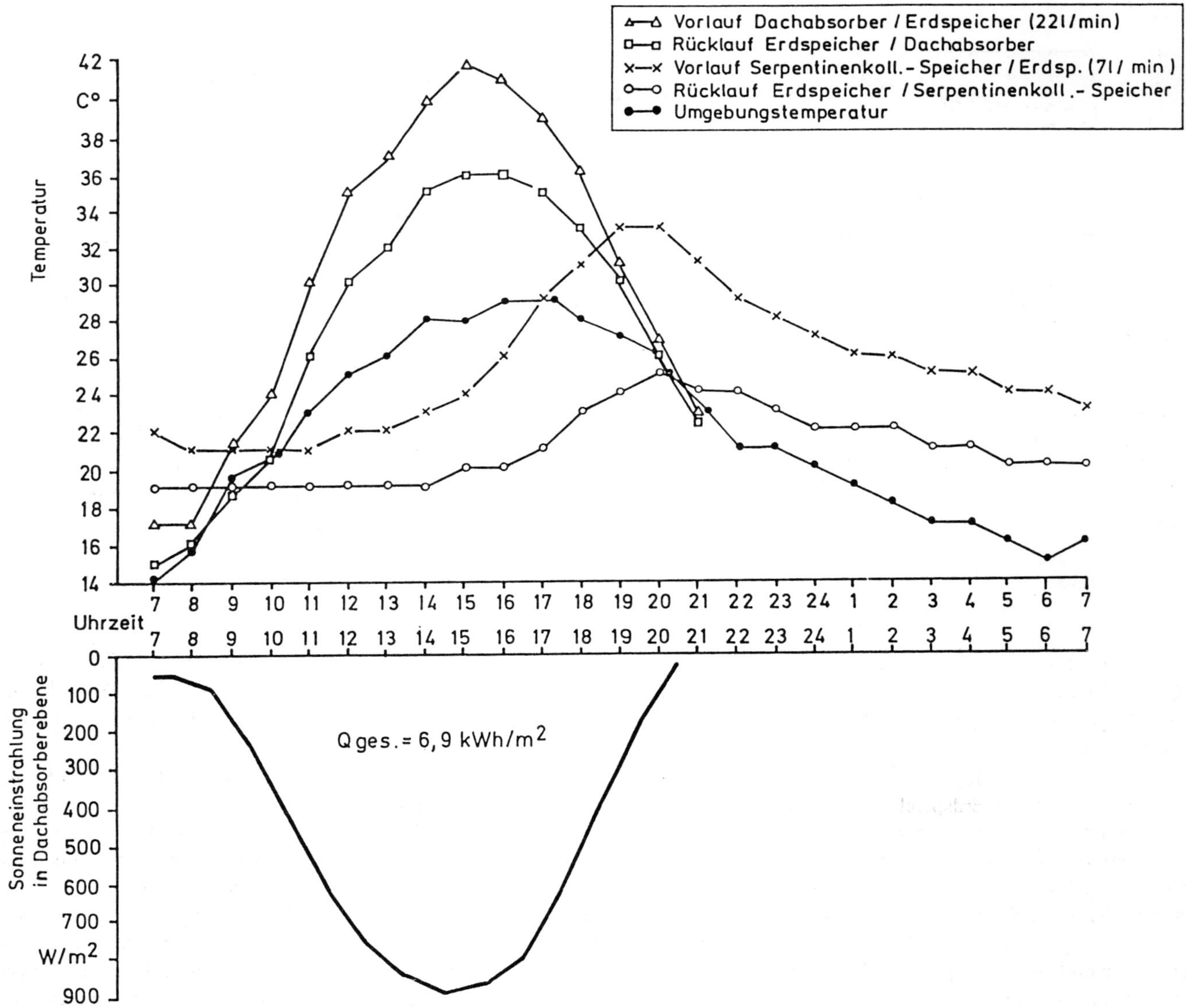

Abb. 6.3: Temperaturverlauf und Solarstrahlung beim Aufladen des Erdwärmespeichers an einem wolkenlosen Tag (12.8.1982).

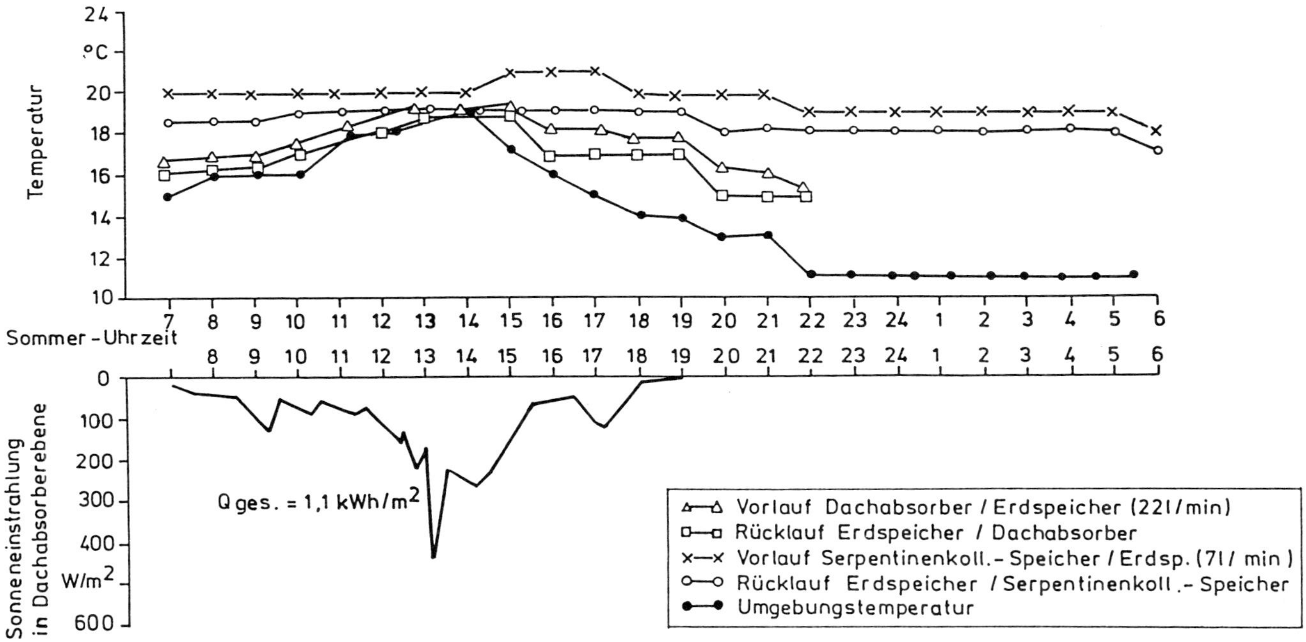

Abb. 6.4: Temperaturverlauf und Solarstrahlung beim Aufladen des Erdwärmespeichers an einem regnerischen Tag (27.8.1982).

Witterung, nämlich dem 27. August, ein Wärmeeintrag in den Erdspeicher erfolgte: An diesem Tag regnete es vormittags, die Umgebungstemperatur betrug nur maximal 19°C, die Sonneneinstrahlung zeigte um die Mittagszeit eine kurze Spitze von 450 W/m^2 und erreichte an diesem Tag (einschließlich der Nacht) insgesamt 12 kWh Wärme in den Erdspeicher, 5 kWh lieferte der Dachabsorber, während der Serpentinenkollektor mit Wasserspeicher 7 kWh beisteuerte - ein Teil davon war allerdings noch vom Vortag gespeichert (Abb. 6.4).

Verfolgt man den Verlauf der täglich vom Erdwärmespeicher aufgenommenen Energie über einen längeren Zeitraum (Abb. 6.5), so sieht man auch hier die ausgleichende Wirkung des Wasserspeichers am Serpentinenkollektor. In der Zeit von Ende Juli bis Mitte September schwankte der Tagesertrag zwischen 11 und 48 kWh/Tag bei einem Gesamtertrag von 1686 kWh. Beim Dachabsorber variierte der Wärmeertrag zwischen 3 und 80 kWh/Tag, sein Gesamtertrag lag bei 3008 kWh. Insgesamt wurden in diesen 53 Tagen 4694 kWh in den Boden eingespeichert. Noch bis in den November hinein konnten zeitweise weitere Wärmeerträge gespeichert werden.

Auch in Abb. 6.6 zeigt sich die große Trägheit und Speicherkapazität, die ja schon von konventionellen Erdspeichern bekannt ist. Verglichen mit den Temperaturen im unberührten Erdreich (Meßstelle 6) ist zunächst einmal zu erkennen, daß der Erdboden im Kern des Speichers bis zum 18. September von 10,5 auf 19,5°C aufgeheizt werden konnte, ein sicherlich beachtenswerter Erfolg, wenn man bedenkt, daß ja beim Beginn der Inbetriebnahme schon ein großer Teil der sonnenreichen Jahreszeit vorbei war. Bemerkenswert ist weiter, daß die Temperaturen mit zunehmendem Abstand vom Zentrum nach außen hin in allen Bodentiefen sehr gleichmäßig abnehmen. Dies war ja auch durch die Anlage von 2 Kreisen beabsichtigt, um den Wärmeverlust nach außen einzu-

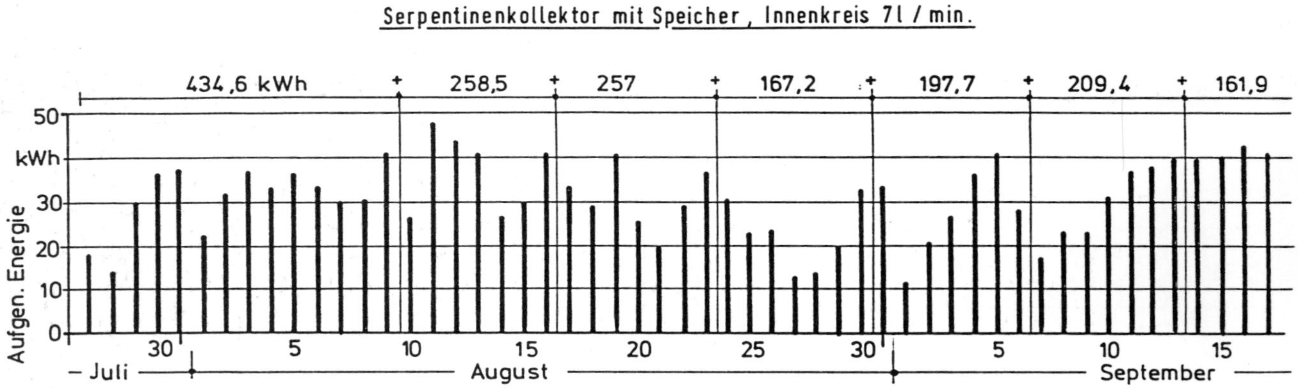

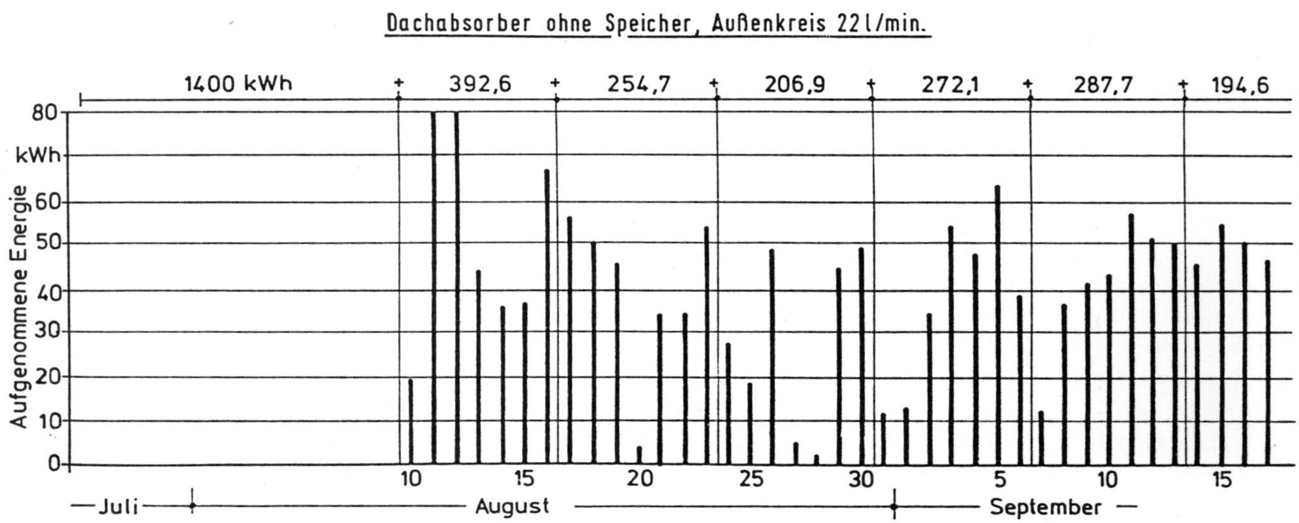

Abb. 6.5: Täglich aufgenommene Energiemengen beim Aufladen des Erdwärmespeichers.

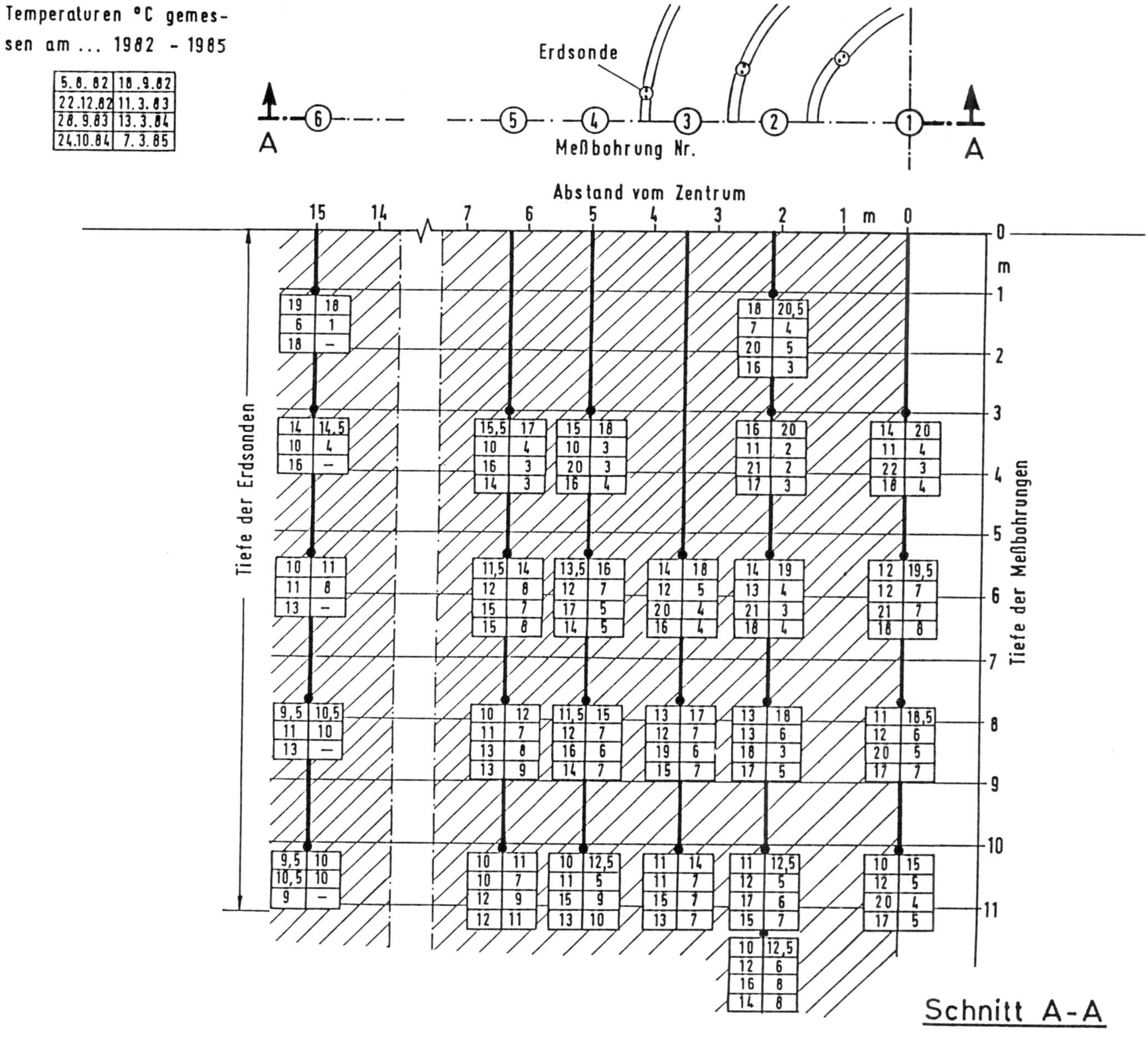

Abb. 6.6: Temperaturen an verschiedenen Meßstellen im Erdwärmespeicher (Meßbohrungen 1 bis 5) und im unberührten Boden (Bohrung Nr. 6).

schränken. Auch nach unten hin ergibt sich ein ähnlicher Temperaturabfall. Dies hängt damit zusammen, daß in der oberen, etwa 4 bis 5 m tiefen Zone die natürliche Erwärmung durch Sonne, Außenluft und Regen mit dem künstlichen Wärmeeintrag durch die Sonden zusammenwirkt, während in größeren Tiefen kaum noch ein Einfluß des Klimas zu spüren ist. Auch dies ist günstig, denn nach unten abfließende Wärme kann man nur schwer zurückholen. Nach oben geht kaum Wärme verloren, wie der Vergleich der Meßstellen 2 und 6 in 1 m Tiefe zeigt.
Die Temperaturmessungen am Erdspeicher wurden noch einige Jahre fortgesetzt und zwar jeweils im Herbst und im Frühjahr. Es zeigte sich, daß in den einzelnen Zonen auch über mehrere Jahre gesehen weder extrem hohe, noch sehr tiefe Temperaturen auftreten. Daraus ist zu ersehen, daß die Wärmebilanz des Erdspeichers gut ausgeglichen ist. Die Wärme, die im Sommer eingespeichert wird, wird im Winter auch wieder entnommen, abzüglich der Wärmeverluste, die im folgenden noch näher betrachtet werden.
In Abb. 6.7 ist für meine Erdspeicheranlage der wöchentlich aufsummierte Wärmefluß über zwei Lade- und Heizperioden hinweg dargestellt. Dabei ist vor allem der zweite Zeitraum interessant, weil hier schon eine volle Ladeperiode vorausgegangen war, der Dachabsorber allein und ohne die Hilfe des Serpentinenkollektors arbeitete und die Wärmepumpe monovalent, d.h. ohne andere Zusatzheizung, betrieben wurde.
Wie man sieht, konnten mit Hilfe des Dachabsorbers insgesamt 12751 kWh in den Erdspeicher gebracht werden. Für einen Landwirt, wie ich es bin, ist es ein schönes Gefühl, zu wissen, wenn man bei den sommerlichen Hitzeperioden in der Heu- und Stroherntе richtig ins Schwitzen kommt, daß zu Hause wieder bedeutende Energiereserven auf umweltfreundliche Weise für die kalte Winterzeit geschaffen werden. Aber auch während der Heizperiode konnte der Dachabsorber an frost- und schneefreien Tagen insgesamt 5602 kWh direkt an die Wärmepumpe liefern. An sonnigen, milden Wintertagen, besonders aber im März, liefert der Dachabsorber sogar Überschußwärme, die kurzzeitig in den Erdspeicher fließt.
Durch Wärmeentzug aus dem Erdspeicher lassen sich Tage, Wochen, oder wie im Februar '83 auch einmal fast ein ganzer Monat überbrücken, wenn der Dachabsorber wegen starkem Dauerfrost oder dicker Schneedecke absolut keine Energie liefert.

Befürchtungen von Skeptikern, daß bis zum Winter die ganze Sommerwärme aus dem Erdspeicher weggeflossen sei, haben sich also nicht bestätigt. Vergleicht man nämlich die Wärmemengen beim Wärmeentzug aus dem Erdspeicher mit denen beim Aufladen, so ergibt sich ein Nutzungsgrad von 67,1% in der ersten Periode (1982/83) und von 66,7% in der zweiten Meßperiode. Es wird hier bewußt der Begriff „Nutzungsgrad" verwendet und nicht von einem Wirkungsgrad des Erdspeichers gesprochen; denn einerseits wird ja im Sommer die Wärme auf höherem Temperaturniveau eingespeichert als im Winter entzogen, und andererseits fließen neben der aktiv vom Dachabsorber kommenden Wärme auch noch passiv geringe Wärmemengen von außen in den Erdspeicherbereich, und zwar aus dem Erdinnern, durch Sonneneinstrahlung sowie durch warmen Wind und Regen.
Erstaunlicherweise liegen die Nutzungsgrade in beiden Perioden im gleichen Bereich. Dies muß aber nicht in allen Fällen so sein, denn der Nutzungsgrad eines Erdspeichers ist keinesfalls eine feste Größe. Er wird vielmehr sehr stark von der Witterung und natürlich auch vom Zeitpunkt und der Intensität des Wärmeentzuges beeinflußt. Immerhin zeigt aber der bei mir gemessene hohe Nutzungsgrad, daß die Wärmeverluste in meinem Erdspeicher relativ gering und durchaus tragbar sind. Die kompakte Form des Speichers, die Aufteilung in 2 Kreise und der 2 m dicke, natürliche Erdpuffer an der Oberfläche reduzieren die Verluste stark. Ähnliche Ergebnisse lieferte übrigens auch das BMFT-Forschungsprojekt zur Pilotanlage Schäfstall (siehe auch Kap. 7).
Der Wärmeentzug aus dem Erdspeicher machte auch in den nächsten Wintern keine grundsätzlichen Probleme. Ein „Ermüden" des Speichers, also ein Nachlassen der Leistung bei der Wärmeaufnahme und -abgabe sowie in der Speicherkapazität, konnte nicht beobachtet werden.
Neben den schon genannten Meßdaten über Sonneneinstrahlung und Temperaturen am Erdspeicher wurden mit einem elektronischen Meßdaten-Erfassungs- und Auswertungssystem, dem „Micro-Mac", während der gesamten Heizperiode 1982/83 die Vor- und Rücklauftemperaturen am Dachabsorber, die Verdampfungs- und Kondensationstemperaturen der Wärmepumpe, die Temperaturen im Heizungskreislauf und der Kraftstoffverbrauch des Motors erfaßt. Außerdem wurden täglich bei jedem Umschalten der Solekreisläufe (vom Dachabsorber auf den Erdspeicher und umgekehrt) die Wärmemengenzähler abgelesen.

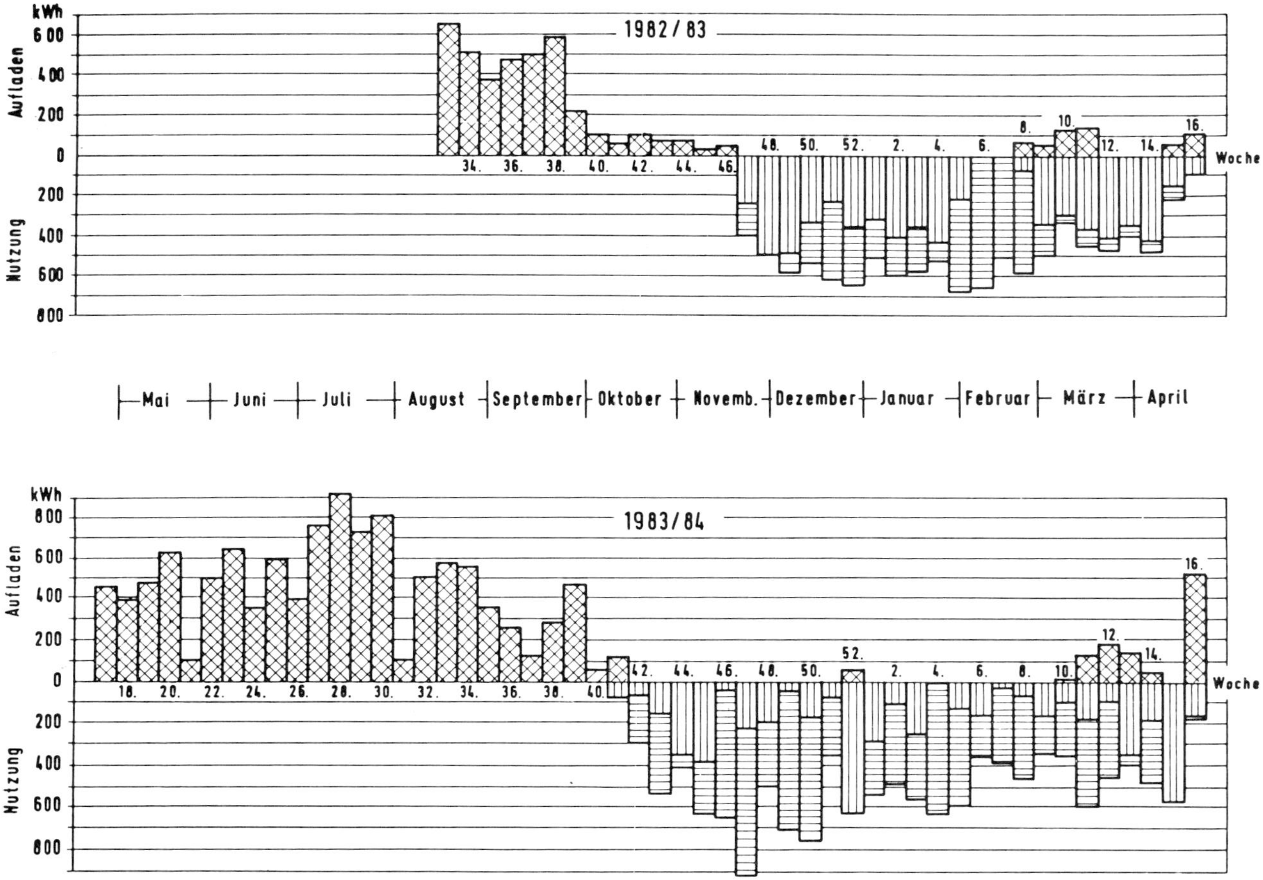

	1982/83	1983/84	
= Aufladen	5960	12751	kWh
= Wärmeentzug aus Umgebung mit Dachabsorber	6400	5602	kWh
= Wärmeentzug aus Erdsp.	4000	8509	kWh
Erdspeicher Nutzungsgrad η_N	67,1	66,7	%

Abb. 6.7: Wärmeflüsse in kWh pro Woche bei meiner Erdwärmespeicher-Anlage in den Nutzungsperioden 1982/83 und 1983/84.

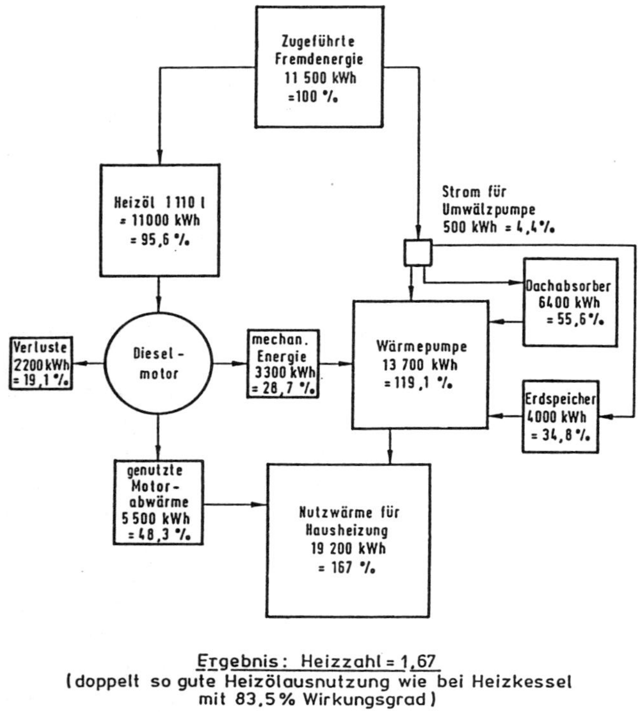

Abb. 6.8: Energiebilanz der Gesamtanlage mit Dieselmotor-Wärmepumpe, Dachabsorber und Erdwärmespeicher im Winter 1982/83.

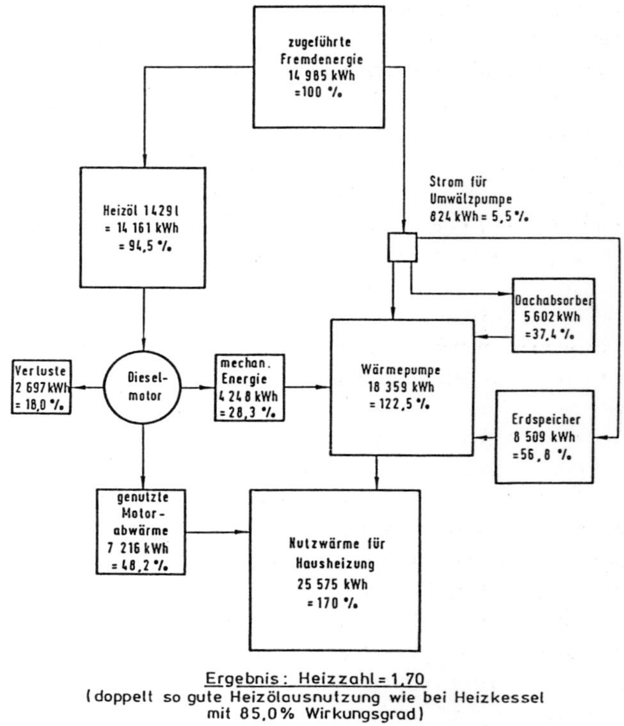

Abb. 6.9: Energiebilanz der Gesamtanlage im 2. Betriebsjahr 1983/84.

Es zeigte sich, daß die Heizleistungen der Wärmepumpe meist zwischen 5 und 8 kW, selten bei 10 bis 12 kW lagen. Diese Werte beinhalten bereits die Nutzung der Motorabwärme, die in Bezug auf die Abgaswärme allerdings noch verbessert werden kann. Die Heizwasser-Vorlauftemperaturen lagen in der Regel zwischen 30 und 35°C und nur bei strenger Kälte zwischen 35 und 40°C.
Die Vorlauftemperatur aus dem Dachabsorber ist natürlich stark witterungsabhängig und schwankt zwischen -5°C und +25°C. Auch die Temperatur, mit der die Sole aus dem Erdspeicher kommt, ist keinesfalls konstant; sie fällt von etwa 15 bis 18°C im Oktober auf etwa -2°C im Februar. Darüber hinaus kann man kurzzeitige Schwankungen feststellen, die durch die Intensität des Wärmeentzugs bedingt sind: Wird der Erdspeicher Tag und Nacht beansprucht, fällt die Temperatur spürbar ab, kann dagegen einige Tage lang Wärme vom Dachabsorber bezogen werden, „erholt" sich der Erdspeicher in dieser Zeit und liefert anschließend wieder etwas höhere Temperaturen. Solange der Erdspeicher nur fühlbare Wärme abgibt, also etwa bis in den Februar hinein, fällt die Vorlauftemperatur langsam aber sicher ab, entsprechend den physikalischen Gesetzmäßigkeiten. Anschließend kommt die Zeit, wo trotz ständigen Wärmeentzugs die Vorlauftemperatur der Sole bei 0 bis -2°C liegt, wenn sie aus dem Erdspeicher kommt. Durch das

Gefrieren von Bodenwasser in der näheren Umgebung der Erdsonden werden bedeutende Mengen Latentwärme frei (die zum Schmelzen des Eises wieder aufgewendet werden müssen).
Bisher mußte in allen Wintern nur ein Teil der verfügbaren Latentwärme entzogen werden, denn die in der Mitte zwischen den Erdsondenkreisen angebrachten Temperaturmeßstellen zeigten im Frühjahr noch mehrere °C über Null an (siehe auch Abb. 6.6). Deshalb ist es durchaus möglich, bei einem extrem kalten und langen Winter noch mehr Wärme aus dem Erdspeicher herauszuholen, allerdings auf einem relativ niedrigen Temperaturniveau.

Energieverbrauch der Dieselmotor-Wärmepumpe
Aus den gemessenen Wärmemengen, dem Kraftstoffverbrauch des Motors und dem Stromverbrauch für die Sole-Umwälzpumpe wurden für die Perioden 1982/83 und 1983/84 Energiebilanzen (Abb. 6.8 und 6.9) aufgestellt: Der Dieselmotor verbrauchte 1982/83 insgesamt 1110 l Heizöl und die Umwälzpumpe 500 kWh Strom. Setzt man diese zugeführte Fremdenergie gleich 100%, so wurde damit 167% Nutzwärme für die Hausheizung erzeugt. Die in Kapitel 5.3.2 erläuterte Heizzahl liegt damit bei 1,67 , so daß die Anlage eine etwa doppelt so gute Ausnutzung des eingesetzten Heizöls bringt wie ein Zentralheizungskessel mit 83,5% Wirkungsgrad. Daß dies kein Zufallsergebnis ist, bestätigen die Werte von 1983/84: Hier konnte durch kleine Verbesserungen an der Wärmepumpe sogar eine Heizzahl von 1,70 erreicht werden. Da ich keinen modernen Ölheizkessel mit einem Wirkungsgrad von etwa 85% habe, ist für mich die effektive Ölersparnis noch wesentlich höher. Brauchte ich früher 4000 bis 5000 l Heizöl jährlich für die Hausheizung, so komme ich jetzt mit maximal 1500 l für den Dieselmotor aus. Mit einigen Verbesserungen an der Wärmepumpe und der Abgaswärmenutzung ließe sich diese Menge noch verringern.
Dividiert man die von der Wärmepumpe gelieferte Wärmemenge durch die mechanische Energie des Dieselmotors, so erhält man die Jahresarbeitszahl, die in beiden Wintern etwas über 4 lag, also wesentlich besser ist als bei üblichen Elektrowärmepumpen. Das liegt zum einen daran, daß der Erdwärmespeicher eine bessere Wärmequelle ist als Außenluft, und zum anderen habe ich Verdampfer und Kondensator großzügig dimensioniert und komme mit recht niedrigen Heizungsvorlauftemperaturen aus.

Fazit
Zusammenfassend kann ich aufgrund meiner bisherigen Erfahrungen sagen, daß es mit den genannten Verbesserungen gelingt, eine kleine Verbrennungsmotor-Wärmepumpe in Kombination mit einem einfachen Solarabsorber und einem kompakten Erdwärmespeicher für eine Niedertemperatur-Hausheizung monovalent zu betreiben, wenn bohrfähiger und nicht vom fließenden Grundwasser berührter Boden ansteht und andere Wärmequellen wie z.B. Grundwasser oder Stallabwärme nicht oder nur schwer zu erschließen sind. Der Erdspeicher kann und soll in dieser Form nicht die gesamte Heizenergie für den Winter bevorraten, sondern nur jenen entscheidenden Teil, für den bisher oft ein zweites Heizsystem notwendig war. Dadurch können die sonst erforderlichen Investitionen, aber auch die Brennstoffkosten für einen zusätzlichen Öl-, Gas- oder Feststoffkessel entfallen. Natürlich braucht auch der Motor Kraftstoff, aber durch die Nutzung der Motorabwärme und das Wärmepumpenprinzip gelingt eine wesentlich bessere Verwertung des Heizöls als beim primitiven Verbrennen im Kessel oder Ofen.

6.4 Hinweise zur Dimensionierung

von Heizungsanlagen mit Solarabsorber, Erdspeicher und Verbrennungsmotor-Wärmepumpe

In Kapitel 3 wurden bereits einige Hinweise zur Dimensionierung von Erdwärmespeichern in Verbindung mit Wärmepumpen gegeben. Ergänzend dazu soll im folgenden versucht werden, weitere möglichst konkrete Richtwerte für die Dimensionierung des Systems und der einzelnen Komponenten zu geben. Eine genaue Auslegung und die Detailplanung, die alle örtlichen Gegebenheiten berücksichtigt, muß ich den Fähigkeiten des einzelnen Planers bzw. Praktikers überlassen.

1. Voraussetzungen

Die wichtigsten Voraussetzungen für die Realisierung des hier beschriebenen Systems wurden ja bereits in Kapitel 4 genannt: Ein geeigneter Platz für Solarabsorber und Erdspeicher sowie ein Aufstellungsort für die Wärmepumpe müssen vorhanden sein.
Besonders wichtig ist ein Niedertemperatur-Heizungssystem mit maximal 45°C Vorlauftemperatur; zwar kann die Verbrennungsmotor-Wärmepumpe durch Nutzung der Motorabwärme (Kühlwasser und Abgas) durchaus höhere Temperaturen erzeugen, doch geht dies stets auf Kosten der Leistungs- bzw. Arbeitszahl (vgl. Abb. 5.3.3).
Um die Leistung bzw. Größe von Motor, Wärmepumpe, Dachabsorber und Erdspeicher festlegen zu können, müssen zunächst die maximal benötigte Heizleistung (d.h. die Leistung für die kältesten Tage in kW) und der jährliche Heizenergiebedarf (d.h. die im Jahr verbrauchte Energie in kWh/a) berechnet werden. Es versteht sich von selbst, daß es unbedingt sinnvoll ist, Maßnahmen zur Reduzierung des Heizenergieverbrauchs wie Fenstererneuerung und Wärmedämmung am Haus *vor* der Umrüstung der Heizung vorzunehmen; denn die Leistung der Heizung sollte dem zu heizenden Gebäude möglichst gut angepaßt sein.

2. Dimensionierung von Motor und Wärmepumpe

Gegeben sei

- die maximal geforderte Heizleistung $N_{heizung}$ sowie
- der jährliche Energieverbrauch $Q_{heizung}$.

Die *Leistung des Verbrennungsmotors* N_{motor} und des Wärmepumpen-Kompressors $N_{kompressor}$ kann aus der Energiebilanz des Motors ermittelt. In kleinen Dieselmotoren werden 100% Brennstoff umgesetzt in:

- maximal 30 - 33% mechanische Energie, die zum Antrieb der Wärmepumpe zur Verfügung steht,
- 50 - 60% nutzbare Wärme aus Kühlwasser und Abgas und
- 10 - 20% Abwärme, die nicht genutzt werden kann und an die Umwelt abgegeben wird (Strahlungswärme und Restwärme im Abgas).

In meinem Fall kann ich, wie die Energiebilanz in Abb. 6.8 und 6.9 zeigt, mit 28% mechanischer Energie und knapp 50% nutzbarer Wärme rechnen, wobei durch Optimierung der Abwärmenutzung noch ein paar Prozent mehr Wärme herauszuholen wären.
Bezogen auf die Motorleistung N_{motor} steht also das 1,5 bis 1,8 fache der Motorleistung an Abwärme $N_{abwärme}$ zur Verfügung:

(1) $N_{abwärme} = 1{,}5 - 1{,}8 \cdot N_{motor}$

Steht wie in meinem Fall Umweltwärme vom Solarabsorber und aus dem Erdspeicher mit Temperaturen von 0 bis +20°C zur Verfügung und wird eine Niedertemperaturheizung eingesetzt, läßt sich mit einer richtig bemessenen Wärmepumpe eine Leistungszahl von 4 bis 4,3 erreichen, d.h. die nutzbare Wärmeleistung am Kondensator ist gut viermal so groß wie die mechanische Antriebsleistung:

(2) $N_{kondensator}$ = Antriebsleistung + Umweltwärme (Anergie) =
$= N_{motor} + (3{,}0 \ldots 3{,}3) \cdot N_{motor} = (4{,}0 \ldots 4{,}3) \cdot N_{motor}$

Die insgesamt an die Heizung abgegebene Wärmeleistung setzt sich aus der Abwärme des Motors und der Leistung der Wärmepumpe zusammen:

(3) $N_{heizung} = N_{abwärme} + N_{kondensator} = (5{,}5 \ldots 6{,}0) \cdot N_{motor}$

Ist die geforderte Heizleistung bekannt, läßt sich durch Umkehrung der Gleichung die Motorleistung bei maximaler Belastung berechnen:

(4) $N_{motor} = (0{,}16 \ldots 0{,}18) \cdot N_{heizung}$ beim Dieselmotor.

Setzt man anstelle des Dieselmotors einen Gasmotor ein, so entsteht wegen des schlechteren mechanischen Wirkungsgrades (er liegt bei ca. 25%) mehr Motorabwärme. Nicht nur die Leistungszahl der Gesamtanlage wird dadurch etwas schlechter, auch die erforderliche Motorleistung fällt etwas kleiner aus:

(5) $N_{motor} = (0{,}15 \ldots 0{,}16) \cdot N_{heizung}$ beim Gasmotor.

Im Interesse geringer Geräuschentwicklung und einer langen Lebensdauer sollten stationäre Verbrennungsmotoren am besten bei 25 bis 50% ihrer Nennleistung betrieben werden; man wird daher einen Motor auswählen, dessen Nennleistung etwa doppelt so groß ist wie die errechnete maximal geforderte Motorleistung N_{motor}.

Damit lassen sich dann auch die *Bauelemente der Wärmepumpe* dimensionieren.

Kompressor: In den Datenblättern für Kompressoren (unbedingt beschaffen, sie enthalten auch alle wichtigen Angaben über Anschlüsse u.ä.) wird zumeist deren Kälteleistung angegeben; das ist in unserem Fall genau die Leistung, die dem Erdspeicher bzw. Dachabsorber entnommen wird, also unter Berücksichtigung von Gleichung (2):

(6) $N_{kompressor} = N_{verdampfer} = (3{,}0 \ldots 3{,}3) \cdot N_{motor}$

Anhand von Datenblättern kann man nun einen Kompressor mit der passenden Kälteleistung nach Gleichung (6) aussuchen.

Der *Verdampfer* muß ebenfalls gerade diese Kälteleistung übertragen, wobei die Temperaturdifferenz zwischen Sole und Kältemittel nicht mehr als 3 bis 5°C betragen sollte. Sofern man keinen fertigen Kondensator mit angegebener Übertragungsleistung kaufen will, sondern sich wie ich für den Selbstbau eines Gegenstrom-Wärmetauschers entscheidet, kann man pro m² Wärmetauscherfläche (= Rohroberfläche beim Tauscher nach Kapitel 5.3.3) mit 5 bis 8 kW Wärmeübertragung rechnen (Wärmeübertragung bei Gegenstrom-Wärmetauschern: 1 bis 1,8 kW/m²K).

Die Wärmetauscherfläche des *Kondensators* sollte nach einer Faustregel wenigstens halb so groß sein wie die des Verdampfers; die Wärmeübertragung beim Kondensieren des Dampfes ist nämlich um einiges besser als bei Flüssigkeiten im Gegenstrom (2 bis 3 kW/m²K). Um das Temperaturgefälle möglichst niedrig zu halten, sollte man aber auch hier nicht an der Wärmetauscherfläche sparen.

3. Dimensionierung von Erdspeicher und Dachabsorber

Bei der Bemessung des Erdspeichers kommt es auf 2 Punkte an:

1. Die Speicherkapazität des von den Sonden erfaßten Erdreichs muß genügend groß sein, um in der Heizperiode die geforderte Menge Umweltenergie (Anergie) liefern zu können. Wollte man die Wärme zum Verdampfen des Kältemittels allein dem Erdspeicher entnehmen, müßte er nach Abb. 3.3.2 etwa 60% des Jahres-Heizenergieverbrauches $Q_{heizung}$ liefern. Nutzt man in der Übergangszeit und an wärmeren Wintertagen auch noch die Energie vom Dachabsorber, ergibt sich nach den bisherigen Erfahrungen etwa folgendes Bild:

(7) $Q_{anergie} = 0{,}6 \cdot Q_{heizung}$
(8) $Q_{erdspeicher} = 0{,}6 \cdot Q_{anergie} = 0{,}36 \cdot Q_{heizung}$ (Entnahme in der Heizperiode)
(9) $Q_{dachabsorber} = 0{,}4 \cdot Q_{anergie} = 0{,}24 \cdot Q_{heizung}$ (Lieferung in der Heizperiode)

Nach Tab. 3.1 kann man beim Erdboden mit einer spezifischen Speicherkapazität von ungefähr 0,4 bis 0,8 kWh/m³K rechnen; da beim Wärmeentzug nicht nur die fühlbare Wärme mit etwa 20 bis 30°C nutzbarer Temperaturdifferenz zur Verfügung steht, sondern auch noch die „latente" Wärme genutzt werden kann, die bei der Vereisung des Wasseranteils im Boden frei wird, bestimmt am Ende weniger die Speicherkapazität die Größe des Erdspeichers, sondern eher die Zahl der erforderlichen Erdsonden.

2. Die Wärmetauschersonden im Erdreich müssen die maximale Kälteleistung (nach Gleichung 6) aus der Erde an die Sole übertragen können, und zwar gerade dann, wenn im Januar/ Februar hohe Heizleistungen gefordert sind und der Erdspeicher schon weitgehend entladen ist und zu vereisen beginnt.

(10) $N_{erdspeicher} = (3 \ldots 3{,}3) \cdot N_{motor} = (0{,}5 \ldots 0{,}55) \cdot N_{heizung}$

Nach einschlägigen Untersuchungen (Müller, R.; 1985) kann mit der einfachen, auch von mir verwendeten Erdsonde in sandig-kiesigem Boden eine spezifische Dauer-Entnahmeleistung von etwa 12 W/m Sondenlänge (Hin- und Rückleitung) erreicht werden, wenn man mit 2°C Soletemperatur entlädt und die Temperatur des ungestörten Erdreichs bei 10°C liegt. Pro kW Entnahmeleistung (= Verdampferleistung) sollte man demnach etwa 80 m Sondenlänge vorsehen. Die Erfahrungen mit meiner Anlage (40 m Sondenlänge pro kW Entnahme-Spitzenleistung entsprechend 20 m pro kW Heizleistung) zeigen, daß man auch mit weniger auskommen kann, allerdings auf Kosten einer höheren Temperaturdifferenz zwischen Erdreich und Sole.
Der Abstand der Erdsonden sollte zwischen 1,2 und 2,0 m liegen. Der von mir gewählte Abstand von 1,5 m ist also ein guter Kompromiß. Tonige Böden haben aufgrund ihres höheren Wasserhaltevermögens eine höhere Speicherkapazität als Sand-Kies-Böden, andererseits aber auch eine bessere Wärmeleitfähigkeit, die die Wärmeverluste vergrößert.
Zum Transport der Wärme aus dem Erdspeicher sollte man einen Soledurchsatz von 100 bis 200 l/h pro kW Wärmeleistung (entsprechend 10 bis 5°C Temperaturerhöhung) vorsehen. Leitungsquerschnitt und Pumpenleistung sind entsprechend auszuwählen; Hinweise dazu finden sich in den einschlägigen Handbüchern zur Heizungs- und Installationstechnik.

Die Fläche des *Dachabsorbers* muß so bemessen sein, daß er in der heizfreien Zeit genügend Energie bereitstellt, um den Erdspeicher wieder aufzuladen. Berücksichtigt man die Wärmeverluste des Erdspeichers im Temperaturbereich von 0 bis 30°C mit etwa 30 bis 40% der eingespeicherten Wärme, ergibt sich die zum Aufladen erfoderliche Wärmemenge:

(11) $Q_{laden} = (1{,}4 \ldots 1{,}7) \cdot Q_{erdspeicher} = (0{,}5 \ldots 0{,}6) \cdot Q_{heizung}$

Der mittlere Energieertrag des Dachabsorbers liegt bei der angegebenen Bauart und den genannten Speichertemperaturen bei etwa 30 bis 40% der Sonneneinstrahlung, d.h. in der heizfreien Zeit können pro m² Dachabsorberfläche jährlich etwa 250 bis 300 kWh geerntet und in den Erdspeicher gebracht werden. Bemißt man die Dachabsorberfläche entsprechend

(12) $F_{dachabsorber} = Q_{heizung} / 500$ [in m²],

so ist der Absorber auch leistungsfähig genug, um in der Übergangszeit und an wärmeren Wintertagen die Wärmepumpe allein mit der nötigen Verdampferwärme $Q_{anergie}$ zu versorgen. Der Durchfluß durch den Solarabsorber sollte bei etwa 50 bis 100 l/h je m² Absorberfläche liegen.

7. Weitere Praxisanlagen

Aufgrund der insgesamt positiven Erfahrungen mit meinem Erdwärmespeicher sind zahlreiche weitere Anlagen mit vertikalen Wärmetauscher-Sonden in mehr oder weniger stark abgewandelter Form erstellt worden. Einige typische Beispiele sollen im folgenden kurz vorgestellt werden.

Kleingewächshaus mit Erdwärmespeicher ohne Wärmepumpe

(Altenhausen bei Freising)
Hier wurde ein Erdwärmespeicher mit vertikalen Sonden unter einem 2,8 x 5 m großem Gewächshaus angelegt (Abb. 7.1). Sechs mit Rippenrohrsonden bestückte Bohrlöcher reichen bis in 5 m Tiefe. Sie wurden nicht ganz senkrecht, sondern etwas schräg versetzt gebohrt, um wegen des geringen Sondenabstandes von nur 0,8 m ein größeres Speichervolumen zu erreichen. Aufgeladen wird der Speicher von einem an einer benachbarten Scheunenwand angebrachten Serpentinenkollektor mit 6,6 m^2 Fläche.
Die Wärmeabgabe erfolgt passiv durch langsames Aufsteigen oder aktiv durch Umwälzen der Wärmeträgerflüssigkeit durch einen Konvektor (Autokühler mit Ventilator). Letzterer wird vor allem in Frostnächten eingesetzt, wenn kurzzeitig ein höherer Wärmebedarf anfällt.
Nun ist es bei einer derart kleinen Anlage mit den relativ hohen Wärmeverlusten nicht möglich und auch nicht beabsichtigt, den ganzen Winter über voll aus dem Erdspeicher zu heizen. Vielmehr sollte ein gleichmäßigeres Klima im Gewächshaus geschaffen und die frostfreie Anbauperiode verlängert werden. Dies ist mit einem tragbaren Aufwand auch gelungen.
Der Bau der Anlage hat etwa 50 Stunden Arbeitszeit und 1500 DM für Material gekostet. Sie läuft störungsfrei und verlängert die frostfreie Nutzungsperiode im Gewächshaus um 2 bis 3 Monate. Vor allem die Gefahr von Früh- und Spätfrösten, die früher oft zu Ernteausfällen geführt haben, ist nun beseitigt. Die Mehrerträge liegen im Schnitt bei ca. 25%.

Pilotprojekt „Schäfstall"

Gewerbebetrieb und Wohnhaus mit Erdwärmespeicher, Solarabsorber und Dieselmotor-Wärmepumpe in Schäfstall bei Donauwörth
Mit Unterstützung des Bundesministeriums für Forschung und Technologie Bonn (BMFT) und bei der Projektabwicklung begleitet durch die BEO Jülich konnten wir an der Landtechnik Weihenstephan ein mehrjähriges Projekt mit Grundlagenversuchen und einer größeren Versuchsanlage durchführen. Dabei ging es vor allem um die Erprobung preiswerter Bohrtechniken, Untersuchung des Wärme- und Feuchtigkeitstransports in verschiedenen Bodenarten mit Erarbeitung eines Computer-Simulationsprogrammes, sowie Aufbau und Vermessen der Anlage in Schäfstall (Abb. 7.2 und 7.3).
Diese besteht aus einem Erdspeicher mit einem Volumen von ca. 2850 m^3, ausgerüstet mit 103 U-Rohr-Sonden, die im Mittel 10 m tief in das Erdreich führen. Der Sondenabstand beträgt 1,6 m, der Bohrlochdurchmesser 150 mm und der Rippenrohrdurchmesser 25 mm. Der Erdspeicher ist kombiniert mit einem etwa 100 m^2 großen Rippenrohr-Dachabsorber und einer Dieselmotor-Wärmepumpe mit 58 kW Heizleistung. Der Dieselmotor ist ein 4-Zylinder-Direkteinspritzer mit einer Dauerleistung von 25 kW bei 2200 U/min (siehe auch Kap. 5.4.1).
Der Motor treibt über eine elastische Wellenkupplung direkt einen Rotocold-Flügelzellenkompressor an. Der Kältekreislauf ist mit R22 gefüllt. Besondere Sorgfalt wurde auf die Wärmerückgewinnung aus dem Abgas gelegt, das in 2 Wärmetauscher-Stufen bis auf eine Temperatur von 15°C abgekühlt werden kann. Über einen Pufferspeicher mit 6 m^3 Wasser wird ein Zweifamilienwohnhaus (220 m^2) und eine Werkhalle mit Büroräumen (350 m^2) zentral mit vorhandenen Plattenradiatoren beheizt. Als Reserve dient ein Ölkessel. Der Heizwärmebedarf liegt bei 110 MWh/a.
Im Zuge der wissenschaftlichen Begleitung dieses Projektes entstanden eine Dissertation (Wagner, 1991) sowie mehrere Diplomarbeiten (siehe Literaturverzeichnis).

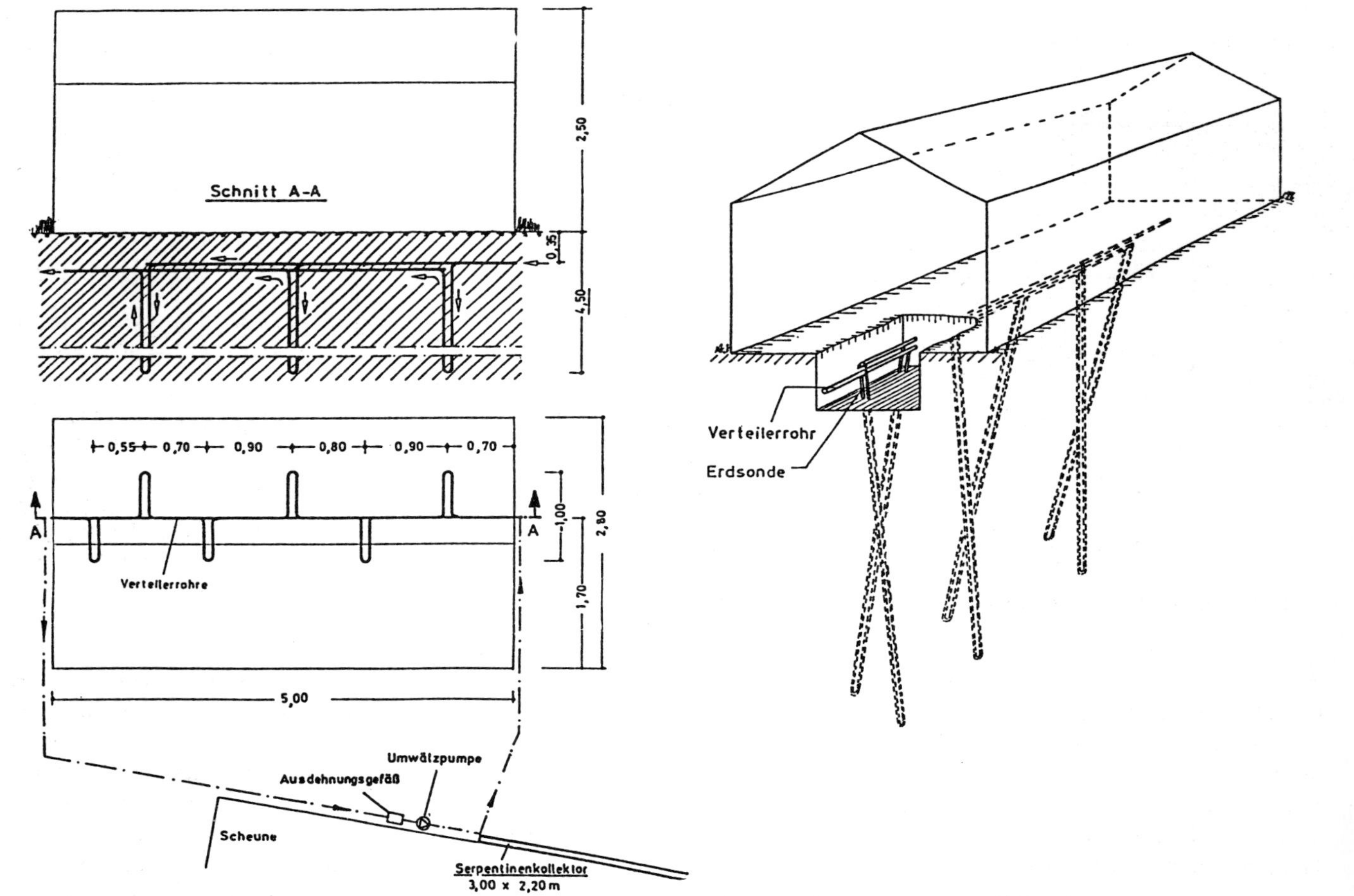

Abb. 7.1: Kleingewächshaus mit Erdwärmespeicher Anlage Dr. Stör, Altenhausen

Die wichtigsten Erfahrungen lassen sich etwa folgendermaßen zusammenfassen:

- Sehr gut bewährt hat sich das in Kap. 5.2.2 beschriebene Erdbohrgerät in Lockergesteinen. Es wurde für Probebohrungen und Erdspeicherprojekte an 20 verschiedenen Standorten eingesetzt. Die Kosten für ein Bohrloch mit 150 mm Durchmesser und 15 m Tiefe liegen bei ca. 15 DM/m.
- Auch der Rippenrohr-Dachabsorber auf dem Bürogebäude arbeitet sehr zufriedenstellend, sowohl beim Aufladen des Erdspeichers als auch in der direkten Koppelung mit der Wärmepumpe.
- Der Erdspeicher lief 4 Jahre ohne Probleme, dann wurde einer der 6 Einzelkreisläufe undicht und zwar an einer Stelle, auf der nach Erstellung der Anlage ein Baum gepflanzt wur-

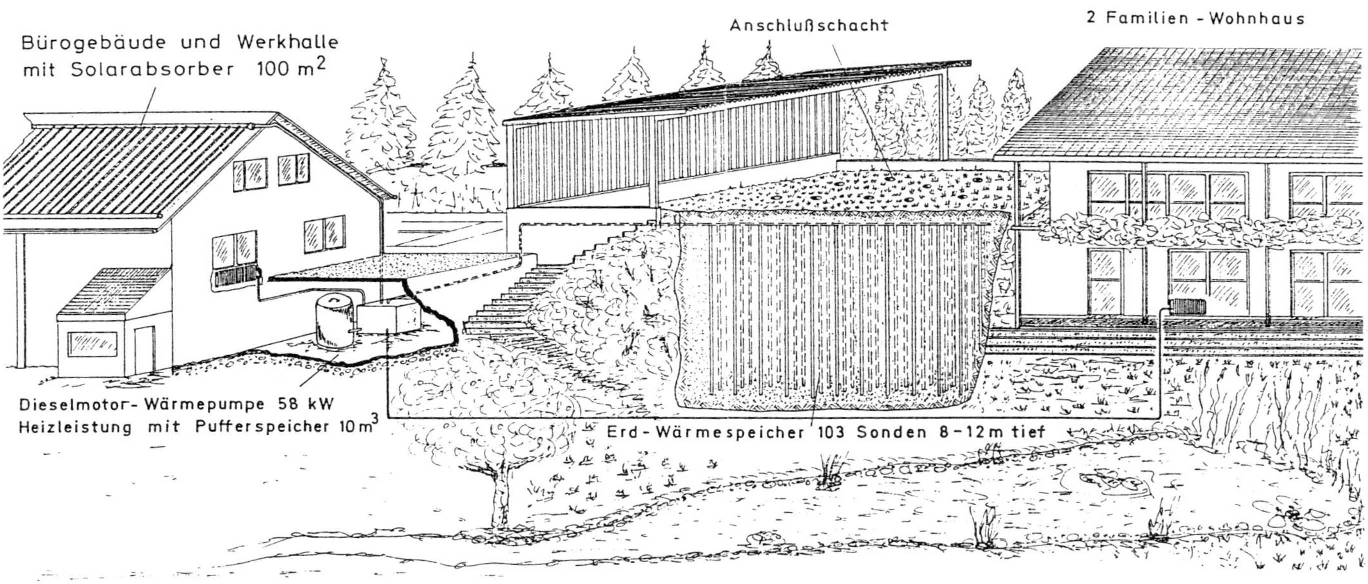

Abb. 7.2: Ansicht der Pilotanlage „Schäfstall" zur saisonalen Speicherung von Niedertemperaturwärme im Erdboden.

de. Es liegt der Verdacht nahe, daß dieser mit seinen Wurzeln einen Sondenanschluß gelockert hat. Deshalb sollte man über solchen Erdspeichern nur flachwurzelnde Pflanzen wachsen lassen.

- Der Rotocold-Flügelzellenkompressor wurde mit einer elastischen Welle direkt mit dem Dieselmotor gekoppelt. Dadurch fällt eine Keilriemenübersetzung, wie sie bei Kolbenverdichtern nötig ist, weg. Wegen ständiger Kältemittelverluste an der Wellendichtung und hoher Reparaturkosten hat sich dieser Kompressortyp an der Anlage aber nur mit Einschränkungen bewährt.
- Unbefriedigend verliefen die Versuche der Abgasreinigung mit keramischen Rußfiltern. Es ist bisher nicht gelungen, den Ruß regelmäßig und vollständig soweit abzubrennen, daß ein Dauerbetrieb möglich ist. Deshalb wurde in letzter Zeit auf den Rußfilter und einen Abgaskondensator verzichtet.
- Durch Optimierungsarbeiten an der Programmsteuerung der Anlage konnte die Arbeitszahl von 1,4 auf 1,5 erhöht werden. Im Vergleich zu meiner, eher primitiven Anlage, die Werte von 1,67 bis 1,70 erreicht, sollte die Anlage Schäfstall eigentlich effektiver arbeiten. Ursache für die relativ niedrige Arbeitszahl bzw. den hohen Heizölverbrauch für den Dieselmotor ist die Tatsache, daß durch den zwischengeschalteten Pufferspeicher und die Radiatorheizkörper das Temperaturniveau des Heizwassers zu hoch sein muß: Oft liegt die Vorlauftemperatur bei 50°C. Die alte Erfahrung, daß zu einem energiesparenden Wärmepumpenbetrieb auch eine Niedertemperaturheizung mit maximal 35°C Vorlauftemperatur gehört, wurde auch hier wieder bestätigt.
- Eine ausführliche Kostenanalyse ergab, daß von den 167000 DM Gesamtinvestitionen 8,5% auf den Solarabsorber, 36,2% auf den Erdspeicher und 55,3% auf die Wärmepumpe entfallen. Bei einer Nutzungsdauer von 15 Jahren ergeben sich Heizkosten von ca. 0,25 DM/kWh.

Damit liegen die Heizkosten etwa 2,5 mal höher als bei einer konventionellen Ölheizung. Daran ist vor allem die Wärmepumpe

Abb. 7.3: Die Dieselmotor-Wärmepumpe der Anlage „Schäfstall".

beteiligt, die in diesem Falle als Prototyp wesentlich größere Aufwendungen erforderte, als ein Serienprodukt, das in dieser Größe aber nicht am Markt war. Modellrechnungen haben ergeben, daß man bei größeren Anlagen, z.B. für Nahwärmeversorgungen durchaus an die Wärmepreise konventioneller Heizsysteme herankommen kann. Auch der Verzicht auf die Wärmepumpe durch Hochtemperatur-Erdspeicher würde die Kosten drastisch vermindern. Über das Forschungsprojekt wurde ein ausführlicher Bericht (430 Seiten + Anhang) „Untersuchungen zur saisonalen Speicherung von Niedertemperaturwärme im Erdboden" erstellt, der beim Landtechnischen Verein, Vöttinger Str. 36, 85354 Freising gegen einen Unkostenbeitrag von 49 DM angefordert werden kann.

Wohnhaus mit Erdwärmespeicher, Solarabsorber und Elektrowärmepumpe

(Thonhausen bei Freising)

Bei diesem Projekt (Abb. 7.4) wurde vor dem Haus ein Erdwärmespeicher mit 61 Rippenrohrsonden (in 9 bis 14 m tiefen Bohrlöchern) angelegt. Ein 40 m² großer Rippenrohrabsorber auf dem Hausdach ist mit dem Erdspeicher und der Wärmepumpe kombiniert. Eine Sole-Wasser-Wärmepumpe (Siemens SI 17) mit 5,2 kW Antriebsleistung und 17,6 kW Heizleistung arbeitet auf eine Fußbodenheizung für 175 m² Wohnfläche.

Erdspeicher und Dachabsorber wurden in Eigenleistung, die Wärmepumpe durch eine örtliche Heizungsbau-Firma erstellt. Es wurden 400 Arbeitsstunden und 38000 DM in die Erstellung der Anlage investiert (ohne Fußbodenheizung).

Das System ist auf monovalenten Betrieb ausgelegt und arbeitet jetzt im dritten jahr. Neuerdings hat das örtliche EVU (Isar-Amper-Werke) Meßgeräte eingebaut. Bis auf den zu kleinen Dachabsorber hat sich die Anlage gut bewährt. Inzwischen sind in der Umgebung weitere Anlagen dieser Art gebaut worden und neue in Planung.

Hochtemperatur-Erdwärmespeicher mit Kraft-Wärme-Kopplung

(Auto-Recycling-Betrieb in Rohr bei Suhl/Thüringen)

In einem Gewerbegebiet wurde eine neue Recycling-Anlage für PKW's errichtet, in der ein möglichst hoher Anteil an Rohstoffen wiedergewonnen werden soll. Angeschlossen ist eine Einrichtung zur Produktion von Kunststoffprofilen aus Regenerat, in der erstmals auch die bisher schwer verwertbaren, duroplastischen Trabbi-Karosserien recycliert werden sollen.

Die Energieversorgung mit Strom, Prozeß- und Heizwärme (Planung Fa. Atlantis/Gera) soll vorwiegend durch ein Blockheizkraftwerk mit 130 kW elektrischer und 260 kW thermischer Leistung, einem Brennwertkessel mit 40 kW, eine 16 kW Photo-

Abb. 7.4:
Einfamilienhaus mit Erdspeicher unter dem Vorgarten und mit Solarabsorber auf dem Biberschwanz-gedeckten Dach. Sehr gut gelöst ist hier die Ausführung des Entlüftungs- und Ausdehnungsgefäßes, das in Form eines PE-Rohres mit 10 cm Durchmesser über dem Absorber angebracht ist.

voltaikanlage sowie durch Wärmerückgewinnung aus der Kunststoffproduktion (40 kW) erfolgen. Die Photovoltaik-Großflächenmodule werden rückseitig von der für die Hallenheizung benötigten Frischluft angeströmt; dadurch werden die Solarzellen gekühlt (besserer Wirkungsgrad), während die Frischluft vorgewärmt wird (bis zu 30 kW Wärmeleistung). Zur Abdeckung von Heizspitzen-Lasten ist ein 200 kW Flüssiggaskessel vorgesehen. Das Altöl der verwerteten Autos soll in einer eigenen Crack-Anlage zu Kraftstoff für den Dieselmotor des BHKW's aufbereitet werden. Abb. 7.5 zeigt ein Blockschema der Wärmeflüsse in dieser Anlage.

Probebohrungen der Landtechnik Weihenstephan haben günstige Voraussetzungen zur Anlage eines Erdwärmespeichers ergeben. Deshalb soll die im Sommer nicht verwertbare Überschußwärme des Dieselmotors und der Kunststoffproduktion im Erdboden gespeichert werden. Dazu ist ein Temperaturniveau von 45 bis 70°C im Boden vorgesehen, um bei der Entnahme im Winter ohne Wärmepumpe auszukommen.
Der noch zu erstellende Erdspeicher soll ein Volumen von 25000 m³ haben und durch 253 vertikale Bohrlochsonden bis in 20 m Tiefe erschlossen werden. Für die Wärmetauschersonden

sollen doppelte U-Rohre aus vernetztem HdPE-Rohr 20 x 2 mm verwendet werden, um die hohen Temperaturen und Drücke zu beherrschen.
Aufgrund der Erfahrungen mit dem Leckwerden eines Erdspeicherkreises bei der Pilotanlage Schäfstall sollen hier keine waagerechten Verteiler mit den vielen, schlecht erreichbaren Anschlußstellen verwendet werden. Vielmehr sollen die Enden der Sondenrohre in wenigen Schächten zusammengeführt und dort gebündelt an die Vor- und Rücklaufleitungen angeschlossen werden. Dieses Verfahren ist auch für andere Erdspeicheranlagen zu empfehlen, wo Bodensetzungen oder Beschädigungen durch Baumwurzeln zu Leckagen führen können.
An dieser ersten Praxisanlage eines Hochtemperatur-Erdspeichers in Deutschland soll im Auftrag des BMFT ein umfangreiches Meßprogramm durchgeführt werden.

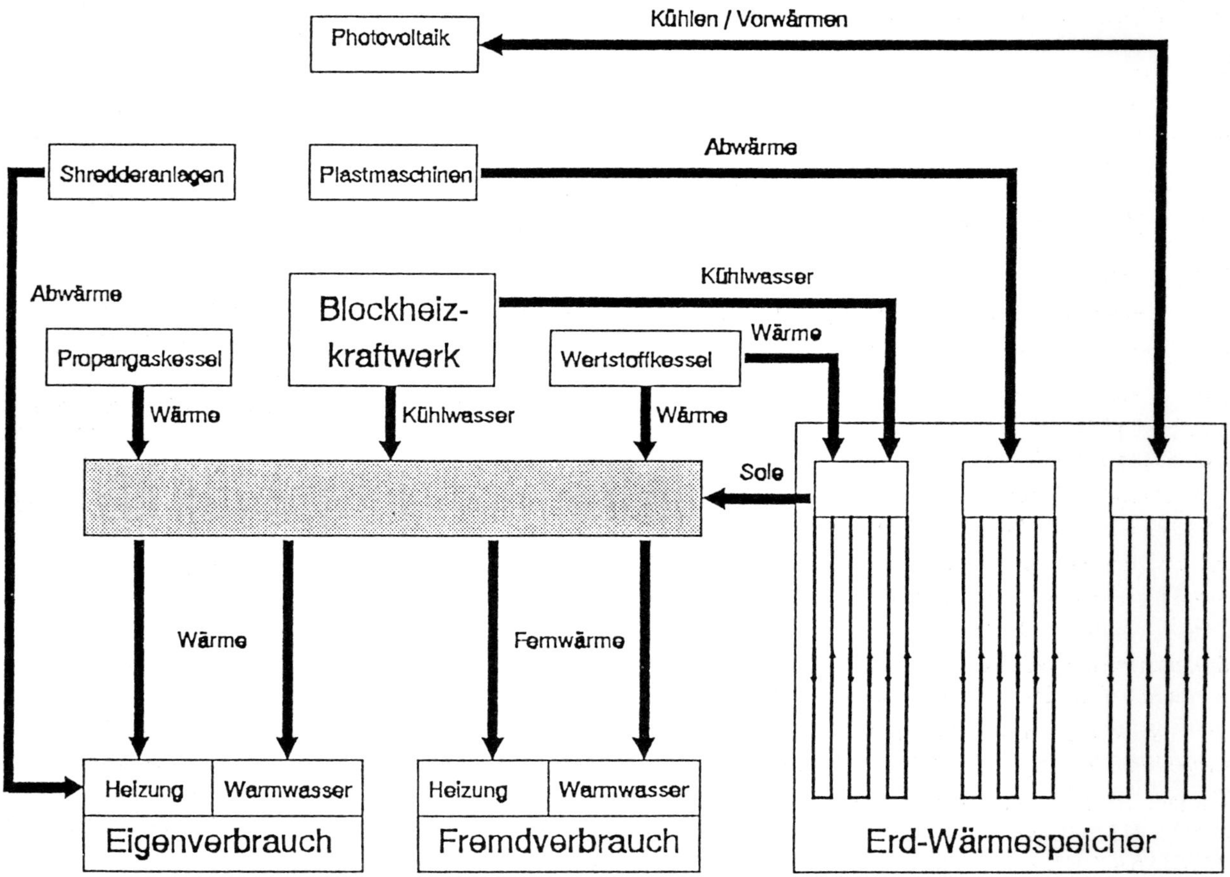

Abb. 7.5: Schematische Darstellung der Wärmeflüsse beim FARAM-Projekt.

8. Lieferantenhinweise

Im folgenden werden nur solche Hersteller, Produkte, und Vertriebsstellen genannt, die dem Verfasser bekannt sind. Daher ist es nicht ausgeschlossen, daß es neben den hier genannten noch andere Firmen gibt, die genauso empfehlenswerte Produkte herstellen oder vertreiben.

Kunststoff-Rippenrohre und Zubehör

Hersteller:
Fa. Rainer Drossbach, Isolierrohrfabrik, 86641 Rain am Lech, Tel.: 09002/2054

Generalvertrieb:
Schwab Landhandels-GmbH Trogen, Frau Dehnamaki-Sörgel, Bahnhofsplatz 3, 95183 Feilitsch, Tel.: 09281/43433 u. 44705, Fax: 44020

Solar-Flex Solartechnik, Robert Pfenning, Leutstetten Gut Schwaige, 82319 Starnberg, Tel.: 08151/8624, Fax: 13254

Örtliche Vertriebsstellen:
Duratherm, Lindenhöhe 10, 87471 Durach, Tel. 0831/63955, Fax 0831/61659

D. Guldemond GmbH, Poststraße 58, 41334 Nettetal (Kaldenkirchen), Tel.: 02157/4353, Fax: 3884

Hans Kraushaar, Fachbetrieb für Wasser und Schwimmbadtechnik, Speyerer Straße 18, 67365 Schwegenheim, Tel.: 06344/8921, Fax: 8648

Aidt Miljö, Kongensbrovej, Aidt, DK - 8881 Thorso, Tel.: 0045/86-966700, Fax: 966655

Otto-Beton GmbH & Co. KG, Kuhlenstraße 42, 26655 Westerstede, Tel.: 04488/83090, Fax: 830935

Helmuth Rahrs GmbH & Co. KG, Techn. Gartenbaubedarf, Postfach 2030, 41376 Brüggen, Tel.: 02157/7095 + 7096, Fax: 90203

Reich BSR Technik, Beratung, Projektierung, Montage, Vertrieb, Heidgesweg 9, 53913 Swisttal-Miel, Tel.: 02226/13135, Fax: 10302

Adam Reinhard, Am Galgenberg, 94474 Vilshofen, Tel.: 0841/8119

Renoplast GmbH, Am Sägewerk 7, 88255 Baienfurt-Niederbiegen, Tel.: 0751/45719, Fax: 52081

Rimu Lüftungstechnik, Postfach 13 03, 86331 Königsbrunn, Tel.: 08231/7041 + 7042, Fax: 7043

ROOS Freizeitanlagen GmbH, Herrnstraße 40, 63694 Altenstadt, Waldsiedlung, Tel.: 06047/2393, Fax: 1603

Wolfgang Schillinger, Industriegebiet, 79241 Ihringen A. K., Tel.: 07668/5357, Fax: 7535

Solaranlagen Lange GmbH, Am Jägerhaus 6, 48291 Telgte , Tel.: 02504/2169, Fax: 72490

Solgrogg, F. Krogg, Afforbachstraße 15, 63768 Hösbach, Tel.: 06021/57148, Fax: 560955

Sonnenkraft GmbH, Solar + Ökozentrum, A - 9321 Kappel/Krappfeld, Tel.: 0043-4262-4633, Fax: 463317, Zentrallager: A - 4655 Vorchdorf, Tel. 0043-7614-7730, Fax: 7897

Solvis Solarsysteme GmbH, Marienbergerstr. 1, 38122 Braunschweig, Tel.: 0531/28906-0, Fax: 2890660

SVB Jörg Buschbeck, Falkenauer Str. 7, 09569 Breitenau, Tel. + Fax: 037291/20802

Frostschutzmittel: (Äthylenglykol und Propypenglykol)

Höchst AG, Verkaufstelle Chemikalien, Kennedyallee 75, 65926 Frankfurt/Main, Tel.: 069/6307-0, (weitere Verkaufsstellen in Berlin, Hannover, Köln und Stuttgart)

Fa. Merk & Cie., Siemensstr. 21, 84030 Landshut, Tel.: 0871/74011

Optimol-Ölwerke GmbH, Friedenstr. 7, 81671 München, Tel.: 089/41830

Erdbohrer:

Hütte u. Co. Bohrtechnik, Ziegeleistr. 36,
57462 Olpe, Tel.: 02761/8646, Fax: 63852

Andreas Stihl, 71307 Waiblingen, Tel. 07151-5081-260

Witte Bohrtechnik, Postfach 440,
31655 Stadthagen, Tel.: 05721/707-1

Bentonit:

Süd-Chemie, Lenbachplatz 6, 80333 München, Tel.: 089/5110-1

Temperaturdifferenz - Steuergeräte

Fa. Gerhard Büttcher, Am Schelprieth 6,
29331 Lachendorf,, Tel.: 05145/1717

Orlando Silva, Gemarkenstr. 122 a,
45147 Essen, Tel.: 0201/737868, Fax: 733235

RESOL Elektronische Regelungen GmbH, Postfach 1370,
45549 Sprockhövel, Tel.: 02324/7631, Fax: 74919

Ardelt Elektronik, Grüner Weg 16,
48493 Wettringen, Tel.: 02557/7037, Fax: 7113

Technische Alternative GmbH,
A - 3872 Amaliendorf 56, Tel.: 0043- 2862/3635

Ing. W. Schrul, Elektronik-Steuerungen, Neideckstr. 10,
81249 München, Tel.: 089/873438, Fax: 870569

Conrad Electronic, Klaus Conrad Str. 1,
92240 Hirschau, Tel.: 09622/30111, Fax: 30265

Bauteile und Materialien für Dieselmotor-Wärmepumpen und kleine stationäre Dieselmotoren

Kirloskar Oil Engines, Laxmanrao Kirloskar Road 13,
Poona 3, India, Tel.: 55341/48

Kubota Deutschland, Boschring 21/23,
63329 Egelsbach, Tel.: 0613/4003-0

Mitsubishi Heavy Industries, LTD., Engine Division, 5 - 1
Marunouchi 2-chome, Chiyoda-ku,
Tokyo 100, Japan, Tel.: (Tokyo) 03 212-3111

Perkins Motoren GmbH, 63801 Kleinostheim, Tel.: 06027/5010

Yanmar Diesel Engine Co., Ltd., 1-1, 2-chome,
Yaesu, Chuo-ku, Tokyo 104, Japan

Kompressoren in „offener" Bauweise

Bitzer Kühlmaschinenbau, Eschenbrünnelestr. 15,
71065 Sindelfingen, Tel.: 07022/70040

Bock Kältemaschinen, 72622 Nürtingen, Tel.: 07022/70040

Zubehör für Wärmepumpen, (Kältemittel, Kupferrohr, Lötfittings, Regelventile, usw.)

Felix H. Knöpfler, Steinheilstr. 18,
80333 München, Tel.: 089/521439/521344

Robert Schießl, Kolpingring 14,
82041 Oberhaching, Tel.: 089/6135011,
weitere Niederlassungen in Neuß, Nürnberg und Düsseldorf

Paul Schmidhuber, Hauptstr.,
85395 Altenkirchen, Tel.: 08168/811

Verdampfer und Verflüssiger

R.&G. Schmöle Metallwerke GmbH & Co.KG, Postfach 620,
58687 Menden, Tel.: 02372/1611

Alfa Laval Industrietechnik, Postfach 1134,
21503 Glinde, Tel.: 040/7274-2547, Fax: 7274-2847

Plexiglasrohre, für den Selbstbau von Verdamfer und Kondensator

Cadillac Plastik, Rödelheimer Landstr. 75, 60487 Frankfurt, Tel.: 069/770101, weitere Niederlassungen in München, Mannheim, Stuttgart und Wuppertal

9. Literatur- und Quellenverzeichnis

Adolfson, K.; Rydel, B.; Salfors, G.; Tidfors, M.: Heat Storage in Clay. Proceedings of the Eleventh International Conference on Soil Mechanics, San Francisco, 1985

Ball, D.A.; Fischer, R.D.; Hodgett, D.L.: Design methods for ground coupled heat pumps. ASHRAE Journal, DC/83/08, Nr.4

Beck, M. (1990): Untersuchungen an einer solarunterstützten Dieselmotor-Wärmepumpe mit Erdwärmespeicher. Diplomarbeit TU-München Landtechnik Weihenstephan in Zusammenarbeit mit dem Lehrstuhl C für Thermodynamik

Beck, M.; Müller, J.; Reuß, M.; Schulz, H.; Wagner, B. (1993): Untersuchungen zur saisonalen Speicherung von Niedertemperaturwärme im Erdboden-Erd-Wärmespeicher. Abschlußbericht zum BMFT-Forschungsvorhaben 0328616A, Schriftenreihe der Landtechnik Weihenstephan, Landtechnik-Bericht Nr. 7, 429 S.

Berghmans, J. (ed.): Heat Pump Fundamentals. Series E: Applied Sciences No. 53. Martinus Nijhoff Publishers, 1983

Bouma, J.W.J.; Koppenol, A.D.; van der Horst, J.F.: Investigation into a complete earth-to-water heat pump system in a single family dwelling focusing on the application of vertical subsoil heat exchangers. Final Report EUR 9817 EN; TNO Apeldoorn, 1985

Bukau, F.: Wärmepumpentechnik. Oldenburgverlag, Wien 1983

Calorstock '94: Thermal Energy Storage. 6th International Conference on Thermal Energy Storage CALORSTOCK '94. Proceedings (two volumes). Ed.: M. Kangas, P.Lund; Cosmoprint Oy, Helsinki 1994

Chwieduk, D.: An Analysis of Vertical Ground Heat Exchangers Coupled with a Heat Pump for Family House Heating in Polish Climatic Conditions. Archiwum Termodynamiki. PWN, Warszawa, 1992

Compes, K.G.: Praxiserfahrungen mit Langzeitspeicherung von Wärme im Erdreich. in: KTBL-Arbeitspapier Nr. 86, Manuskriptdruck der GKL-Jahrestagung 1983 in Veitshöchheim; Darmstadt 1984

Cube, H.L. von, Steimle, F.: Wärmepumpen. VDI-Verlag, Düsseldorf 1984

Cube, H.L. von: Lehrbuch der Kältechnik. Bd. 1 und 2, 3. Auflage, Verlag C.F. Müller, Karlsruhe 1981

Dalenbäck, J.O. (ed.): Third Workshop on Solar Assisted Heat Pumps with Ground Coupled Storage. Proceedings. Chalmers University of Technology, Goteborg, 1990

Dalenbäck, J.O.: Central Solar Heating Plants with Seasonal Storage - Status Report. IEA Technical Report; Dept. of Building Services Engineering, Chalmers University of Technology, Sweden, 1990

Duda, G. (1990): Meßtechnische Erfassung einer solarunterstützten Dieselmotor-Wärmepumpe mit Erdwärmespeicher. Diplomarbeit TU-München Landtechnik Weihenstephan in Zusammenarbeit mit dem Lehrstuhl C für Thermodynamik

Duffie, J.A.; Beckman, W.A.: Solar Engineering of Thermal Processes. John Wiley & Son Inc., New York, 1991

Eckerl, H. (1992): Optimierung der Steuerung einer solarunterstützten Dieselmotor-Wärmepumpe mit Erd-Wärmespeicher. Diplomarbeit TU-München Landtechnik Weihenstephan in Zusammenarbeit mit dem Lehrstuhl C für Thermodynamik

Elhasnaoui, H.: The Design of a Central Solar Heating Plant with Seasonal Storage - a Thesis Outline. University of Massachussetts, 1990

Eskilson, Per.: Thermal Analysis of Heat Extraction Boreholes. Dept. of Mathematical Physics, University of Lund, Sweden, 1987

Fahn, R., Buckl, H.: Industrielle Verwendung von Bentonit. in: Keramische Zeitschrift, Heft5, 1968

Fisch, N.; Kübler, R.: Wärmespeicher. BINE-Informationspaket, Verlag TÜV Rheinland, Köln 1991

Fritsche, U. (1990): Emissionsmatrix für klimarelevante Schadstoffe in der BRD. Hrsg. Enquete-Kommission „Vorsorge zum Schutz der Erdatmosphäre" des deutschen Bundestages, Energie und Klima, Band 2, S. 49 - 86, Economica Verlag, Bonn und Verlag C.F. Müller, Karlsruhe

Halozan, H.: Arbeitsmittel für Wärmepumpen. Vortragsmanuskript zum oberösterreichischen Wärmepumpentag am 3.3.1994

Hellstrom, G.: Ground Heat Storage - Thermal Analysis of Duct Systems, Theory. Dept. of Mathematical Physics, University of Lund, Sweden, 1991

Hoechst AG: Frigen-Fibel. Ausgabe Oktober 1985, AFK 1479 1D

Hoechst Frigen Information „Fluorkohlenwasserstoffe (FKW) in der Atmosphäre", GT 01/84

Hoechst Marketing Chemikalien: Kältemittel Reclin 134a, Folgeprodukt für R12 in der Kältetechnik. Informationsblatt, August 1993

Hoechst Marketing Chemikalien: System Reclin, Kältemittel inclusive Recycling. Informationsblatt Februar 1994

Isensee, E.; Thiemann, R. (1984): Messungen am Erdspeicher. Institut für Landwirtschaftliche Verfahrenstechnik, Landtechnik 2, 39. Jahrg.

ISES: Proceedings of ISES Solar World Congress 1993, Budapest, Hungary 1993

IZW (Informationszentrum Wärmepumpen und Kältemittel): Wärmepumpe. Zeitschrift für Wärmepumpentechnik, Fachinformationszentrum Karlsruhe

Jäger, F., Reichert, J., Herz, H.: Überprüfung eines Erdwärmespeichers. Forschungsbericht T81-200 des BMFT

Kerschl, P. (1992): Untersuchungen zur Auslegung von Solaranlagen mit saisonalem Erdwärmespeicher. Diplomarbeit TU-München Landtechnik Weihenstephan in Zusammenarbeit mit dem Lehrstuhl C für Thermodynamik

Kirn, H.: Wärmepumpen. Bd. 1 (Grundlagen der Wärmepumpentechnik) und Bd. 5 (Wärmequellen und Wärmespeicher), Verlag C.F. Müller, Karlsruhe 1983

Klein, S.A.: TRNSYS - A Transient System Simulation Program. University of Wisconsin, Madison, Report 38-12, 1988

Knoblich, K. et al (1986) (ed): Aufsätze über Forschungsprojekte zum Thema Erdwärmepumpen und Erdwärmespeicher in der Zeitschrift für angewandte Geowissenschaften, 7 142 S., Giessen 1986

Kübler, R. u.a.: Einsatz von solar unterstützten Nahwärmeversorgungssystemen mit saisonalem Wärmespeicher. Abschlußberichte zum BMFT-Vorhaben 032-8867-A (1992), ITW, Universität Stuttgart, Pfaffenwaldring 6, 70569 Stuttgart

Ladener, H.: Solaranlagen. ökobuch Verlag, Staufen 1993

Luyken, J. (1988): Projektierung eines energiesparenden Heizsystems mit Dieselmotorwärmepumpe, Dachabsorber und Erd-Wärmespeicher. Diplomarbeit TU-München Landtechnik Weihenstephan in Zusammenarbeit mit der Fachhochschule Regensburg, Fachbereich Maschinenbau

Mayer, H. (1991): Auswahl, Entwicklung, Konstruktion und Bau einer Rußfilter-Regenerationsanlage für stationärbetriebene Dieselmotoren am Beispiel einer dieselmotorgetriebenen Wärmepumpe. Diplomarbeit Landtechnik Weihenstephan in Zusammenarbeit mit der FH Aalen, Lehrstuhl für Thermodynamik und Antriebstechnik

Mazzarella, L.: The MINUS Simulation Program - Application and User Guide. Politecnico di Milano, Italy, IEA Report, 1989

Mazzarella, L.: Treviglio System. in III. Workshop on Solar Assisted Heat Pumps with Ground Coupled Storage, 1990

Mirzahanyan, M. (1989): Entwurf und Ausführung der Steuerung für eine Heizanlage bestehend aus einer dieselmotorgetriebenen Wärmepumpe mit Solarkollektor und Erd-Wärmespeicher sowie Bau und Inbetriebnahme. Diplomarbeit an der TU-München Landtechnik Weihenstephan in Zusammenarbeit mit dem Lehrstuhl C für Thermodynamik

Müller, J. (1992): Betriebswirtschaftliche Analyse eines saisonalen Erdwärmespeichers. Diplomarbeit TU-München Landtechnik Weihenstephan in Zusammenarbeit mit dem Lehrstuhl C für Thermodynamik

Müller, R. (1985): Experimentelle und theoretische Untersuchungen an vertikalen Wärmetauschersonden für die Speicherung von Wärme im Erdboden. Diplomarbeit TU München Landtechnik Weihenstephan in Zusammenarbeit mit dem Lehrstuhl für Physik, Weihenstephan

Müller, R.; Reuss, M.; Schmalschläger, T. (1986): Vergleichende Untersuchungen an Erdsonden. Zeitschrift für angewandte Geowissenschaften, 8

Müller, R.; Reuss, M.; Schmalschläger, T.; Schulz, H.; Wagner, B. (1988): Study on Heat Transfer Phenomena in a Ground Coupled Storage with Vertical Heat Exchangers. Final Report, Commission of the European Communities, Joint Research Centre, Ispra

Müller, R.; Reuss, M.; Schulz, H.; Wagner, B.: Heat Transfer Phenomena in a Ground Coupled Storage with Vertical Heat Exchangers. Final Report. Landtechnik Weihenstephan, 1988

Noack, Hugo: Der praktische Kältemonteur. Verlag C.F. Müller, Karlsruhe 1986

Nordell, B.: Borehole Heat Store Design Optimisation. Doctoral Thesis, Lulea University of Technology, 1994 : 137 D

North Sun '94: Solar Energy at High Latitudes. Ed. K. MacGregor, VC. Porteous; James & James Sciences Pub., London 1994

Oehler, St. (1983): Entwurf, Ausführung, Inbetriebnahme und Vermessung eines neuartigen Langzeit-Erdwärmespeichers in Kombination mit Solarabsorber und Dieselmotor-Wärmepumpe. Diplomarbeit am Institut für Landmaschinen der TU München, 1983

Reuss, M., Schulz, H. (1985): Two years experience with a solar assisted heat pump with ground storage. in: Proceedings of Second Workshop on Solar Assisted Heat Pumps with Ground Coupled Storage, Vienna, May 1985. - Ed. CEC Joint Research Centre Ispra

Reuss, M.; Beck, M.; Schulz, H.; Wagner, B. (1990): Erfahrungen beim Bau und Betrieb einer Dieselmotor-Wärmepumpe mit Erdwärmespeicher und Solarabsorber. Tagungsbericht des 7. internationalen Sonnenforums, Frankfurt 1990

Reuss, M.; Schulz, H.; Wagner, B. (1989): Design and Construction of a Solar Assisted Heat Pump and Ground Coupled Storage with Vertical Heat Exchangers for Space Heating of a Two-Family House with Adjoined Office Building and Factory Hall. Proceedings 3. CEC-IEA Workshop on Solar Assisted Heat Pump Systems with Ground Coupled Storages, Göteborg, Jan. 1989

Reuss, M.; Schulz, H.; Wagner, B. (1989): A Solar Assisted Heatpump and Ground Coupled Storage. Book of Abstracts, Clean and Safe Energy Forever. ISES Solar World Congress, Kobe, Japan

Schulz, H.: Erfahrungen mit der Langzeitspeicherung von Wärme im Erdboden. in: KTBL-Arbeitspapier Nr. 86; Manuskriptdruck der GKL-Jahrestagung 1983 in Veitshöchheim, Darmstadt 1984

Schulz, H.: Erste Erfahrungen bei Bau und Betrieb eines neuartigen, kompakten Erdwärmespeichers mit senkrechten Kunststoffrohrwärmetauschers in Bohrlöchern. in: KTBL-Arbeitspapier Nr. 81; Manuskriptdruck der GKL-Jahrestagung 1982 in Karlsruhe, Darmstadt 1983

Schulz, H.: Im Winter von der Sommersonne zehren. in: Bayer. Landwirtschaftliches Wochenblatt, Heft 11, 1985

Schulz, H.: Langzeitspeicherung von Wärme - Erste Erfahrungen bei Bau und Betrieb eines neuartigen Erdwärmespeichers. in: Gärtnerbörse und Gartenwelt, Heft 5, 1983

Schulz, H.: Sonden-Erdspeicher für Wärmepumpen. in: Sonnenenergie und Wärmepumpe, Heft 6, 1983

Schulz, H.: Wärme aus Sonne und Erde. 2. erweiterte Auflage, ökobuch Verlag, Staufen 1990

Spannig, J. (1991): Betriebserfahrungen und Optimierung einer Dieselmotor-Wärmepumpe mit Erdwärmespeicher. Diplomarbeit TU-München Landtechnik Weihenstephan in Zusammenarbeit mit dem Lehrstuhl C für Thermodynamik

Stingl, W.: Erdspeicher zur Klimatisierung von Schweineställen. Dissertation am Institut für Landtechnik Gießen; KTBL-Schrift Nr. 302, Darmstadt 1985

Svec, O.J. (1983): heat transfer characteristics of inground heat exchangers. National Research Council of Canada, Ottawa, Ontario, Int. J. Energy Res., July 1983, V. 7(3)

Swedish Council for Building Research: Energy in the Built Environment. Swedish Council for Building Research, Stockholm, 1988

Tarnawski, W. (1982): An Analysis of Heat and Moisture Movement in Soils in the Vicinity of Ground Heat Collctors for Use in Heat Pump Systems. - Acta Polytechnica Scandinavica, Mechanical Engeneering Series, 82

van Meurs, G.A.M.: Seasonal Heat Storage in the Ground. ISBN 90-6231-1474; Dutch Efficiency Bureau Pijnacker, 1985

VDI-Wärmeatlas. - Berechnungsblätter für den Wärmeübergang, VDI-Verlag, Düsseldorf 1977

Wagner, B. (1991): Ingenieur- und Hydrogeologische Untersuchungen zur Speicherung von Niedertemperaturwärme in der wasserungesättigten Bodenzone mit vertikalen Wärmetauschern. Dissertation LMU-Müchnen, Fakultät für Geowissenschaften

Wagner, B.: Bodenphysikalische, ingenieur- und hydrogeologische Untersuchungen zur Speicherung und zum Entzug... Dissertation zur Erlangung des Doktorgrades, Ludwig-Maximilian-Universität München, 1991

Weggel, B. (1990): Betriebserfahrungen und Optimierung einer Dieselmotor-Wärmepumpe mit Erdwärmespeicher. Diplomarbeit TU-München Landtechnik Weihenstephan in Zusammenarbeit mit dem Lehrstuhl C für Thermodynamik

Zeitschrift für angewandte Geowissenschaften, Heft 9, 1990: Proceedings of the Workshop on Seasonal Thermal Energy Storage in Duct Systems. Landtechnik Weihenstephan, Freising, Juni 19/20, 1990

Sach- und Fachbücher für Bauen & Technik

Holger König
Wege zum gesunden Bauen
Baustoffwahl, Baukonstruktionen, ausgeführte Objekte, Baunormen, Bauphysik, Preise und Bezugsquellen. Ein Handbuch für Bauherren, Architekten u. Handwerker. Erweit. Neuaufl. 1997, 261 S. m.v. Abb. 49,80 DM

Edgar Haupt, Anne Wiktorin
Wintergärten - Anspruch und Wirklichkeit
Ein Praxishandbuch. Planung und Bau von Wintergärten: Konstruktionen, empfehlenswerte Materialien, Verglasungs- und Klimatisierungssysteme; Bauschäden, gebaute Beispiele. 1996, 177 S. 220 Abb. 39,80 DM

Holger König
Das Dachgeschoß
Gesunder Wohnraum unter dem Dach - Umbau, Ausbau, Neubau: ein umfassendes und konsquentes Planungshandbuch für Bauherren, Handwerker und Planer. 2.unveränd.Aufl. 1994, 236 S. m.v. Abb. 48,- DM

Heinz Ladener
Solaranlagen
Grundlagen, Planung, Bau und Selbstbau solarer Wärmeerzeugungsanlagen. Das Handbuch der Sonnenkollektortechnik für Warmwasserbereitung, Schwimmbad- und Raumheizung! 1993, 220 S.m.v. Abb. 44,- DM

Peter Stenhorst
Heißes Wasser von der Sonne
Allgemeinverständliche Einführung in die Sonnenkollektortechnik und Leitfaden für Planung und Kauf von Solaranlagen zur Warmwasserbereitung, Schwimmbad- u. Raumheizung. 1994, 188 S. m.v.Abb. 19,80 DM

Heinz Ladener
Solare Stromversorgung
Grundlagen- u. Praxiswissen, das für Planung und Bau solarer Stromversorgungsanlagen gebraucht wird: Solarpanele, Akkus, Schaltungstechnik und Geräte, m. Beispielen u. Erfahrungen. 2.Aufl.1995, 284 S., 48,- DM

Othmar Humm
Niedrigenergiehäuser
Grundlagen und Realisierung von Häusern mit sehr niedrigem Energieverbrauch: Konzeption, Baukonstruktionen, Haustechnik; 18 Beispiele zeigen die Bandbreite der Lösungen. 1997, 295 S. m.v.Abb. 58,- DM

Heinz Ladener
Vom Altbau zum Niedrigenergiehaus
Energietechnische Gebäudesanierung in der Praxis: Katalog erprobter Wärmedämmkonstruktionen, Empfehlung zur Haustechnik-Erneuerung, Tips zu Ausschreibung u. Ausführung. 1997, 272 S. m.v.Abb. 49,80 DM

Gernot Minke
Lehmbau-Handbuch
Ein umfassendes Lehrbuch und Nachschlagewerk, das die ganze Vielfalt der Einsatzmöglichkeiten und Verarbeitungstechniken des Baustoffes Lehm zeigt und die materialspezifischen Eigenschaften praxisnah erläutert. 3. Aufl. 1997, 320 S. m. vielen z.T. farb. Abb. 68,- DM

Christopher Day
Bauen für die Seele
Architektur im Einklang mit Mensch und Natur. Eine Abhandlung über den Prozeß des Bauentwurfs, die zeigt, wie wohltuende, für den Menschen heilsame Wohnumgebungen geschaffen werden können.
1996, 189 S. m.v.Abb. 39,80 DM

Claudia Lorenz Ladener
Naturkeller
Grundlagen, Planung und Bau von naturgekühlten Lagerräumen im Haus oder Freiland, um für Obst und Gemüse geeignete Überwinterungsmöglichkeiten zu schaffen. 139 S. m.v.Abb., 1990 29,80 DM

Peter Weissenfeld
Holzschutz ohne Gift?
Holzschutz u. Holzoberflächenbehandlung in der Praxis mit vielen Anleitungen u. Rezepten für alle, die in Haus und Hof selbst zum Pinsel greifen. 7. überarbeitete Aufl. 1988, 141 S. mit Abb. DIN A5 br. 19,80 DM